职业教育装配式建筑工程技术系列教材

U0680531

装配式建筑混凝土预制构件生产与管理（第二版）

张金树　王春长　刘晓晨　主编

中国建筑工业出版社

图书在版编目（CIP）数据

装配式建筑混凝土预制构件生产与管理／张金树，
王春长，刘晓晨主编. — 2版. — 北京：中国建筑工业
出版社，2022.9（2025.12重印）
职业教育装配式建筑工程技术系列教材
ISBN 978-7-112-27608-0

Ⅰ.①装… Ⅱ.①张… ②王… ③刘… Ⅲ.①装配式
混凝土结构-预制结构-高等职业教育-教材 Ⅳ.
①TU37

中国版本图书馆 CIP 数据核字（2022）第 123760 号

本教材为职业教育装配式建筑工程技术系列教材。教材分为 9 个教学单元，
包括：绪论；PC 工厂建设；准备工作；构件生产工艺及流程；成品构件标识、存
放、运输；质量检查与验收；安全生产与管理；信息化管理以及工厂管理措施。

本教材可作为高等职业教育土建类专业教材，也可作为装配式建筑专业技术
人员的岗位培训教材。

为了方便教学，作者自制免费课件资源，索取方式：1. 邮箱：jckj@cabp.
com. cn；电话：（010）58337285；建工书院：http：//edu. cabplink. com。

责任编辑：王予芊
责任校对：张惠雯

职业教育装配式建筑工程技术系列教材

装配式建筑混凝土预制构件生产与管理（第二版）

张金树 王春长 刘晓晨 主编

*

中国建筑工业出版社出版、发行（北京海淀三里河路 9 号）
各地新华书店、建筑书店经销
北京鸿文瀚海文化传媒有限公司制版
建工社（河北）印刷有限公司印刷

*

开本：787 毫米×1092 毫米 1/16 印张：19¼ 字数：462 千字
2022 年 8 月第二版 2025 年 12 月第四次印刷
定价：**56.00** 元（赠教师课件）
ISBN 978-7-112-27608-0
（39127）

编写委员会

主　　编：张金树　王春长　刘晓晨

副主编：陈　杰　史红军　张　茜　汪丕明

委　　员：苏　同　李　明　肖华锋　刘殿泽
　　　　　王　鲁　高旭超

第二版前言

2020 年，全国新开工装配式混凝土结构建筑 4.3 亿 m^2，比 2019 年增长 59.3％，占全部新开工装配式建筑 6.3 亿 m^2 的 68.3％。中国装配式混凝土建筑的发展，从原来"柳暗花明"到现在"百花齐放、一枝独大"，装配式混凝土建筑依然是建筑工业化中的主流。预制混凝土（PC，Precast Concrete）构件厂，依然是建筑产业化的主要依托和载体。

本书主要面向高职院校师生和生产一线的工程管理者、技术人员，旨在介绍和指导 PC 构件工厂的建设和 PC 构件的生产预制过程与管理工作。

全书共计 9 个教学单元。

教学单元 1、2 讲解 PC 工厂的选址、规划、建设，PC 生产线与钢筋生产线的选型与安装；PC 工厂中的试验仪器配备，常规及关键试验及工厂组织管理以及游牧式 PC 工厂的简介等内容。

教学单元 3～5 是本书的重点内容。

教学单元 3 讲解构件生产前的深化设计、材料准备、模具准备、产业工人组织与培训、钢筋半成品加工等准备工作。建筑信息模型（BIM）技术在装配式建筑的深化设计中，具有独特的技术优势和无法比拟的可视性、可靠性、先进性。把过去无法实现的想象变为现实，极大地提高深化设计的质量和效率。故本书用了较多的篇幅，对其进行介绍，以期未来有更多的有志之士，熟练地操作并使用它。

教学单元 4 详细讲解了目前国内 PC 构件生产的最主要的两种生产工艺：平模传送流水线法和固定模位法。本单元对 PC 构件柔性平模传送流水生产线与常规环形平模传送流水生产线进行了较为细致的比较分析。大家应以发展的眼光，根据 PC 构件不同设计和需要，选择正打法、反打法等不同的构件生产工艺，优化赶平机等主要机具的布置。面对目前国内越来越多的构件柔性流水生产线，要审视学习。

教学单元 5 的最后列举一个案例，介绍成品构件的标识、存放与运输过程。

教学单元 6～9 讲解 PC 构件生产的质量检查与验收、安全生产与管理、信息化、工厂管理措施等内容。

使用本教材进行学习时，应注意以下几点：

1. 本教材特别研究了装配式建筑的深化设计、构件预制生产的工艺设计，并给出了具体的工艺流程，用以指导 PC 构件的预制生产，对推广装配式建筑，具有积极的作用。

2. 教学单元 2 中的"2.9 游牧式 PC 工厂简介"、教学单元 4 中的"4.6 先张预应力长线台座法生产工艺""4.6.1 先张法预应力双 T 板预制生产工艺""4.7 复合墙板立式生产工艺"等内容，在目前装配式建筑构件生产中也是实际存在。学习时应作必要的了解熟悉。

3. 在学习"4.6 先张预应力长线台座法生产工艺"时，可拓展延伸至钢筋混凝土预应力梁柱的预制生产。

　　"书中自有颜如玉，书中自有黄金屋"，希望本教材能在奔赴建筑工业化的道路上抛砖引玉，起到铺路石的作用。因水平有限，本教材会存在一些不妥之处，冀求各位专家老师提出修改意见，让我们继续修订完善此书，继飨读者。

　　感谢鞍山重型矿山机器股份有限公司、廊坊凯博建设机械科技有限公司、广联达科技股份有限公司等单位热情提供部分相关图片资料。

第一版前言

"山重水复疑无路，柳暗花明又一村"。

在当前国家引领的建筑产业化的大潮下，装配式混凝土（Precast Concrete，简称 PC）建筑的发展在经历了漫长的停滞期后，又风生水起，各地的 PC 构件预制工厂也雨后春笋般地迅猛发展。

PC 构件工厂是装配式混凝土建筑发展的龙头，PC 构件的生产是装配式混凝土建筑中重要的组成部分，二者是确保装配式混凝土建筑工程质量的前提与关键。如何又好又快地建设 PC 工厂，学习并掌握 PC 构件的生产与管理，是摆在建筑行业管理者面前的一项迫在眉睫的工作。

本书面向生产一线的工程管理者、技术人员、生产工人，旨在介绍和指导 PC 构件工厂的建设和 PC 构件的生产预制过程与管理工作。

全书共分上、中、下三篇，共计 10 章。

上篇为预制工厂篇，介绍 PC 工厂的选址、规划、建设，PC 生产线与钢筋生产线的选型与安装；PC 工厂中的试验仪器配备，常规及关键试验等。

中篇为构件生产篇，介绍构件生产前的深化设计、材料准备、模具准备、人员组织与培训等准备工作。着重叙述了 PC 构件生产的最主要的两种生产工艺：平模传送流水线法和固定模位法。列举一个案例，介绍成品构件的标识、存放与运输过程。

下篇为生产管理篇，介绍 PC 构件生产的质量检查与验收、安全生产与信息化管理、工厂管理生产制度等内容。

本书特点及作为建筑产业化的培训教材时，应注意以下几个方面：

1. 本书以 PC 构件的预制生产为主线，兼顾 PC 工厂的建设过程与生产管理，涵盖 PC 构件的生产与验收的整个过程。

2. 本书在详细介绍目前国内最常见的 PC 构件预制生产工艺的基础上，对 PC 构件柔性平模传送流水生产线与常规环形平模传送流水生产线进行了较为细致的比较。

大家应以发展的眼光，从加工制造业的角度来审视柔性流水生产线，视其为未来 PC 构件流水生产线发展的一个方向，在学习时可进行适当拓展延伸。

3. BIM 技术在装配式建筑的深化设计中，具有独特的技术优势和无法比拟的可视性、可靠性、先进性。BIM 技术能把过去无法实现的想象变为现实，很大程度上提高了装配式建筑设计的质量和效率。故本书用了较多的篇幅进行详细介绍。

本书中第 1 章由张茜（副主编）编写；第 2 章由陈杰（副主编）编写；第 3、4 章由张金树（主编）编写，并担任全书统稿、修改工作；第 5、10 章由王春长（主编）编写；第 6 章及工厂建设中的部分内容由王克福编写；第 7 章及本书中与试验有关的内容由汪丕明（副主编）编写；第 8 章，PC 构件深化设计与 BIM 技术应用部分由苏同、石玉仁编写。第 9 章，工厂管理与工人培训内容由史红军（副主编）编写。书中的钢筋生产线设备的选型安装、钢筋加工工艺部分由张东斌编写。

宋亦工、肖华锋、孟庆春、陈刚、李明参与了本书的修改及编排工作。

因时间仓促，水平有限，本教材会存在一些不妥之处，万望大家提出宝贵的修改意见，我们将会在以后的时间里加以整理并及时修订此书，以飨读者。

最后感谢中国重汽集团泰安五岳专用汽车有限公司、鞍山重型矿山机器股份有限公司、北京思达建茂科技发展有限公司、深圳市现代营造科技有限公司、宁波赛鑫磁性技术有限公司等单位热情提供部分相关图片资料。

目　录

教学单元1

绪 论

Chapter 01

教学目标

1. 理解装配式建筑理念。
2. 掌握装配式建筑相关术语的含义。
3. 熟悉装配式建筑的特征。
4. 了解装配式建筑发展历史、现状和方向。

思政目标

1. 培养学生的职业认同感和自豪感，坚定学生扎实从事装配式建筑职业岗位的决心和信心。
2. 引导学生对行业发展历程和行业现状进行思考，培养学生独立思维分析的能力。
3. 建立学生对行业工业化、绿色化的理解，培养学生的绿色发展理念。

➡ **思维导图**

```
                           ┌─ 装配式建筑概念及含义
              ┌─ 装配式建筑理念 ─┼─ 装配式混凝土结构
              │                └─ 装配整体式混凝土结构
              │
              │                 ┌─ 预制构件
              │                 ├─ 部件
              │                 ├─ 部品
              │                 ├─ 预制夹心保温外墙板
              │                 ├─ 预制夹心保温剪力墙板
              │                 ├─ 双面叠合墙板
  绪论 ───────┼─ 装配式建筑相关术语 ─┼─ 夹心保温叠合墙板
              │                 ├─ 预制外挂墙板
              │                 ├─ 钢筋套筒灌浆连接
              │                 ├─ 钢筋浆锚搭接连接
              │                 ├─ 深化设计
              │                 └─ 预制率和装配率
              │
              ├─ 装配式建筑特征
              │
              │                          ┌─ 装配式建筑发展历史
              └─ 装配式建筑发展历史、现状和方向 ─┼─ 装配式建筑现状
                                         └─ 装配式建筑发展方向
```

教学单元 1　导学视频

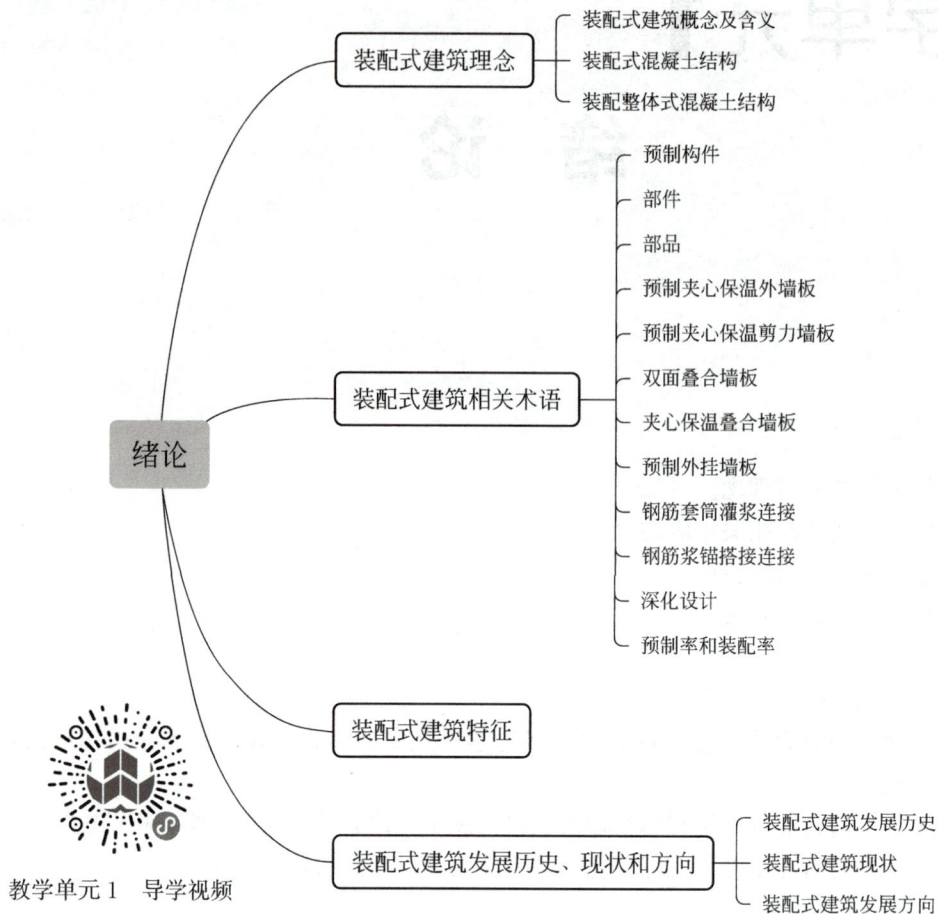

1.1　装配式建筑理念

1.1.1　装配式建筑概念及含义

从法国现代建筑大师勒·柯布西耶提出"建筑是居住的机器"，到日本丰田提出的"像造汽车一样造房子"，这都是装配式建筑的一种通俗的表达，就是要将绝大部分建筑部品、构件都放在工厂生产，在工地现场进行拼装。在降低成本、节约工期、保证质量的同时降低污染和碳排放，对于实现建筑工业化和双碳目标具有重要意义。

装配式建筑包括装配式钢筋混凝土结构（PC）、装配式钢结构、装配式木结构等类型，本教材主要讲述的是装配式混凝土结构。

装配式建筑，是建筑工业化的重要组成部分和核心内容。

对于全现浇模式，装配式建筑是建筑业的一场革命。但并不是消灭现浇模式，是将建筑施工中的绝大多数的现浇湿作业改为干作业，保留必需的现浇作业（如叠合楼板现浇层等）。

2

装配式建筑是应对目前人口红利消失（人工成本逐年升高）、环境污染（雾霾）、资源短缺（铁矿石、石油、木材等大量进口），实现建筑工业化的必要条件和必由之路。

装配式混凝土建筑是指在工厂或现场，用预制生产的各种 PC 构件（如叠合楼板、楼梯、内外墙板、阳台等）或部品，通过灌浆套筒、浆锚搭接、锚固板、螺栓等连接方式装配而成的建筑。在中国，又分为装配式混凝土结构、装配整体式混凝土结构。

1.1.2　装配式混凝土结构

由预制混凝土构件通过可靠的连接方式装配而成的混凝土结构，称为装配式混凝土结构。

1.1.3　装配整体式混凝土结构

由预制混凝土构件通过可靠的连接方式进行连接并与现场后浇混凝土、水泥基灌浆料形成整体的装配式混凝土结构，简称装配整体式结构。

1.2　装配式建筑相关术语

1.2.1　预制构件

预制构件，是指在工厂或现场预先生产制作的混凝土构件，简称预制构件，即 PC 构件。

1.2.2　部件

部件，是指在工厂或现场预先生产制作完成，构成建筑结构系统的结构构件及其他构件的统称。

1.2.3　部品

部品，是指由工厂生产，构成外围护系统、设备与管线系统、内装系统的建筑单一产品或复合产品组装而成的功能单元的统称。

1.2.4　预制夹心保温外墙板

预制夹心保温外墙板，是指由内、外叶混凝土墙板、夹心保温层和拉结件等组成的承重或非承重预制混凝土外墙板，简称夹心外墙板，俗称三明治外墙板。

预制夹心保温外墙板分为预制混凝土夹心保温剪力墙板、预制混凝土夹心保温外挂墙板。中南建设还生产过由内叶板、夹心保温层和拉结件等组成的外墙板，即二明治外墙板。

1.2.5　预制夹心保温剪力墙板

预制夹心保温剪力墙板，是指起承重作用的预制夹心保温剪力墙板，简称预制夹心剪力墙板。预制夹心剪力墙板可分为预制实心混凝土夹心保温剪力墙板和双面叠合混凝土夹心保温剪力墙板。

1.2.6　双面叠合墙板

双面叠合墙板，是指由二层混凝土板，通过桁架钢筋拉结而成的叠合式墙板。

1.2.7 夹心保温叠合墙板

夹心保温叠合墙板，是指由外侧混凝土板和保温板、内侧混凝土板（含桁架钢筋），通过连接件连接而成的夹心保温叠合式墙板。

1.2.8 预制外挂墙板

预制外挂墙板，是指安装在主体结构上，起围护、装饰作用的非承重预制混凝土外墙板，简称外挂墙板。

1.2.9 钢筋套筒灌浆连接

钢筋套筒灌浆连接，是指在金属套筒中插入带肋钢筋并注入灌浆料拌合物，通过拌合物硬化形成整体并实现传力的钢筋对接连接方式。

1.2.10 钢筋浆锚搭接连接

钢筋浆锚搭接连接，是指在预制混凝土构件中预留孔道，在孔道中插入需搭接的钢筋，并灌注水泥基灌浆料而实现的钢筋搭接连接方式。

1.2.11 深化设计

深化设计，是指在装配式建筑设计基本完成后，对整栋装配式建筑的各种 PC 构件进行模拟组合装配，将水电暖气等安装系统，垂直投影到每块 PC 构件之上，逐块细化，得到用于预制生产的 PC 构件生产图的设计过程。

1.2.12 预制率和装配率

预制率和装配率是评价装配式建筑的两个重要概念和指数。

目前除《装配式建筑评价标准》GB/T 51129—2017 对装配率做了国家统一规定外，上海、北京、山东、江苏、成都、深圳等省市，陆续出台了针对当地的预制率和装配率计算细则。在纳入预制率（装配率）计算的构件范围以及各类构件预制率（装配率）的折算比例方面，各省市的规定有所差别。

1. 预制率

预制率，是指钢筋混凝土建筑±0.000 以上主体结构和围护结构中，预制构件部分的材料用量占对应构件材料总用量的比率。

其中，预制构件包括以下类型：叠合楼板（单向叠合楼板、双向叠合楼板）、墙板（剪力墙板、非剪力墙板）、楼梯、柱、梁、空调板、阳台板、女儿墙等。

预制率有两种计算方法，其中：

方法一：预制率＝预制混凝土构件体积／（预制混凝土构件体积＋现浇混凝土体积）

方法二：预制率＝∑（构件权重×修正系数×预制构件比例）×100%

第一种算法简单、直观、实用，能体现出装配式建筑 PC 构件实际预制量的占比，但不能客观地反映装配式建筑的工业化的实际程度。第二种算法比第一种复杂。

2. 装配率

装配率，是指装配式建筑中预制构件、建筑部品的数量（或面积）占同类构件或部品总数量（或面积）的比率。

建筑单体装配率＝建筑单体预制率＋部品装配率＋其他

部品装配率＝∑（部品权重×部品比例）×100％

其中，"部品"，指预制内隔墙、单元式幕墙、集成式厨房、集成式卫生间、集成管道井、集成排烟道。"其他"，指结构与保温一体化、墙体与窗框一体化、集成式墙体、集成式楼板、组合成型钢筋制品。有的省市将铝模、定型模板、全装修等也考虑其中。

装配率能客观真实地反映出装配式建筑的工业化的实际程度，但不能直接体现出装配式建筑的 PC 构件实际预制量的占比。

1.3 装配式建筑特征

装配式建筑的特征主要是设计标准化（基础），生产工厂化（核心），管理信息化和智能化（两个抓手：BIM 和物联网技术），建造机械化和集成化（表现内装部品集成化），产学研一体化（延伸）。

就是在实施装配式建筑过程中，运用现代信息化的管理手段，通过标准化的建筑设计以及工厂化、模数化、智能化的构件生产，实现建筑构件的通用和现场施工的机械化，最终实现建筑工业化和现代化。

1.4 装配式建筑发展历史、现状和方向

1.4.1 装配式建筑发展历史

1）20 世纪 50～60 年代是我国装配式建筑的起步和发展阶段。

在工业建筑体系方面，以国家建筑标准设计为技术引导的全装配单层工业厂房为代表，在民用建筑体系方面，我国在 1959 年引入的苏联拉姑钦科薄壁深梁式大板建筑。

2）20 世纪 70～80 年代是我国装配式建筑的迅速发展阶段。

以全装配大板建筑体系为代表，相关标准开始配套和完善，出现装配式建筑的第二次发展高峰。主要结构类型包括钢筋混凝土大板建筑、少筋混凝土大板建筑、振动砖墙板、粉煤灰大板建筑、内板外砖建筑等。

3）20 世纪 90 年代到 21 世纪初期是我国装配式建筑的停滞期。

我国的装配式建筑滑向谷底，众多的 PC 构件预制厂倒闭，个别预制厂靠生产公路和铁路预制梁、市政管涵等部品为生。

在装配式建筑的停滞阶段，同时也是现浇式混凝土建筑的盛行时期。

4）2005 年后，在建筑技术、材料、设备等得到极大进步和提高的基础上，我国的装配式建筑重新起步，并进入新的发展阶段。

我国在 1994 年提出了住宅产业化概念，开始探索中国住宅产业化的道路。在这个时期，万科在中国当代装配式住宅方面，起到了重要的行业引领作用。1998 年万科开始对住宅产业化技术进行研究，2003 年开始实施住宅标准化。2004～2008 年，万科先后完成 1 号～4 号装配式实验楼的建设，为引领装配式建筑的发展奠定了基础。

经过多年的学习和实践，2007 年 2 月 2 日，上海万科新里程首批产业化住宅 20 号、

21 号楼启动，标志着住宅产业化进入了一个新的时期。2009 年深圳市第一个住宅产业化试点项目——万科第五公寓楼竣工。2011 年 11 月，北京万科假日风景 B3、B4 楼竣工。2013 年 1 月，沈阳万科春河里 17 号楼竣工。

在实践中，大家对装配式建筑逐渐有了深入理解，认识到其对于最终实现我国的建筑工业化，具有不可或缺的巨大作用。所以，这项工作的提法和概念，也从最初的住宅产业化，过渡到建筑产业化，最终定义为建筑工业化。

1.4.2　装配式建筑现状

2013 年 1 月 1 日，国务院办公厅 1 号文件转发了国家发展改革委及住房和城乡建设部发布的《绿色建筑行动方案》，方案明确提出，"大力推动建筑工业化"为国家十大重要任务之一。

2013 年 11 月 7 日下午，原中共中央政治局常委、全国政协主席俞正声主持建筑产业专题座谈会。要求按照转变经济增长方式、调整优化产业结构的要求，制订和完善推进建筑产业化的相关政策法规，积极抓好落实。

2014 年 7 月 1 日，住房和城乡建设部《关于推进建筑业发展和改革的若干意见》，要求促进建筑业发展方式转变，推动建筑产业现代化。

2016 年 2 月 6 日，国务院发布《关于进一步加强城市规划建设管理工作的若干意见》，要求发展新型建造方式，大力推广装配式建筑。

2020 年 9 月，住房和城乡建设部等 9 部门联合印发意见，提出要加快新型建筑工业化发展，以新型建筑工业化带动建筑业全面转型升级，打造具有国际竞争力的"中国建造"品牌，推动城乡建设绿色发展和高质量发展。通过新一代信息技术驱动，以工程全寿命期系统化集成设计、精益化生产施工为主要手段，整合工程全产业链、价值链和创新链，实现工程建设高效益、高质量、低消耗、低排放的建筑工业化。

在国家上述一系列文件的指引下，截至 2020 年，全国新开工装配式建筑共计 6.3 亿 m^2，较 2019 年增长 50%，占新建建筑面积的比例约为 20.5%，完成了《"十三五"装配式建筑行动方案》中到 2020 年达到 15% 以上的工作目标。从结构形式看，新开工装配式混凝土结构建筑 4.3 亿 m^2，较 2019 年增长 59.3%，占新开工装配式建筑的比例为 68.3%。

目前，我国共有国家级装配式建筑产业基地 328 个，省级产业基地 908 个。其中，既有混凝土构件厂，也有钢结构构件厂。但混凝土构件厂，无疑是当前建筑工业化浪潮中的主角。

1.4.3　装配式建筑发展方向

1）目前，装配式建筑的预制构件生产技术开发基本成熟，形成了以环形平模流水线法为主，固定模位法、机组流水法为辅的多种 PC 构件预制生产技术体系。

秉承工业化生产特点和优势的柔性 PC 生产线，将会有进一步的发展和更广泛的应用。

2）钢混结构是装配式建筑的一个重要发展方向，把型钢与混凝土的性能进行了很好的结合，抗震性能好、耐火和抗腐蚀能力强。

预应力 PC 结构也是当前和以后，装配式建筑的重要发展方向。在大跨度公共活动场所、工业厂房方面，预应力 PC 构件具有先天性的技术优势。

如果将混凝土、预应力二者很好地结合，在原来结构优势的基础上，与传统钢混结构相比，在保证建筑性能的基础上，其钢材用量和成本，将进一步降低。

3）在实施过程中，需要持续改进预制生产的辅助技术手段和措施。

在应用 BIM 技术的基础上，加快信息化、大数据技术应用的步伐。推动传感器网络、低功耗广域网、5G 第五代移动通信技术、边缘计算、RFID 射频识别及二维码识别等技术在 PC 工厂中的集成应用，大力推行建设智慧工厂。

4）在进行新型建筑工业化评价时，要持续建立健全工厂化生产的质量管理体系，完善层级质量管理措施。加大科技研发力度，不断提升装配式建筑的 PC 构件质量。

1.5　思考与练习

一、填空题

1. 装配式建筑主要包括_____、_____、_____三种结构类型。

2. 在工厂或现场预先生产制作完成，构成建筑结构系统的结构构件及其他构件，统称为_____。

3. 预制夹心保温外墙板分为_____、_____两种。

4. 装配式建筑的基础特征是_____，核心特征是_____。

二、单选题

1. 在金属套筒中插入带肋钢筋并注入灌浆料混合物，通过拌合物硬化形成整体并实现传力的钢筋对接连接方式，称为（　　）。

A. 钢筋绑扎连接　　　　　　　　B. 钢筋机械连接

C. 钢筋浆锚搭接连接　　　　　　D. 钢筋套筒灌浆连接

2. 安装在主体结构上，起围护、装饰作用的非承重预制混凝土外墙板，简称（　　）。

A. 外挂墙板　　　　　　　　　　B. 夹心保温外墙板

C. 叠合楼板　　　　　　　　　　D. 双面叠合剪力墙板

三、简答题

简述装配式建筑的发展方向。

1.5思考与练习答案

7

Chapter 02

教学单元2
PC工厂建设

教学目标

1. 了解 PC 工厂的厂址选择和总体规划要点。
2. 掌握 PC 生产线选型、安装技术。
3. 理解钢筋生产线选型与安装技术。
4. 掌握生产线配套设备的选用原则和使用方法。
5. 了解 PC 工厂试验室建设要点与主要仪器。
6. 掌握 PC 工厂常规及关键试验操作方法与性能指标。
7. 了解 PC 工厂管理组织机构人员岗位职责。
8. 了解游牧式 PC 工厂。

思政目标

1. 培养学生对 PC 工厂和 PC 生产线发展和现状调研、分析、总结的能力。
2. 培养学生认真严谨、精益求精的工作作风。
3. 培养学生终身学习、关注行业发展动态的职业操守。

思维导图

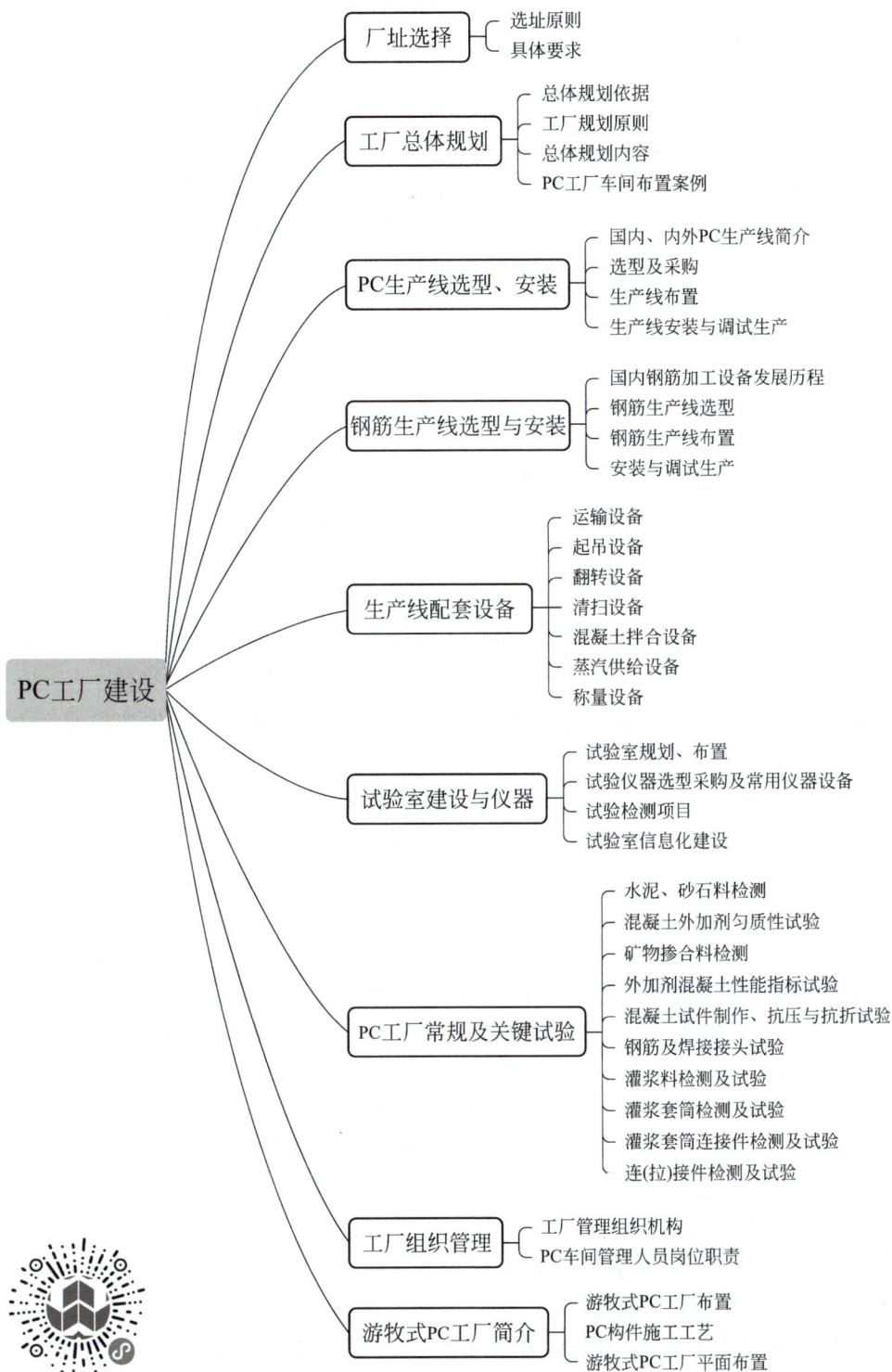

PC工厂建设
- 厂址选择
  - 选址原则
  - 具体要求
- 工厂总体规划
  - 总体规划依据
  - 工厂规划原则
  - 总体规划内容
  - PC工厂车间布置案例
- PC生产线选型、安装
  - 国内、内外PC生产线简介
  - 选型及采购
  - 生产线布置
  - 生产线安装与调试生产
- 钢筋生产线选型与安装
  - 国内钢筋加工设备发展历程
  - 钢筋生产线选型
  - 钢筋生产线布置
  - 安装与调试生产
- 生产线配套设备
  - 运输设备
  - 起吊设备
  - 翻转设备
  - 清扫设备
  - 混凝土拌合设备
  - 蒸汽供给设备
  - 称量设备
- 试验室建设与仪器
  - 试验室规划、布置
  - 试验仪器选型采购及常用仪器设备
  - 试验检测项目
  - 试验室信息化建设
- PC工厂常规及关键试验
  - 水泥、砂石料检测
  - 混凝土外加剂匀质性试验
  - 矿物掺合料检测
  - 外加剂混凝土性能指标试验
  - 混凝土试件制作、抗压与抗折试验
  - 钢筋及焊接接头试验
  - 灌浆料检测及试验
  - 灌浆套筒检测及试验
  - 灌浆套筒连接件检测及试验
  - 连(拉)接件检测及试验
- 工厂组织管理
  - 工厂管理组织机构
  - PC车间管理人员岗位职责
- 游牧式PC工厂简介
  - 游牧式PC工厂布置
  - PC构件施工工艺
  - 游牧式PC工厂平面布置

教学单元 2　导学视频

2.1 厂址选择

2.1.1 选址原则

装配式混凝土建筑的预制混凝土（Precast Concrete，简称：PC）构件主要在预制工厂中完成制造生产。当前主流的混凝土构件的预制方式，主要是在远离建筑工地的固定式PC工厂内预制完成。然后通过PC构件运输车运输至施工现场进行装配施工。

选择在什么样的地方建厂，（也会影响）投资成本的大小，二者都将关系到能获得多少经济和社会效益，也是构件生产厂家前期准备工作中的重点。

2.1.2 具体要求

工厂选址的要求包括合法、经济、安全、方便以及合理。

1. 合法

不侵占、使用国家划定的永久基本农田，选择非永久基本农田、并且已办理合法出让手续，或手续齐备的工业用地。要取得建设用地规划许可证，并通过建设项目环境影响评价文件的审批许可。

2. 经济

首先，所选择的厂址，是否在可行性研究报告中所划定的PC构件有效经济供应半径以内。工厂与原材料供应地、产品销售地的距离是否超出有效经济供应半径。

同时，选择的地块要尽量平整。确保场地整平时填挖平衡，不产生大量的借土和弃土。在一般情况下，尽量不在软基和起伏过大的丘陵山区建厂，以减少在工厂建设过程中的软基处理和土石方开挖爆破的工程量，降低工程造价。

其次，地面以上的房屋等建筑，庄稼、树木等拆迁砍伐量，青苗补偿要在经济合理的承受范围以内。

3. 安全

工厂驻地的地理位置和环境，要满足相关法律法规规定的防洪、防雷要求。避开滑坡、泥石流等地质灾害地带，远离危险化学品、易燃易爆等危险源。

PC工厂建成后也不得对周围环境和常驻人群的生活造成环境破坏和污染。

4. 方便以及合理

首先，要考虑工厂附近和经济运距范围内是否有可靠的资源供应和能源供给。例如砂石料的供应，附近是否有电、水、天然气、通信的接入条件。

周围的交通能否满足方便各种原材和产品及时顺利地进出工厂的需求。

同时也要考虑工人日后生活的方便性。

其次，要关注工厂周围的民风民俗，能否与周围的居民和谐共处，也是以后PC工厂能否顺利生产的一个重要影响因素。

所以应多考察几个地块，在综合考虑以上因素，进行比对分析后，再从中选取一个优良厂址。禁忌随意、仓促选址。

2.2   工厂总体规划

2.2.1   总体规划依据

首先，根据 PC 工厂可行性研究报告、企业的经济技术状况、对 PC 工厂的预期，进行工厂的总体规划。

其次，还应考虑厂址所在地允许扩展的空间、PC 产品定位和产量需求、PC 构件生产线主要设备的性能参数等因素。应特别注意，PC 构件对存放场地的需求较大。

2.2.2   工厂规划原则

选址上，因地制宜，充分利用现有条件，做到交通便利、物流畅通。

技术上，生产线适用性强，设备性能稳定可靠、运转安全、操作维修方便。

经济上，建设成本可控，后期运行维护成本低，生产线可塑性强。

环境绿化与空间组合协调，努力改善工厂和工作环境，符合环保要求。

2.2.3   总体规划内容

PC 工厂按照可行性研究报告中的规划进行设计和布局，同时兼顾整个工厂内各生产项目的投资顺序和 PC 生产线日后提能扩产的要求。

PC 工厂整体由构件生产区、构件成品堆放区、办公区、生活区、相应配套设施等组成，如图 2.2-1 所示。

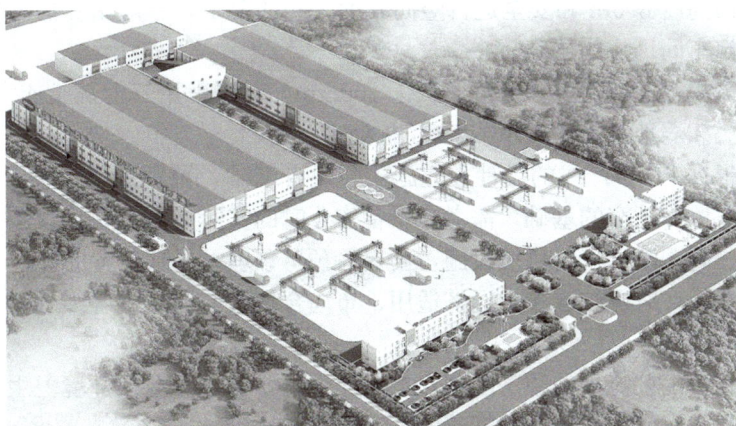

图 2.2-1   厂区鸟瞰图

厂区规划中有 PC 生产厂房、办公研发楼、公寓餐饮楼、成品堆场、混凝土原材库、成品展示区、宿舍楼、试验室、锅炉房、钢筋及其他辅材库房、配电室等。

构件生产车间由 PC 构件生产线、钢筋加工生产线、混凝土拌合运输系统、高压锅炉蒸汽系统、桥式门吊系统、车间内 PC 构件临时堆放区、动力系统等组成。

1. 总体布置方案

根据土地情况及项目生产工艺需求以及企业未来发展要求，PC 工厂总图布置方案应满足：

 1）功能分区明确，人流、物流便捷流畅。

 2）生产工艺流程顺畅、简捷，为以后扩展提供方便。

 3）绿化系数较高，厂区舒适、美观。

 2. 生产车间

  为快速建厂、快速投产，当前 PC 工厂一般采用大跨度单层钢结构厂房设计，如图 2.2-2 所示。

图 2.2-2　PC 工厂车间

  车间设计为 2～4 跨不等，车间长度为 120～180m，单跨宽 24～27m。厂房层高不低于门吊最小起吊高度 8.5m 和安全运行竖向高度之和的要求，一般由养护窑处门吊安全通过时的高度决定车间厂房的层高。

  地面硬化采用水泥混凝土，厚度不低于 200mm。基层采用三七灰土或水泥稳定碎石、水泥稳定砂砾。软弱地基采用换填或 CFG 桩处理。

  车间内要根据 PC 生产线的设计，先施工各设备基础，预埋地脚螺栓。其中 PC 生产线中振动台、立体养护窑的基础，需考虑设备作业时的实际荷载，保证设备运行安全。与生产线配套水、电、暖、气的供应设施，要提前预留预埋，保证位置准确。

  生产车间在设计时应综合考虑经济适用、布局合理及节能环保等多种因素，并满足以下几点要求：

  生产设备要按工艺流程的顺序配置，在保证生产要求、安全及环境卫生的前提下，尽量节省厂房面积与空间，减少各种管道的长度；

  保证车间尽可能充分利用自然采光与通风条件，使各个工作地点有良好的劳动条件；

  保证车间内交通运输及管理方便。万一发生事故，人员能迅速安全地疏散；

  厂房结构要紧凑简单，并预留一定空间为生产发展及技术革新等创造有利条件。

 1）车间总体规划

 车间总图规划遵循原则：

  注意改善操作条件，对劳动条件差的工段要充分考虑朝向、风向、门窗、排气、除尘及通风设施的安装位置。设备的操作面应迎着光线，使操作人员背光操作。

  要统一安排车间所有操作平台、各种管路、地沟、地坑及巨大的或振动大的设备基础，避免同厂房基础发生关联。

合理安排厂房的出入口，每个车间出入口不应少于 2 个。为保证车辆通过性，宽度 4～5m 为宜，高度不小于 5m。

车间采用钢结构厂房，车间长度要以满足生产线布置为原则，单跨宽度不小于 24m，车间建筑高度 14～16m 为宜，且应大于公式养护窑高度＋安全距离＋车间桁吊本身高度＋安全距离的总高度。车间内设办公及仓库用房和构件平板车运输轨道。

根据产品需求，车间不宜少于 3 跨，布置时可根据具体情况进行调整，如三明治外墙板生产线、叠合板生产线、钢筋加工设备和固定台位生产线。

2）车间分区

车间内分 PC 构件流水线生产区、PC 构件固定模位生产区、钢筋生产区、模板加工修整区、构件临时存放区、模板存放区、钢筋中间产品存放区、构件布展区、车间内临时休息室与办公室、参观通道。

生产区和构件临时存放区地面宜采用固化剂处理，布展区和参观通道采用环氧地坪地面；生产区与其他区域使用不锈钢栏杆和不低于普通人身高的钢丝网进行安全隔离。

3）车间桁吊设计与安装

每跨车间设置 2 台 10t（设主副吊钩）和 1 台 5t 桁吊，起吊高度不小于 9m，均能纵向贯通整个车间和整条生产线。

4）车间水电暖气设计与安装

车间用水相对较少，主要是消防用水、生产用水、工人饮水。一般采用市政自来水给水，也可以采用打井取水。

车间内排水沟宽度不小于 30cm，并覆盖铁箅子。排水沟与厂区排水系统相连并设纵向"人"字坡，坡度不小于 1%。

根据当地冬季气温条件设计车间供暖，车间供暖温度不小于 5℃；车间蒸汽管路可以根据实际选择走地上或地沟。利用钢结构车间设计，将长条状散热片安装在 H 形梁柱的 U 形槽内，以达到节省空间、整齐美观的目的。

每跨车间两侧设置电缆沟，电缆沟宽度不小于 60cm。每条生产线均采用专用电缆，配电柜位置根据设备位置设置。

5）车间通风系统

为保证车间工作时的空气质量，车间屋顶需要设置通风系统。

6）拌合站、蒸汽锅炉房

根据车间年规划生产量，配置能满足生产需要的拌合站和蒸汽锅炉。

为降低生产能耗、节能环保，设计时应将混凝土和蒸汽输送距离设计到最小值，并最大限度减少管道拐弯。二者应与生产车间同步设计，拌合站出料口对应生产线布料工位，蒸汽锅炉房对应车间内蒸汽养护窑的用汽工位。

3. 构件堆放场

构件堆放场是 PC 工厂的重要组成部分，是预制构件出厂前的主要存储地。PC 构件堆场实景如图 2.2-3 所示。

1）堆场的设计

堆场设置要考虑与构件生产车间的距离，故构件堆放场一般靠近生产车间出口设置。

图 2.2-3　PC构件堆场实景图

堆场面积的大小应满足 PC 工厂最大生产产能需要，并要满足库存构件的堆放需求。其最大面积可按照产能的 1.2～2.0 倍进行预留设计。

堆场场道结构层中的基层一般为三七灰土或水泥稳定碎石、水泥稳定砂砾，面层采用不小于 20cm 厚 C30 混凝土。堆场纵向坡度应为平坡设计。为有利于排水，堆场设置横向坡度，并在每跨两侧设置排水管道和漏水口，将堆场内雨水排至厂区雨水管网。

2）堆场门式起重机的选择与布置

堆场门式起重机基础采用条形基础，门式起重机轨道采用 43kg/m 钢轨，在堆场面层施工前进行门式起重机基础及轨道安装施工。安装轨道时考虑其使用安全性，要对轨道进行接地处理。为保证堆场车辆通行方便，门式起重机轨道顶面要与堆场混凝土面层顶标高相同。

门式起重机跨度选择：为充分利用堆场空间，门式起重机跨度宜大于 20m，并采用单端悬挑。堆场内门式起重机采用对称布置，即两跨门式起重机悬挑端设计为一左一右，两门式起重机间为滑触线。

堆场门式起重机吊重为 10t。

3）堆场构件管架的布置

在堆场内划分不同的存放区，用于存放不同的预制构件。

根据堆场每跨宽度，在堆场内，垂直于门式起重机，呈线形设置钢结构墙板存放架。每跨可设 2～3 排存放架，存放架距离门式起重机轨道 4～5m。

在堆场的区域内，圈画出堆放构件的存放区。

4. 办公研发楼

PC 工厂内的办公研发楼应满足 100～150 人办公需求，并预留足够的房间。

办公研发楼内设备个职能部门：办公室、研发设计部、生产管理部、计划合同部、财务部、物资设备部、安全质量部，并设有多功能厅、大中小型会议室、接待室。

办公楼前设停车场，停车场满足本公司人员车辆及来宾车辆停车需求。

5. 试验室

试验室规划：试验室具有相对独立的活动场所，充分考虑安全、环保、交通便利及工程质量管理要求，满足信息化办公要求。满足试验检测工作需要和标准化建设的有关规定。

试验室的功能分区与布局：资料室、留样室、特性室、力学室、标养室、集料室、水泥室、化学室。各功能室要独立设置，并根据不同的试验检测项目配置满足要求的基础设施和环境条件。按照试验检测流程和工作相关性进行合理布局，保证样品流转顺畅，方便操作。

6. 宿舍楼

根据 PC 工厂经营规划情况，宿舍楼的面积要满足高峰产能时员工的住宿条件。宿舍楼设计简洁大方，有节能供暖设计。

7. 锅炉房

根据 PC 工厂的规划情况，锅炉房位置应靠近生产车间。锅炉房可设计为框架或砖混结构，锅炉房面积及布局应根据设备情况进行设计布置。

选择锅炉吨位的大小时，还应考虑到生产车间、办公研发楼、宿舍楼的冬季供暖需要。

8. 地磅房

地磅房位置应设置在物流门附近，根据地磅、砂石料仓库的位置而定。

磅房距离地磅不宜超过 50m，面积 15~20m² 即可。

9. 厂区道路等设施的设计与布置

厂区道路在满足生产需求的同时，做到物流顺畅有序。

厂区主干道构成环状路网，各路相通。厂区物流出入口应紧邻市政道路。厂区交通要做到人、物分流。

厂区道路一般采用水泥混凝土路面。主干道路面宽度不小于 7m，次干道为 5m。道路两侧需装太阳能感应路灯。

对厂前区、道路两侧及新建建筑物、构筑物周围皆予以绿化，种植花草和树木，以达到减少空气中的灰尘、降低噪声、调节空气温度和湿度及美化环境的目的，为工作人员创造一个良好的户外活动场所。

厂区道路与绿化设计，均应结合海绵城市建设。人行道渗水地砖、道路排水沟、蓄水池严格按照海绵城市设计要求进行布置，达到下雨时吸水、蓄水、渗水、净水的要求和目的。

厂内管线有：给水排水管线、电力及通信线路、输送蒸汽管线等。

排水采用暗沟雨污分流形式。对于含有水泥等粉料的浆水污水，应设置沉淀池，进行净化处理后，形成中水，可再次利用。如用于冲洗车间、路面等。

2.2.4   PC 工厂车间布置案例

以一个三跨车间为例，说明两条 PC 自动化生产线、固定模台生产线、钢筋生产线的具体布设。具体工厂车间布置情况如图 2.2-4 所示。

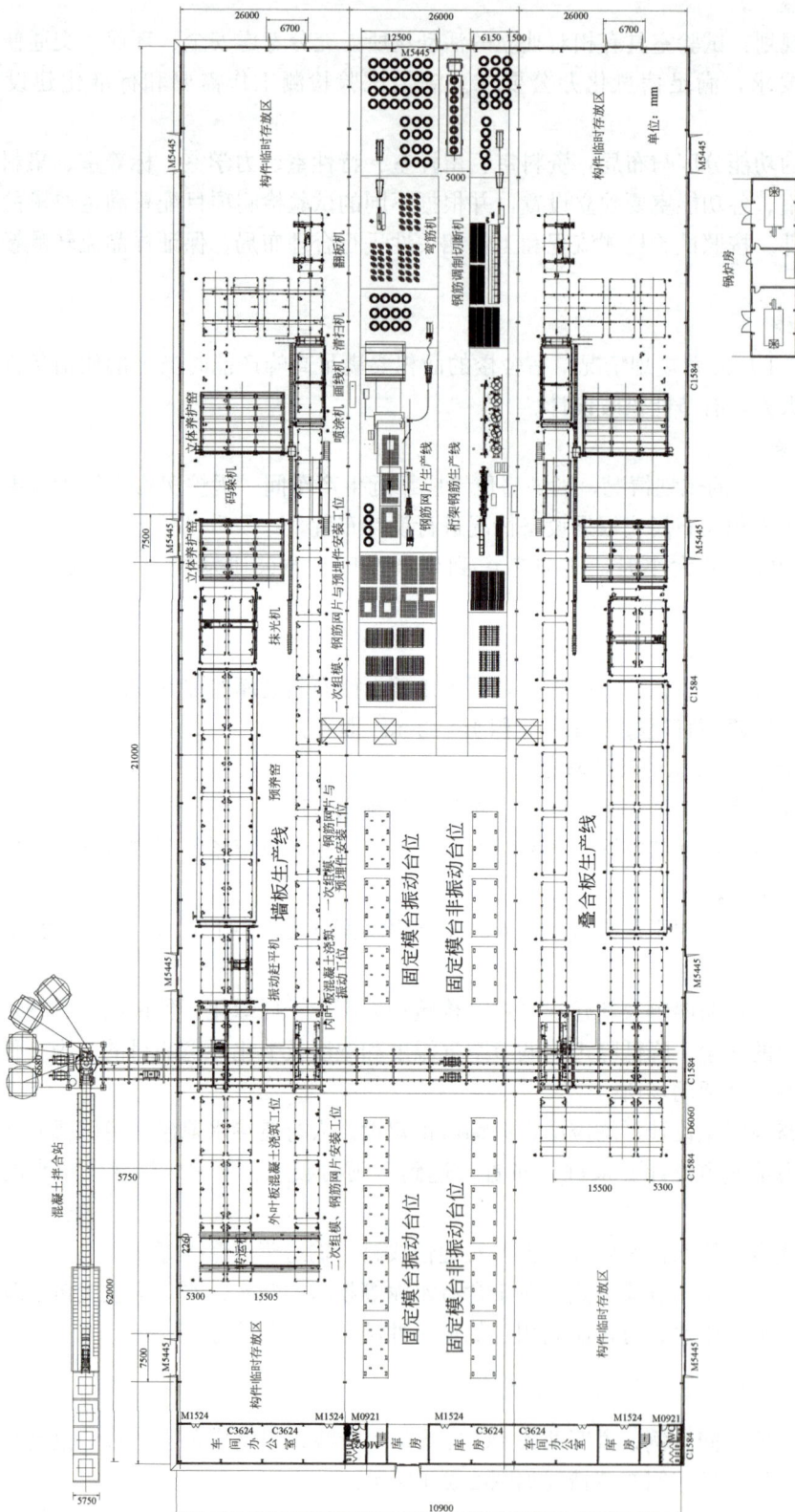

图 2.2-4　PC工厂车间布置图

2.3 PC 生产线选型、安装

2.3.1 国内、国外 PC 生产线简介

目前，国内成熟的自动化流水生产线均采用从动轮与电动轮来支撑、驱动整张模台进行运转的流水线生产方式。将预制生产中的各个工序分布到每个工位，并配置相应的机械设备和机具，人工操作或提前输入图纸和指令，人工辅助完成或自行识别完成工作内容。国内 PC 生产线生产厂家有河北新大地、三一筑工、鞍重股份、雪龙企业、山东万斯达、上海庄辰等企业。

由于国外建筑设计的高度标准化，其 PC 生产线的自动化程度也普遍很高，大量机械手被应用于模板组装、构件搬运等环节。国外 PC 生产线生产厂家有德国安夫曼（Avermann）、艾巴维（Ebawe）、索玛（Sommer）、沃乐特（Vollert）、维克曼（Weckenmann）；芬兰阿科泰克（Elematic）；意大利索泰美可斯（Sotmex）等企业。

2.3.2 选型及采购

选型的原则：先进、高效、经济、实用。

针对目前国内建筑设计的标准化程度不高的实际情况，应根据企业的经济实力，本着实事求是的原则，选择经济合理的生产线，并预留升级改造的空间。

组织考察团队，对国内外众多生产企业进行考察后，提出合理的招标方案。以公开招标、邀请招标的方式，确定生产线厂家。在签订采购合同时，明确生产线各个部件的进场时间，保证生产线安装的有序性。防止已进场设备无法安装，等待后进场设备的不利局面。

2.3.3 生产线布置

目前，主流 PC 自动化流水生产线均采用环形布置，充分考虑各个生产单元功能的不同、所占流水线节拍的长短、与拌合站混凝土运输线路的衔接位置、与钢筋生产线的相对关系等因素，进行合理布置。生产线布置如图 2.3-1 所示。

固定模位法一般采用线性布置。生产区与存放区相邻，且位于车间门吊的行走范围内。

1. 生产线布置的原则

生产线之间布置应按贯穿精益生产的理念。做到布局合理、流畅高效、安全经济，实现物料搬运成本最小化、有效利用空间和有效利用劳动力。

方便流畅原则：各工序的有机结合，相关联工序集中放置原则，流水化布局原则。

最短距离原则：减少搬运，避免流程交叉，直线运行的原则。

平衡均匀原则：工位之间资源配置、速率配置平衡的原则。

固定循环原则：固定工位，减少诸如搬运等无价值活动。

安全合规原则：电气设备的安装、高压蒸汽条件下元件保护，要符合相关法规规程，进行合规安装布局。模台运行、物体起运要设安全保险装置。

经济产量原则：适应批量生产，尽可能利用车间空间的原则。

柔韧性的原则：对生产线预留柔性发展空间。

硬件防错的原则：从生产线硬件设计与布局上预防错误，减少生产上的损失。

2. 布置注意事项

为生产平衡，减少空间浪费和降低作业人员巡回作业的强度，PC 生产流水线工位呈环形布置。在 PC 生产线的周边，根据生产需要设置工器具存放区、半成品堆放区。

各生产线分开合理布置，中间区域可作为工作人员通道、巡视观摩通道。

如果采用两条 PC 构件生产线和一条钢筋生产线的配置，则采用两条 PC 构件流水生产线左右分开，钢筋生产线位居中间的布置形式，以减少钢筋成品、半成品搬运距离。

PC 生产线两侧均设排水沟与电缆沟，有必要时设置暖气沟。电气管线分离，排水沟与电缆沟不得共用，废水与管线不得同用一条暗沟。

根据生产设备高度，确定车间桁吊高度。为提高车间桁吊利用率，各桁吊必须能够贯穿通行整个流水线。桁吊安装必需在钢结构屋盖覆盖前安装完毕。

3. 生产线布置图

以三明治外墙板生产线为例，各种机械设备的布置情况，如图 2.3-1 所示。

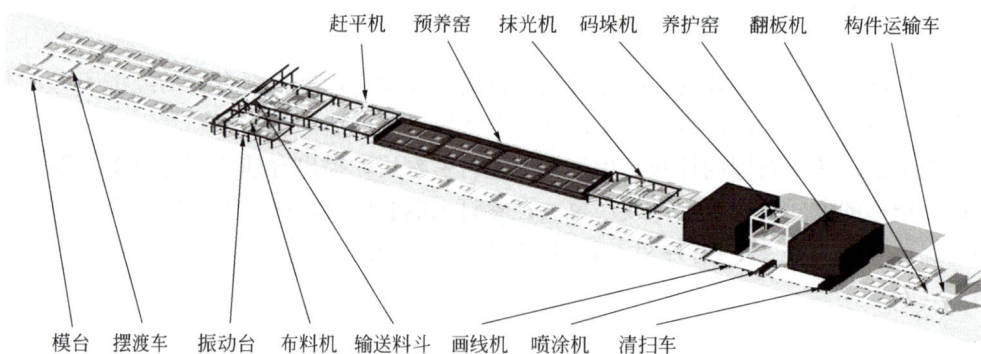

图 2.3-1　三明治外墙板生产线布置立体图

2.3.4　生产线安装与调试生产

1. 生产线安装

1）前期准备工作

生产线设备制作方要组建安装团队，项目经理负责与厂方沟通、技术交流、总体统筹。项目副经理负责后勤保障、材料采购等工作。配备机械员、电气技术员若干名。

厂方应安排专门负责人、电工、门吊操作员等相关人员协助安装工作。

安装前应备好以下设备：10t 以上桥式门车、汽车吊，桥式门吊提前安装验收完毕即可用以 PC 生产线的安装；ϕ20mm 以上钢丝绳或相应吨位的吊装带；氧气、乙炔气；电源和配电箱；焊机、焊条、气割枪等机具设备。

2）设备安装位置放线

根据生产线设计布置图，采用全站仪测放整条生产线的控制桩位。以整个生产线的中轴线为基准，对称分出左右前后环形中心线。

将环形中心线分成若干段，以各段中心线为基准，测定出两侧导向轮、驱动轮的桩位。

根据各工位的间距规划，在环形中心线上测定各个工位的中心桩位。

3）导向轮、驱动轮安装

导向轮与驱动轮一般采用预埋型钢或钢板焊接、预埋地脚螺栓固定两种形式。如图 2.3-2 所示。

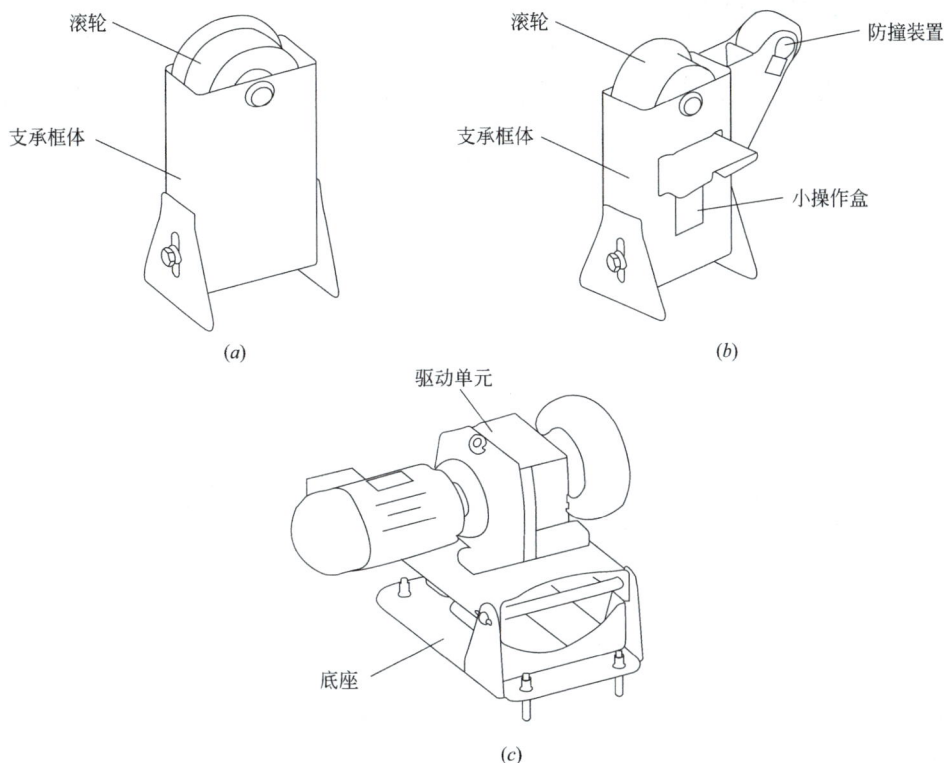

图 2.3-2 导向轮、驱动轮

（a）导向轮；（b）导向轮；（c）驱动轮

预埋钢板时要保证板面水平，浇筑混凝土时钢板下无孔洞，且振捣密实。地脚螺栓预埋浇筑混凝土时，也要保证板面水平、四根螺栓垂直固定。

采用焊接工艺时，先测定预埋钢板高程是否满足生产线模台标高要求。低于设计高程时，在预埋钢板上敷设、焊接另一厚度合适的钢板进行补高。

焊接前，用画粉在钢板上画出两条纵向轴线，再左右对称地画出横线，将导向轮底座对准绘制的纵横画粉线就位后，多点焊临时固定。检查左右两轮的顶面高程一致后，进行隔段焊接固定。

如再发现左右、前后轮高程不一，就要通过调整走轮的高度，确保模台的平稳运行。

采用地脚螺栓连接驱动轮底座，并拧紧后，调整支撑框与预埋钢板的角度大小，来实现驱动轮的高低变化。

4）设备立柱、走梁和轨道安装

输送料斗（鱼雷罐）、蒸养窑、布料机、拉毛机、抹光机、画线机均需要用立柱架来支撑设备的运行。其中输送料斗是通过走梁和轨道来实现设备的前进后退。

19

根据生产线设计布置图，测放设备的中心控制桩，确定中心线。再测放出左右立柱的位置。并根据立柱的连接方式，预埋连接钢板和地脚螺栓。焊（连）接工艺同导向轮、驱动轮的连接。

采用人工辅助起重机、车间门吊进行设备立柱、走梁和轨道的安装。安装时，要保证每排中的每根立柱，均位于同一条直线上。两排立柱上敷设的走梁面高度要一致，以确保输送料斗等设备的走行平稳。

5）清扫机、喷涂机、画线机、布料机、翻板机安装

（1）清扫机主要由机架总成、清理装置、扬尘机构、吸尘机构、刮料机构、接料装置、电柜等部件组成，如图 2.3-3 所示。

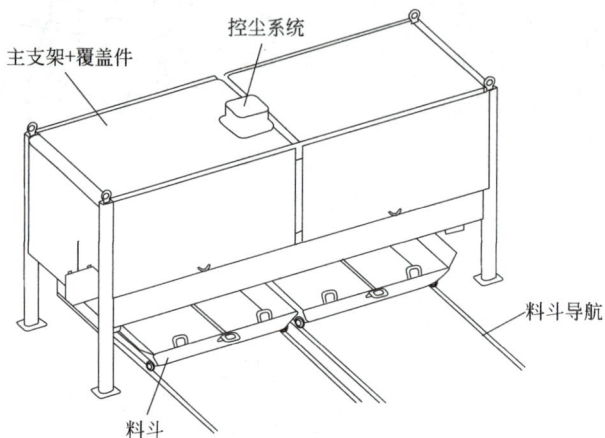

图 2.3-3　清扫机

清扫机安装流程：画线找平→机架安装→清理机构安装→扬尘机构安装→吸尘机构安装→刮料机构安装→接料装置安装→其他附件安装→分部试运行。

（2）隔离剂喷涂机主要部件：设备总成、接油装置、液压油站、电柜等，如图 2.3-4 所示。

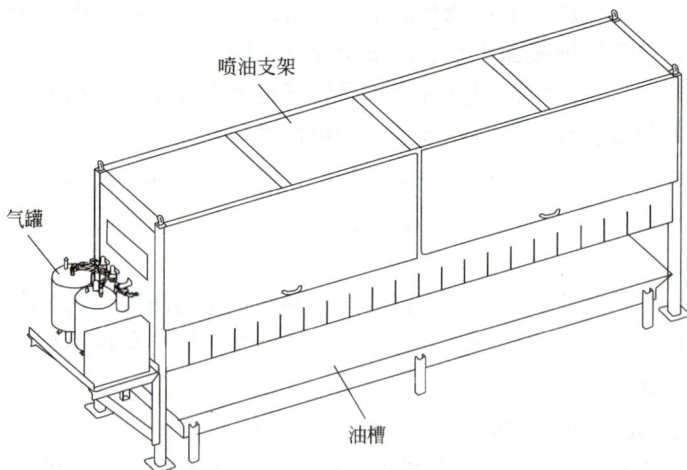

图 2.3-4　隔离剂喷涂机

隔离剂喷涂机安装流程：画线找平→整机安装→接油装置安装→管路安装→其他附件安装→分部试运行。

（3）画线机主要部件：行走支架、纵向行走系统、横向行走系统、画线机构总成、电柜等，如图 2.3-5 所示。

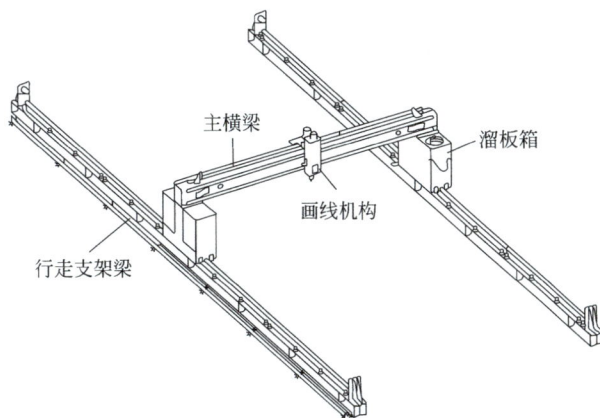

图 2.3-5　画线机

画线机安装流程：画线找平→行走支架安装→纵向 T 形导轨安装→纵行齿条安装→纵向与横向行走系统机架安装→画线机构安装→管路连接→其他附件安装→分部试运行。

（4）布料机主要部件：支撑架、纵向行走系统、料斗升降装置、承重装置、横向行走系统、料斗总成、液压油站、电柜等，布料机结构如图 2.3-6 所示。

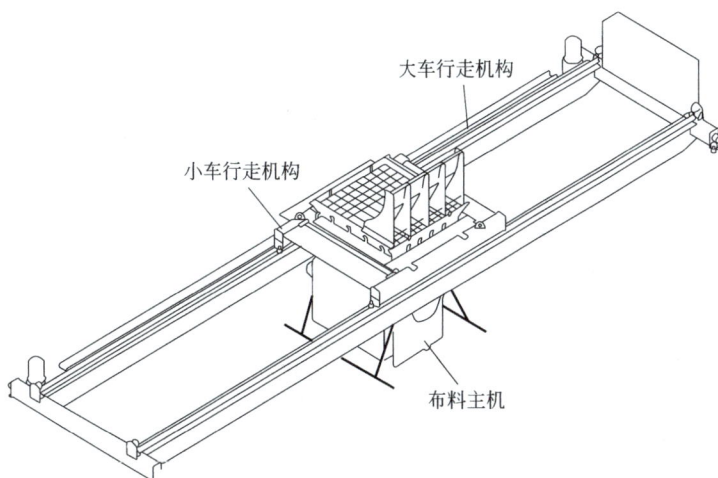

图 2.3-6　布料机

送料机主要部件与布料机大体相同，没有横向行走系统。

布料机安装流程：画线找平→支撑架→纵向钢轨安装→纵向行走系统安装→横向钢轨安装→料斗升降装置→承重装置→横向行走系统→料斗总成→管路连接→其他附件安装→分部试运行。

（5）翻板机主要部件：翻转架总成、模台锁位装置、构件支撑装置、液压油站、电柜等，如图 2.3-7 所示。

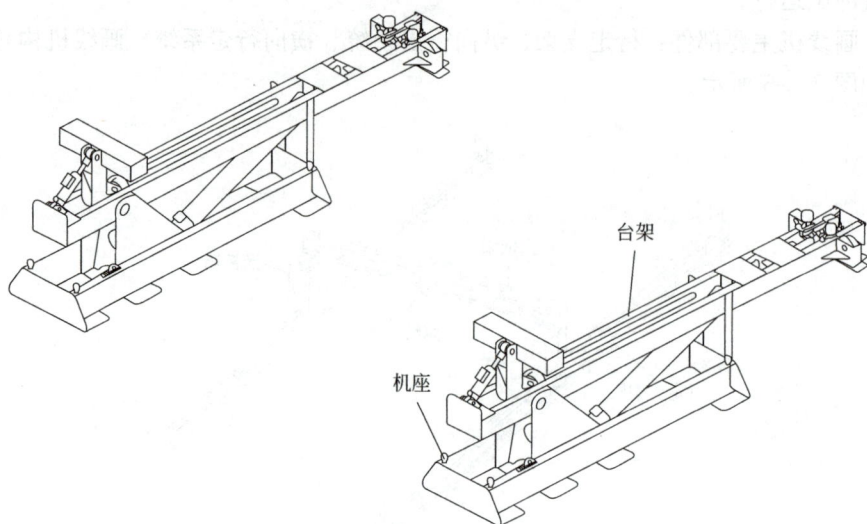

图 2.3-7　翻板机

翻板机安装流程：画线找平→底架安装→构件支撑装置安装→模台锁位装置安装→其他附件安装→油路连接→分部试运行。

6）模台横移车安装

模台横移车主要部件：车架构成、驱动装置、顶升装置、液压系统、定位装置、电气控制系统，如图 2.3-8 所示。

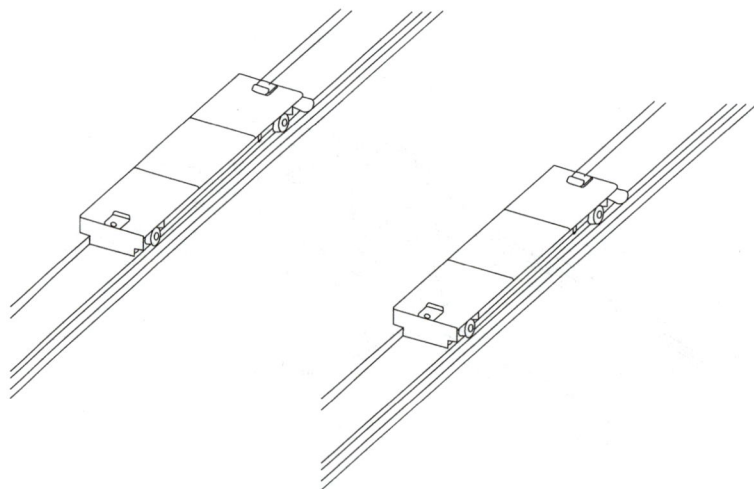

图 2.3-8　模台横移车

模台横移车安装流程：画线找平→车架→驱动装置→顶升装置→模台定位装置→液压、电气控制系统→油路、电路连接→分部试运行。

7）拉毛机安装

拉毛机主要部件：支架、升降装置、刮刀、电气控制系统，如图 2.3-9 所示。

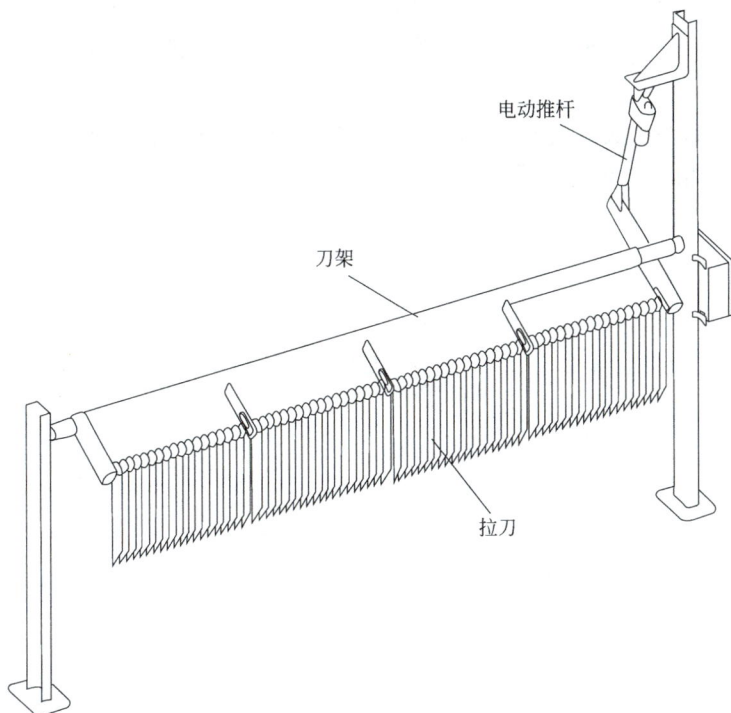

图 2.3-9　拉毛机

拉毛机安装流程：支架基底找平→支架→刮刀→升降装置→电气控制系统→电路连接→分部试运行。

8）抹光机安装

抹光机主要部件：钢结构支架、大车行走机构、小车行走机构、提升机构、抹光装置、电气控制系统、设备附件，如图 2.3-10 所示。

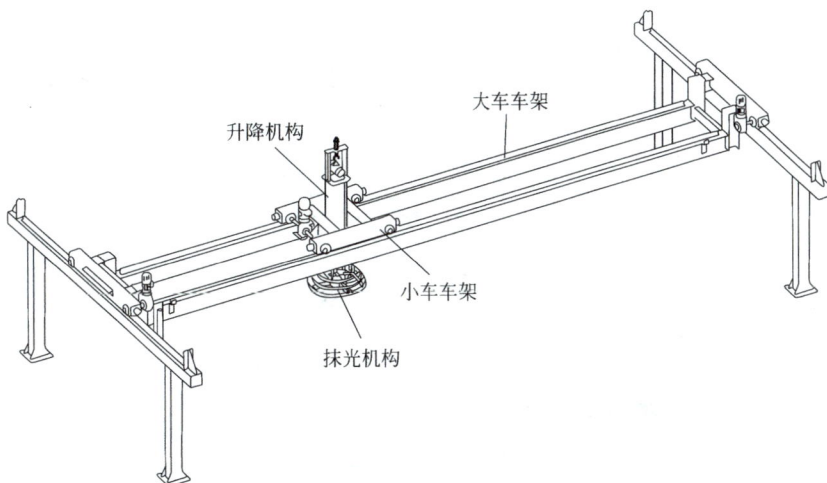

图 2.3-10　抹光机

抹光机安装流程：支架基地找平→大车钢支架→大车行走机构→小车钢支架→大车行走机构→顶升装置→抹光盘→电气控制系统→电路连接→分部试运行。

9）振动台安装

振动台主要部件：底部支架、振动台面、减振升降系统、液压锁紧系统、电气控制系统、设备附件，如图 2.3-11 所示。

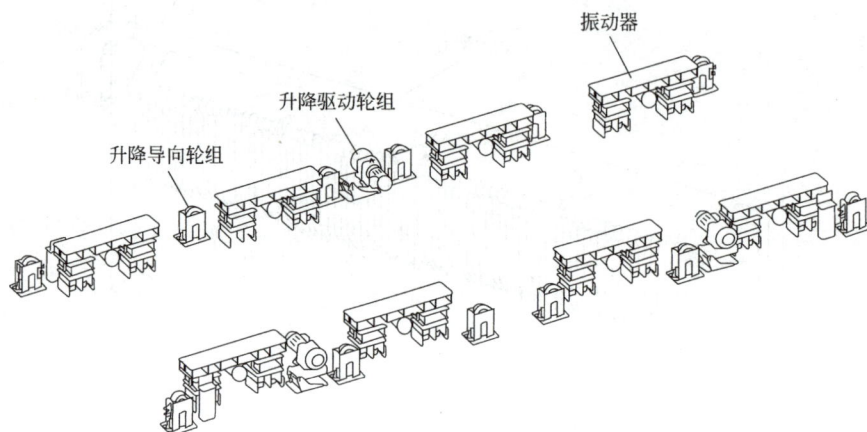

图 2.3-11　振动台

振动台安装流程：基地找平→底部支架→减振升降系统→振动台面→液压锁紧系统→电气控制系统→油路、电路连接→分部试运行。

10）振动赶平机安装

振动赶平机主要部件：结构支架、小车行走机构、升降系统、赶平系统、电气控制系统、设备附件，如图 2.3-12 所示。

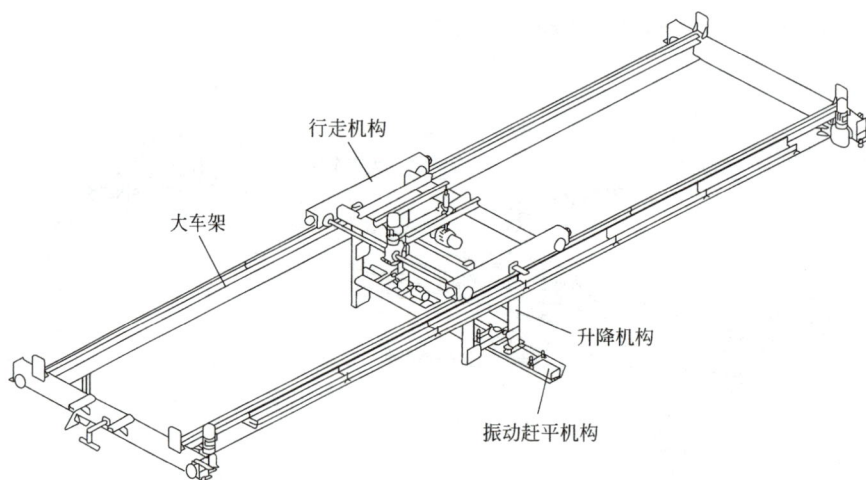

图 2.3-12　振动赶平机

振动赶平机安装流程：基地找平→结构支架→小车行走结构→升降系统→赶平系统→电气控制系统→电路连接→分部试运行。

11）养护窑（蒸养窑）及码垛机

养护窑（蒸养窑）主要部件：结构支架、支撑轮、窑门结构、蒸汽管道系统、围挡保温层、窑内温度和湿度控制系统、设备附件。

PC生产线中有两种养护窑：预养窑如图2.3-13所示，立体养护窑如图2.3-14所示。

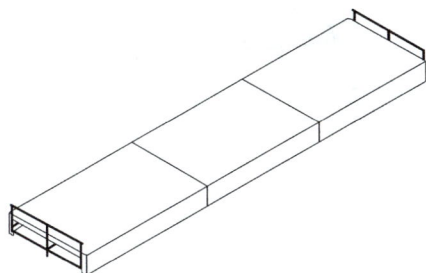

图2.3-13　预养窑

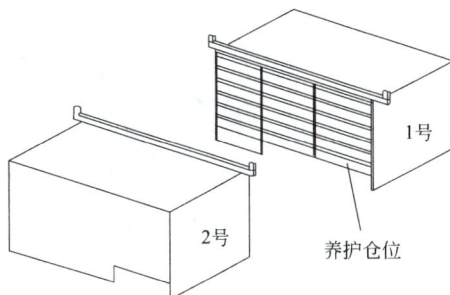

图2.3-14　立体养护窑

养护窑（蒸养窑）安装流程：基地找平→结构支架→支撑轮→蒸汽管道系统→窑内温度、湿度控制系统→窑门结构→围挡保温系统→设备其他附件→蒸汽管道、电路连接→分部试运行。

码垛机主要零部件：结构支架、走行系统、提升系统、升降平台、去送模结构、上下定位装置、横向定位装置、电气控制系统、挑门结构、设备附件，结构图如图2.3-15所示，码垛机及立体养护窑实景图如图2.3-16所示。

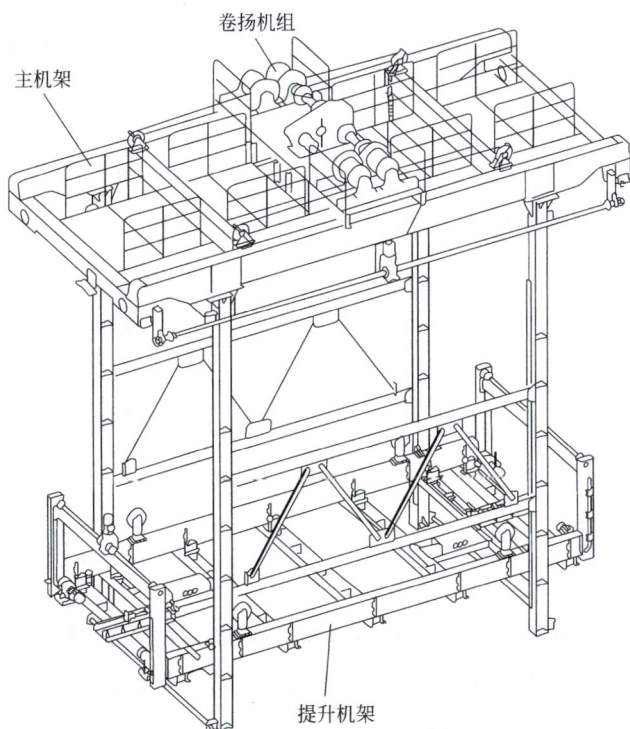

图2.3-15　码垛机

图 2.3-16　码垛机、养护窑实景图

码垛机安装流程图：基地找平→底部走行系统→框架结构→提升系统→升降平台→上下定位装置→横向定位装置→去送模结构→挑门结构→电气控制系统→电路连接→分部试运行。

12）各工位设备安装要点

（1）准备工作：熟悉设备安装施工图及施工验收规范，确定设备工位号和安装标高，掌握安装技术要求等。

检查所有起重搬运机具、钢丝绳、吊装带和滑轮，符合操作要求后方可使用。

（2）设备验收：设备的出库验收，分外观检查与开箱检查。要检查设备的外形尺寸及管口方位，设备内件及附件的规格尺寸及其数量、表面损坏、变形及锈蚀状况等。

（3）起重和搬运：将设备临时安置在机位附近。

吊装时，要将卡环等吊具卡在设备的吊装孔内（图 2.3-17、图 2.3-19）。对于没有设置吊装孔的设备，则应对称钩住设备中可支撑受力的部位，确保设备平衡和吊装绳的安全夹角符合要求后，进行起吊搬运（图 2.3-18）。

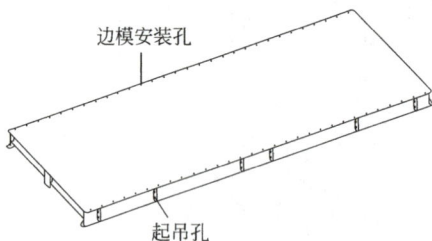

图 2.3-17　模台

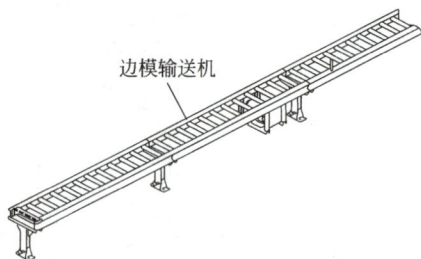

图 2.3-18　边模输送机

采取两股钢丝绳吊装时，两股钢丝绳之间的夹角一般不超过 90°，最大不超过 120°。吊绳与水平线的夹角不得小于 45°。若小于 45°，须在吊绳间加横向辅助支撑。

起吊搬运设备时，在钢丝绳与设备棱角的接触位置垫木块、橡胶皮等保护物品。

（4）设备就位：将设备吊装至其对应的安装工位上方，缓慢调整好设备方位，将设备

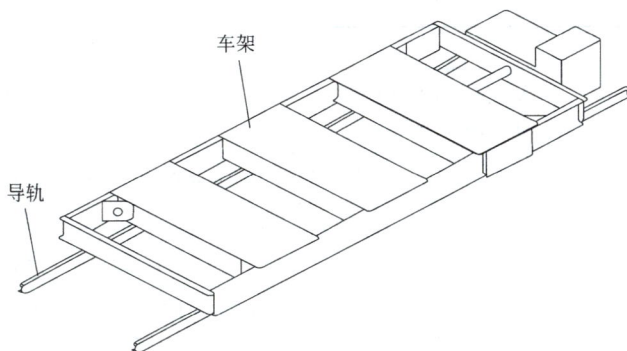

图 2.3-19　平移小车

底座中心线对准设备工位上的安装基准线，慢慢将设备落到安装工位。

就位过程中，要防止设备剧烈振动和磕碰。

（5）位置校正：设备就位后，检查设备的位置偏差。当设备中心位置偏差超出安装要求时，应采取吊车与人工辅助的方式，进行设备方位的微调，直至符合要求为止。

2. 生产线调试

1）空载调试

设备安装结束后，安装队伍应及时通知车间管理人员，现场进行空载试车，全面做好试车记录，双方签字确认。

2）加载调试

具备加载试车条件后，在车间现场进行加载试车调试。

现场试车人员不少于以下人数：门吊操作人员 2 人，操作工 3～5 人，生产制作厂家现场调试人员不少于 3～4 人（机电工程师、机械工程师等）。

加载试车调试结束，双方对试验结果签字确认。

3）主要设备调试要点（表 2.3-1）

主要设备调试要点表　　　　　　　　　　　　　　　　　　　表 2.3-1

序号	设备名称	要　求
1	翻板机	翻板机的翻转速度、油缸同步、液压系统运行情况；翻板机与模台的锁紧、翻转、落下等动作情况
2	清扫机	清扫机的滚刷升降、铲板角度、除尘器除尘效果等情况
3	喷涂机	调试喷涂机喷嘴，喷涂隔离剂的流量，喷涂机的启动、停止与模台运行联动控制的情况
4	画线机	画线机绘图机械手的纵向、横向移动情况；设备能否按照输入的已编好的程序，画出构件模具的边线
5	布料机	布料机的横向与纵向移动、布料斗称重系统、布料机开关门的灵敏度、可靠情况；布料口关闭是否严密；自清洗功能正常与否
6	振捣台	模台到振捣台位后，落下、升起的到位情况，液压锁紧动作的可靠、同步情况

序号	设备名称	要　求
7	振捣赶平机	大车纵向行走和小车横向行走是否正常；刮平杠的升降动作是否灵敏可靠；激振力大小可调试情况
8	抹光机	小车行走情况；抹头升降调节、锁定是否可靠；抹头移动调节是否灵敏可靠
9	码垛机	上部轨道悬挂式横向移动的平稳性；定位锁紧装置与升降架层高定位装置的可靠性；开关门装置位置准确度、行程精度；推模装置、声光报警装置的可靠性等
10	平移摆渡车	平移车前后移动、同步情况、升降油缸同步、定位准确精度等情况
11	混凝土转运罐	鱼雷罐纵向移动情况；料斗口关闭是否严密

3. 生产线试车

1）单机试车及联调联试

目的是对系统所有装置的设备机械性能通过实际启动运行进行初步检验，发现设计、制造、安装过程中存在的缺陷并予以消除，以保证后续试车的顺利进行。单机试车要点见表 2.3-2。

单机试车要点表　　　　　　　　　　　　表 2.3-2

序号	设备名称	要　求
1	清扫机	驱动脱模后有混凝土残渣的模台，按流水线正常运行速度通过清扫机工位后，目视模台表面是否干净，模台面是否有损伤，清扫机是否刮伤模台表面
2	喷涂机	驱动清理干净后的模台，按流水线正常运行速度通过喷涂工位，目测模台表面隔离剂是否喷涂均匀
3	画线机	使用画线机在模台上绘制预编程的图形，用卷尺实际测量与设计图纸比较，绘制出的图形的偏差是否符合规范标准
4	布料机	按照实际使用的情况让设备运转，目测其下料是否均匀；使用 $0.5 \sim 1m^3$ 容器接料并称重，检查布料机称重仪表是否准确；目测在自动运行中，布料机升降是否平稳
5	振捣台	对已正常布料后的模台，按操作规程进行振捣作业，目测振捣效果，判断振动力是否可以把混凝土振捣密实
6	振捣赶平机	对正常布料后的混凝土进行振动赶平作业，目测此时的振动力是否可以把混凝土赶平，并振捣密实
7	预养护窑	窑门开启平稳，开门时间在 20s 以内；手动开启窑门顺畅；用温度计测试实际温度。观察 PC 构件的实际养护效果。养护时间满足生产流水线节拍，蒸养窑稳定保持在 40℃ 左右
8	抹光机	对预养合格的 PC 构件进行抹光作业，目测是否可以把构件混凝土表面抹光
9	码垛机	手动操作堆码机，使用放置构件的模台，进行试车，目测开门、升降、推拉模台运行情况。检测开门机构能否与窑门准确定位，升降是否平稳有力。升降系统稳定性：升降过程中设备不能剧烈抖动，速度要均匀。推模机构平稳性：推模机构能够平稳地把模具推进和拉出养护窑

续表

序号	设备名称	要　求
10	立体蒸养窑	养护时间满足生产流水线节拍，用温湿度计测量窑内温度和湿度，蒸养窑内温度保持稳定在 80℃ 左右，观测养护后的实际效果
11	摆渡车	目测线间平移车顶升模板时两边油缸升降速度是否一致，顶升完成后的行走速度是否一致、同步，确保模台不会倾斜。升降高度及平稳度：顶升过程是否存在颤抖或未达到预定高度就停止的情况
12	混凝土转运罐	用秒表及卷尺实测正常负载运行状态下，鱼雷罐行走是否顺畅平稳、速度是否可调；正常装料后及清洗干净情况下，目测开门机构是否开启平稳及存在漏浆情况
13	拉毛机	手动操作升降，目测其高度升降控制是否灵敏、拉毛效果如何，测量拉毛深度是否达到预定深度。判断防撞装置反应是否灵敏可靠：防撞杆遇障是否停车
14	翻板机	设备运行同步性：两个翻转架是否同步；目测观察设备外表，检查外观是否合格；用仪器检测翻转机顶翻转过程中两边油缸升降速度是否一致；目测在翻板机顶升过程中两个翻转架是否颤抖或未达到预定角度就停止，判断翻板机在翻板过程中的平稳度
15	模台支撑单元	用水准仪检测各个平台高差，是否满足技术要求
16	模台驱动单元	用水准仪检测各个平台高差，是否满足技术要求

　　单机试车还包括供配电系统和仪表组件的检验。

　　对于一般设备，要求连续运转 4～24h（具体按设备要求），经各方面确认合格即视为通过。

　　对于发现缺陷的设备，采取修正措施后，需再运转 4～24h 合格为止（具体按该设备空运转时间确定）。

　　流水线联调联试：先手动，后自动操作流水线上的各个设备，检验是否满足预定动作。

　　2）联动试车

　　联动试车由设备安装厂家组织实施，操作人员全部进入操作岗位，维修人员也要同时进入车间现场。

　　联动试车就是在接近实际生产状态下，对系统所有设备，包括仪表、联锁、管道、阀门、供电等进行联合试运转，给初经培训的操作人员一个实践的机会。为投料运行做好一切准备，保证投料运行一次成功。

　　3）投料试车

　　投料试车的过程是所有设备装置经受负荷的检验，以生产出符合设计文件要求的产品为目的的生产过程。

　　如果设备操作不当，各种内外部条件失谐，极有可能发生各种生产事故。因此投料试车前必须严格检查设备操作人员、机械设备是否确实具备投料条件。

　　4）试车的原则与要求

　　遵循"单机试车要早，联动试车要全，投料试车要稳"的原则。以最低的试车费用，最优的产品质量，达到 PC 生产线能安全、平稳、启动的目的。

2.4　钢筋生产线选型与安装

2.4.1　国内钢筋加工设备发展历程

国内自动化钢筋生产设备的发展过程主要经历了 20 世纪 80 年代简单单机，20 世纪 90 年代进口单机设备及复杂一些的国产设备，21 世纪前十年的钢筋加工配送中心、高速铁路、高速公路专用设备，最近几年开始的建筑产业现代化 PC 工厂专用设备等四个阶段。

国内已拥有数十家钢筋机械设备生产企业，呈现多层次、多品种、多创新的局面。

进入 21 世纪后，中国建筑业开启了建筑产业现代化的革命，要由传统劳动密集型过渡到现代工厂化的建造方式。钢筋加工方式也开始由工地简单加工到 PC 车间智能化生产的转型升级。

智能化钢筋部品生产成套设备研究与产业化开发，工程钢筋加工自动化成型技术等科研成果的推广应用，不仅保障了我国专业化钢筋加工设备的健康发展，也为现代化 PC 构件厂专用智能化钢筋加工设备的开发应用打下了坚实的技术基础，与发达国家技术水平差距进一步缩小。

目前，国产钢筋加工设备可以满足国内 PC 构件生产的发展需要。

2.4.2　钢筋生产线选型

PC 构件厂钢筋加工设备的选型，要满足 PC 构件生产的种类、产能、自动化程度的要求。钢筋生产线与 PC 生产线能协调配合，产能略有富余。其自动化程度要与工人素质、施工组织相配套。

目前，我国新建 PC 工厂预制构件包含外墙板、内墙板、叠合板、预制楼梯、阳台、叠合梁、预制柱、异形构件等。与之对应的有钢筋线材、钢筋棒材、钢筋连接、钢筋焊接等钢筋加工设备。

1. 钢筋线材加工设备

主要由全自动数控钢筋弯箍机和全自动数控钢筋调直机组成。

主要完成钢筋盘条的开卷调直、定尺切断和箍筋成型，包括大量使用的拉筋、板筋等部品。常用的是直径 5~12mm 盘条。

采用高度智能化控制，二维码扫描输入技术，每台设备只需一人操作，产能是传统设备的 5~7 倍。采用伺服电机数控技术，使得钢筋尺寸和形状精度非常高，长度可控制在 ±1mm，角度可控制在 ±1°。与钢筋加工管理软件对接，保证钢筋制品的成品率和交工准确率。

目前，已成功研究出钢筋防扭转工艺，解决了盘螺加工纵肋扭转带来的箍筋张口等问题，极大提高了线材加工设备的适应性、可靠性。

以弯箍机为基础衍生出的多功能弯箍机，在箍筋等小构件生产功能基础上，增加了板筋等长构件的加工功能，具备箍筋加工和板筋加工两个功能。但板筋加工为辅助功能，直线度和加工速度有待提高。

以调直切断机为基础衍生出的全自动板筋生产线。在高速直条加工功能基础上，把数控弯曲中心功能集成到生产线中，具备直条加工和板筋加工两个功能，可同步进行调直切断和板筋弯曲作业，板筋生产的直线度和速度都能保证。

1）数控钢筋弯箍机

数控钢筋弯箍机如图 2.4-1 所示，设备性能见表 2.4-1。

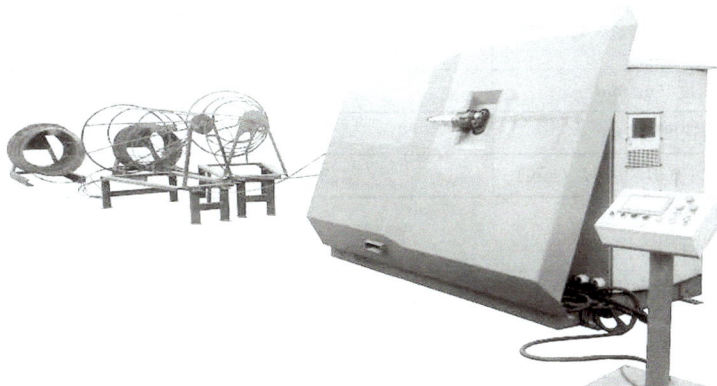

图 2.4-1　数控钢筋弯箍机

数控钢筋弯箍机性能表　　　　　　　　　　　　　表 2.4-1

型　号	GGJ13A	GGJ13B	GGJ16A
双根钢筋直径（mm）	5～8	5～10	10～16
最大弯曲速度（°/s）	1250	1400	1400
单根钢筋直径（mm）	5～13		
中心轴尺寸（mm）	$\phi20$、$\phi25$、$\phi32$（选配：$\phi40$、$\phi50$、$\phi60$）		
弯曲角度（°）	±180		
最大牵引速度（m/min）	110		
主机外形尺寸长 L×宽 B×高 H（mm）	3600×1400×2200		

2）多功能弯箍机

多功能弯箍机如图 2.4-2 所示，设备性能见表 2.4-2。

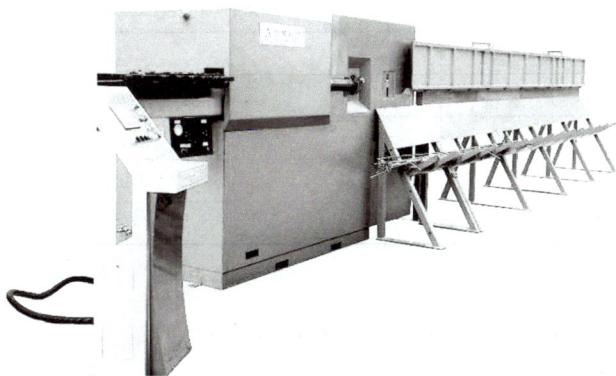

图 2.4-2　多功能弯箍机

多功能弯箍机性能表　　　　　　　　　　　　表 2.4-2

型 号	GGJ13-DA	GGJ16-DA
单根钢筋直径（mm）	5～13	10～16
双根钢筋直径（mm）	5～8	8～10
中心轴直径（mm）	20、25、32（选配：40、50、60）	
弯曲角度（°）	±180	
最大牵引速度（m/min）	110	
最大弯曲速度（°/s）	1200	
主机外形尺寸长 L×宽 B×高 H（mm）	3526×1260×8300（可根据客户需要定制）	

3）钢筋调直切断机

钢筋调直切断机如图 2.4-3 所示，设备性能见表 2.4-3。

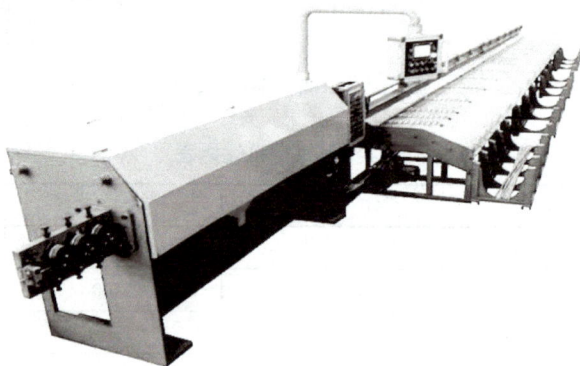

图 2.4-3　钢筋调直切断机

钢筋调直切断机性能表　　　　　　　　　表 2.4-3

型 号	GT5/12	GT8/14	GT10/16
钢筋加工直径（mm）	5～12	8～14	10～16
整机功率（kW）	46.5	53.5	62
主机外形尺寸长 L×宽 B×高 H（mm）	2600×1000×1980	3180×1000×1980	3700×1000×1980
切断定尺长度（mm）	800～12000（可按用户需要定制）		
最大牵引速度（m/min）	150		
长度调整方式	手动/自动		
剪切方式	伺服剪切		
速度调整方式	无级调速		
控制方式	可编程控制系统		

4）全自动板筋生产线

全自动板筋生产线如图 2.4-4 所示，设备性能见表 2.4-4。

2. 钢筋棒材加工设备

包括数控钢筋剪切生产线、数控钢筋弯曲生产线两种设备。

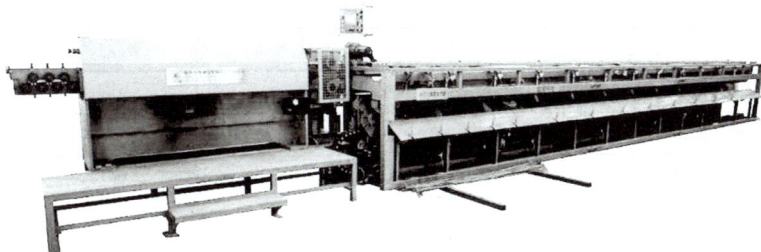

图 2.4-4　全自动板筋机

全自动板筋机性能表　　　　　　　　　　　　　　　表 2.4-4

型　号	BJX12	BJX14	BJX16
加工钢筋规格（mm）	5～12	8～14	10～16
加工速度（m/min）	0～120（无级可调）		
弯曲速度（°/s）	0～180（无级可调）		
弯曲短边长度（mm）	100～300		
弯曲长边长度（mm）	2000～12000		
最大弯曲角度（°）	135		
弯曲角度误差（°）	±1		
总功率（kW）	45	50	68
外形尺寸长 L×宽 W×高 H（mm）	26000×2400×2400	27000×2400×2400	28000×2400×2400

主要完成直条螺纹钢的定尺切断和弯曲成型。一般 PC 构件钢筋直径范围为 12～28mm，采用 120t 剪切线和立式弯曲线组合配套方案即可。

如考虑工程其他应用，可采用更大吨位的剪切和弯曲。目前，国产剪切线剪切力可达 300t，弯曲线具备加工 50mm 三级钢的弯曲能力。切断和弯曲控制均采用程序控制，定尺挡板和弯曲主机的位移都采用伺服数控技术，剪切和弯曲全部工作只需 2～3 个人。下料长度精度达到 ±1.5mm，还可以根据钢筋连接的需要选择负偏差，实现高精度补偿。

1）钢筋剪切生产线

钢筋剪切生产线如图 2.4-5 所示，设备性能见表 2.4-5。

图 2.4-5　钢筋剪切机

钢筋剪切机性能表   表 2.4-5

规格型号		GQX120	GQX150	GQX300	GQX500
剪切力（kN）		1200	1500	3000	5000
切刀宽度（mm）		100～250	500		
剪切频率（次/min）		≤24	≤14		
剪切长度（mm）		700～1200	1750～12000		
液压系统最大工作压力（MPa）		无	25		
辊道输送速度（m/min）		50	40～90		
原料最大长度（mm）		12000			
剪切数量（根） （$\sigma_b \leqslant 650$MPa）	$\phi50$		1	2	3
	$\phi40$	1	3	5	6
	$\phi32$	2	13	14	14
	$\phi25$	4	16	16	16
	$\phi20$	6	22	22	22
	$\phi16$	8	27	27	27
	$\phi12$	12	30	32	32

2）钢筋弯曲生产线

钢筋弯曲生产线如图 2.4-6 所示，设备性能见表 2.4-6。

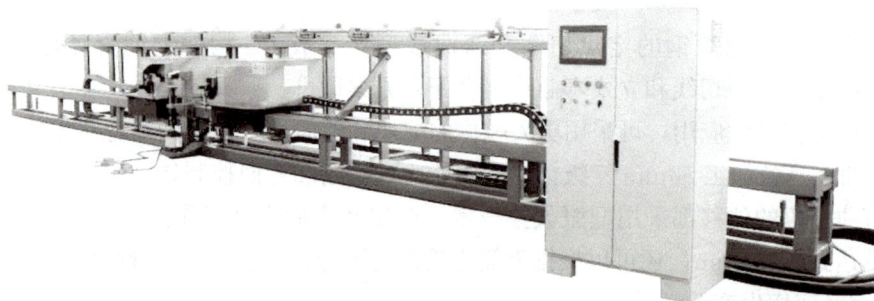

图 2.4-6　钢筋弯曲机

钢筋弯曲机性能表   表 2.4-6

型　号	GWXL2-32A（标准型）	GWXL2-32B（加宽型）
外形尺寸（带上料架）（mm）	10000×2090×1460	12760×2090×1460
外形尺寸（不带上料架）（mm）	10000×1145×1050	12760×1145×1050
最大边长尺寸（m）	8.6	11.4
最小短边尺寸（弯曲90°）（mm）	70	
工作电压	380V±5%，50Hz	
总功率（kW）	11.6	
主机最大移动速度（m/s）	0.5～1	

续表

型　号	GWXL2-32A（标准型）						GWXL2-32B（加宽型）			
弯曲速度（r/min）	3～10									
最小边长尺寸（mm）	$\phi10$：420；$\phi32$：435									
$\phi10\sim\phi25$ 最大弯曲角度	上弯曲180°；下弯曲120°									
$\phi28\sim\phi32$ 最大弯曲角度	上弯曲135°；下弯曲90°									
原料台输送速度（m/min）	约7									
原料台承载能力（kg）	2000									
弯曲方向	双向									
加工能力 （HRB400）	$\phi10$	$\phi12$	$\phi14$	$\phi16$	$\phi18$	$\phi20$	$\phi22$	$\phi25$	$\phi28$	$\phi32$
	6根	5根	4根	3根	3根	2根	2根	1根	1根	1根

3. 钢筋连接设备

主要是钢筋螺纹加工设备。

PC 构件常用的 12～25mm 钢筋螺纹加工生产线，可达到 600～720 根/h 的生产率。从原材料下料到钢筋一端螺纹成型，一直到成品收集，只需 2 人操作，是人工单机生产效率的 10～20 倍。

半灌浆套筒已得到普遍应用，亟需加工效率高、螺纹加工质量有保证的螺纹自动代加工设备。

根据工地需要，螺纹加工设备已有多种选择，最长加工到 12m，最大直径可达 50mm，下料方式也有锯切和平切的方案，国内有些企业已经具备根据工程需要选择专门化配套的能力。

考虑国内 PC 构件体系的多样化及构件产能没有充分发挥的现实，目前，大多构件厂采用螺纹钢筋剪切机＋人工操作套丝机单机的生产方案。

1）螺纹钢筋剪切机

螺纹钢筋剪切机如图 2.4-7 所示，设备性能见表 2.4-7。

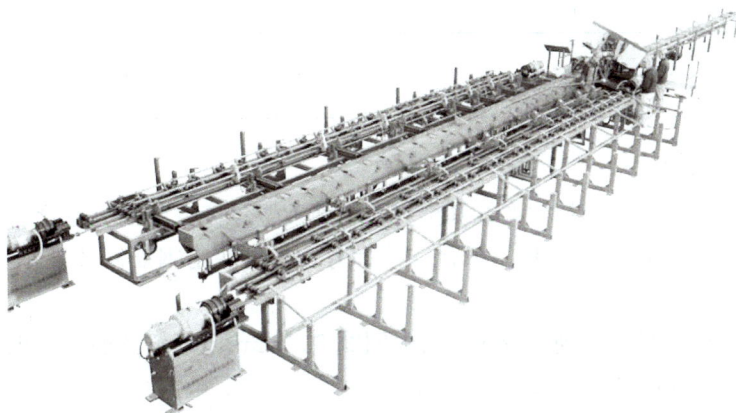

图 2.4-7　螺纹钢筋剪切机

螺纹钢筋剪切机性能表　　　　　　　　表 2.4-7

型　号	GSX-500A	GSX-500B
切断方式	锯切	剪切
钢筋直径（mm）	12～50	
加工效率（根/min）	1.5	4
最大原料长度（m）	12	
成品长度（m）	2.5～12	2～12
锯切宽度	500	—
输送速度（m/min）	0～50	
总功率（kW）	31	48

2）滚压直螺纹套丝机

滚压直螺纹套丝机如图 2.4-8 所示，设备性能见表 2.4-8。

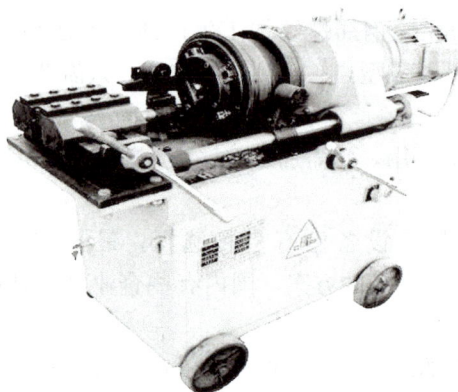

图 2.4-8　滚压直螺纹套丝机

滚压直螺纹套丝机性能表　　　　　　　　表 2.4-8

型　号	GHB50	GHB40
钢筋规格（mm）	16～50	16～40
电源	380V，50Hz	

4. 钢筋焊接设备

包括全自动钢筋网片焊接生产线和全自动钢筋桁架焊接生产线两种设备。

主要完成内外墙板、叠合板、阳台、楼梯等 PC 构件用钢筋网片和钢筋桁架的焊接成型。

一般焊网钢筋直径最大到 12mm，最大网宽 3300mm，桁架弦筋最大也为 12mm，腹筋最大到 7mm，波峰间距（节距）200mm。

近年来，根据建筑产业现代化发展的需要，国内专门为 PC 工厂研发出可开门窗的全自动柔性焊网生产线和可调节距的专用全自动桁架生产线，焊网宽度最高可达 4000mm，叠合板桁架高度也达到了 350mm，并且桁架节距可以在 190～210mm 之间无级调整，现已广泛应用于新建 PC 构件厂。

1）钢筋网片焊接生产线（标准网）

钢筋网片焊接生产线如图 2.4-9～图 2.4-11 所示，设备性能见表 2.4-9。

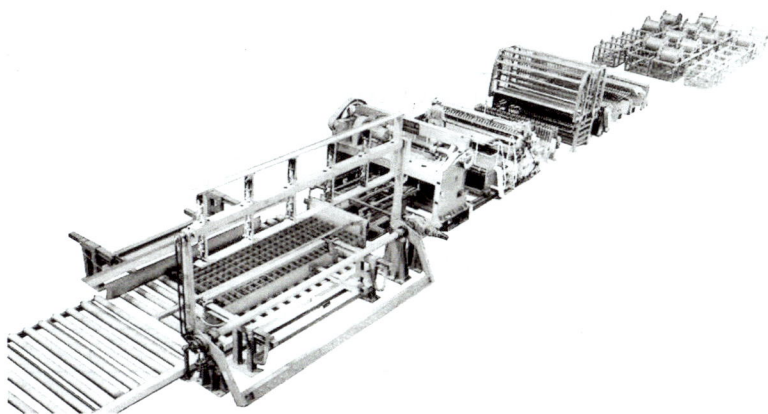

图 2.4-9   GWC-P 盘条上料标准网焊接生产线

图 2.4-10   GWC-Z 直条上料标准网焊接生产线

图 2.4-11   GWC-PC 柔性钢筋网焊接生产线

钢筋网片焊接生产线性能表

表 2.4-9

型 号	GWC-ZA/ZB/PA/PB（标准网）	GWC-PC（柔性网）
纵筋上料方式	直条/盘条	盘条
横筋上料方式	手动/自动	盘条
网宽（mm）	1250/1800/2600/2800/3300/4000	3300/4000
纵筋间距（mm）	50 的倍数或无级调速	≥100，50 的倍数
横筋间距（mm）	25～600 间无级可调	25～600 间无级可调
纵筋直径（mm）	3～6，5～12，5～16	5～12
横筋直径（mm）	3～6，5～12，5～16	5～12
焊接能力（mm）	6+6，12+12，16+16	12+12
额定功率（kW）	200～2000	500～1000
说明	—	可自动开门窗孔

2）钢筋桁架焊接生产线系列

钢筋桁架焊接生产线如图 2.4-12 所示，设备性能见表 2.4-10。

图 2.4-12　钢筋桁架焊接生产线

钢筋桁架焊接生产线性能表

表 2.4-10

型 号	GJH270/350
额定功率（kW）	3×250
气源压力（MPa）	0.6～0.8
冷却液流量（L/min）	120
冷却液温度（℃）	≤30
油压（MPa）	5～12
桁架高度（mm）	70～270/350
波峰间距（mm）	200，或190～210 可调
波浪丝直径（mm）	$\phi4～\phi8$
上弦丝直径（mm）	$\phi8～\phi16$
下弦丝直径（mm）	$\phi8～\phi12$

5. 配套设备

主要配套设备包括水、气、电三方面。

大部分设备用到压缩空气，其中焊接类的设备还须采用冷却水冷却。

在钢筋生产加工设备选型，与整个构件厂、车间统一规划阶段，也要合理配套水源、气源和电源。

1）水源

钢筋焊接设备工作时会产生大量的焊接发热，焊接变压器、焊接铜电极及可控硅等处都需要及时冷却，因此需要配置专门的冷却系统。

考虑到建筑钢筋表面不允许粘油及油冷成本太高，通常都采用水冷方案。

冷却方式分自然冷却和水冷机冷却两种。自然冷却需要足够大的水池或水箱，有些高温地区还需加冷却塔。水冷机冷却为主动式冷却，采用冷媒和压缩机控制水温，虽然电耗及成本较高，但占用空间小，冷却效果可控。

目前，PC 构件厂大多采用水冷机冷却的方案，如图 2.4-13、图 2.4-14 所示。

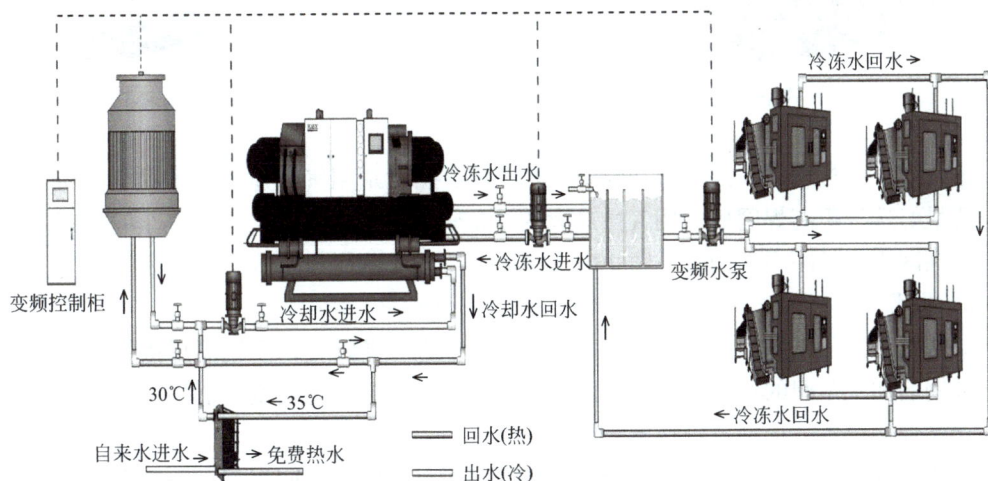

图 2.4-13　水冷机冷却方案

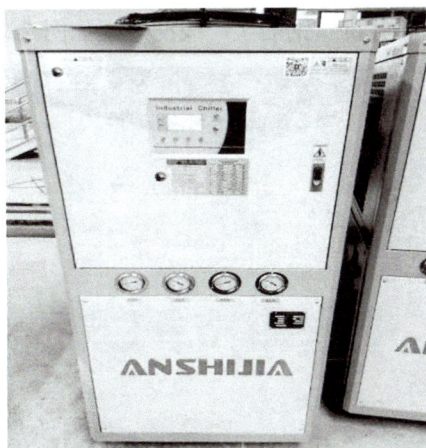

图 2.4-14　水冷机

2）气源

绝大部分钢筋加工设备都需要压缩空气，其中焊网生产线需要的压缩空气最多，空压机和储气罐如图2.4-15、图2.4-16所示。

对于一个包含全套设备的PC钢筋加工车间，通常需要气压不小于0.8MPa，流量不小于$8m^3/min$的空压站。为了设备压力参数的稳定，必须配置至少$1m^3$的储气罐。为了保护气缸气阀等气动元件，气源要求必须配置相应的冷干机和三级过滤器。冷干机如图2.4-17所示。

图 2.4-15　螺杆式空压机　　　　图 2.4-16　储气罐　　　　图 2.4-17　冷干机

通常要统一规划钢筋加工车间和PC生产线及搅拌站用气，建立集中的空压房。空压房位置最好选择距离焊网机等用气量最大的设备较近的位置，但又与生产车间相对隔离的地方。在减少管道距离的同时，防止空压机噪声影响车间生产工人。

3）电源

通常钢筋加工车间用电占到整个PC生产工厂的一半以上，而钢筋焊接设备用电又占到全部钢筋加工车间的一半以上，因此要降低整个PC工厂配置变压器的总容量，就必须考虑钢筋焊接设备的选型及焊接方式。

现在国内不仅有同一台设备的分次焊技术，而且可以在不同焊接设备之间采用错峰焊技术，可以有效地解决钢筋加工车间配置变压器容量过大的难题。

另外在车间配电柜的布置方面，主要考虑要离用电设备尽量近，不仅可以减少电线用量，还方便操作人员的开机和关机。钢筋生产线配电柜如图2.4-18所示。

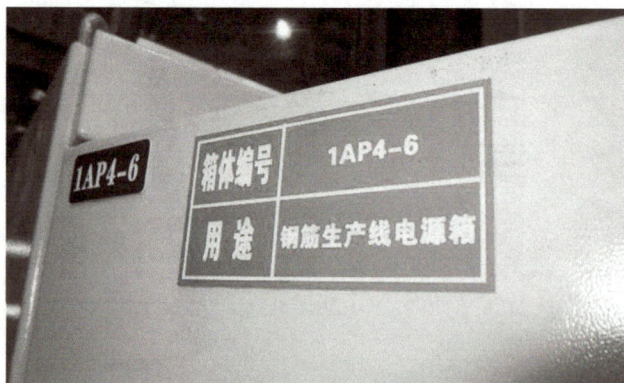

图 2.4-18　钢筋生产线配电柜

布线方面通常有两种方式，一种是桥架方式，另一种是地沟方式，也可以采用桥架和地沟相结合的混合方式。

6. 其他设备

近年来，PC 构件厂的快速发展促使钢筋加工设备不断创新。

为了进一步减少和减轻工人劳动强度，有关科研部门和企业开发了立体构件成型等专用设备，有些设备已应用于实际生产中，例如钢筋网片弯曲机（图 2.4-19）。

图 2.4-19　钢筋网片弯曲机

2.4.3　钢筋生产线布置

1. 布置原则及要求

钢筋生产线车间布置工艺，主要目的是满足 PC 构件的生产要求，要在满足质量及产量的前提下减少工人和管理人员的数量和劳动量。钢筋加工车间实景如图 2.4-20 所示。

图 2.4-20　钢筋生产加工车间

1）钢筋加工车间工艺布置

钢筋加工车间由相对独立的多台/套设备组成，布置工艺既有别于 PC 生产线，又服务于 PC 生产线。应遵循以下几个原则：

（1）合理：从原材料到成品、从钢筋绑扎到模台钢筋安装，物流方向必须满足 PC 生产线要求。

（2）合规：原材料、设备安装及成品堆放区必须符合车间基础设计承载能力，水气电配置也必须符合相关规范要求。

（3）方便：采用下料和加工一体化生产线，减少钢筋吊运周转次数。

（4）安全：钢筋加工过程容易发生钢筋伤人的事故，必须在工艺规划中设置安全空间和安全隔离措施。

（5）高效：钢筋绑扎及存放区要与 PC 生产线作业模台临近，方便模台上钢筋制品的安装。

钢筋加工车间工艺布置图详见图 2.2-4 PC 工厂车间布置案例中的钢筋生产线布置图。

2）钢筋生产线布置要求

在图 2.2-4 钢筋生产线布置案例中，考虑到钢筋骨架绑扎成型后，必须以最近的距离运送到 PC 生产线相应模台上进行安装就位。因此在钢筋加工车间，采取了从右到左的钢筋生产线布置方式：最右侧为原材料区，位于安全运输通道两侧，方便卸货；紧接着就是两个线材加工区，分别为钢筋箍筋加工区和钢筋直条加工区；再往左就是钢筋组焊件加工区，分别为钢筋柔性焊网和钢筋桁架两个加工区，紧临网片和桁架储存区是两个钢筋绑扎区，将网片和桁架组合到一起的叠合板钢筋骨架成型作业以及外墙内页板连梁等构件的绑扎成型都在这两个区完成。最后就是钢筋过跨区，把绑扎成型的钢筋骨架成品横向摆渡到 PC 生产线相应模台旁边，安装到模具后进行浇筑。

在这个过程中，充分利用自动化钢筋加工设备的牵引能力和工序集成技术，减少钢筋及其制品的起吊次数，保证钢筋按照单方向进行移动。

2. 注意事项

1）钢筋原材料距离门口要近，方便钢筋运输车的进出及卸货。

2）设备摆放位置必须兼顾生产效率和操作维护空间的需求，留出足够的安全活动空间。

3）按照功能分类，成组安排设备位置，例如：线材加工区、棒材加工区、组焊类加工区、零星加工区等。

4）因钢筋生产作业存在安全隐患，必须明确分离钢筋加工区与安全参观通道，并设置防护网隔离。

5）吊运钢筋原材料和成品时，严禁从设备上方经过，更不允许从设备操作空间越过。

6）如果需要从钢筋加工车间到 PC 生产线模台之间过跨，必须合理配置过跨设备。

2.4.4 安装与调试生产

安装钢筋生产线，涉及水电气、PC 生产线、车间桥式门吊等设备，需协调的部门较多，应组建由技术、设备、生产等部门组成的安装调试小组，并且配备有具有一定专业经验的安装人员，保证安装调试工作的顺利进行。

为保证钢筋生产线的安装和调试工作的顺利，必须配备专门的钢筋加工操作和管理人员、机械和电气工程师。

以下简要介绍主要钢筋设备的安装调试。

1. 柔性钢筋网片生产线

1）场地要求

柔性钢筋网片生产线的设备主机安装在整体基架上，生产线在焊接生产过程中产生的冲击和振动不太大，对安装地基要求不高，只需按照设备安装地基图，在车间地面上预埋地脚螺钉或打膨胀脚螺栓，穿过焊机基架上的地脚孔，拧紧后就可将设备固定。

焊机安装时，一定要保证基架水平。

柔性钢筋网片生产线为机电产品，除了焊接控制柜和操作台之外，焊接主机中有伺服电机、焊接变压器、次级焊接回路和其他电器、电子产品。要采取措施保护焊机内的电子及电器部件，避免绝缘受潮损坏，防止电路短路和器件金属腐蚀，免受其他外来因素的干扰。

焊机的安装场地一般要求：要有足够的操作空间，且保持干燥、通风；清洁、无尘埃、无油雾和其他脏物；无强辐射，无无线电通信发射机，焊机控制柜应远离辐射热源。一定要将焊机主控制柜放在装有空调的房间内，保持控制柜内温度不要过高；无含有酸、咸、盐或其他腐蚀性、可燃性气体。

设备安装场所要具备符合设备要求的电源、水源、气源。

2）电源配置

钢筋网焊接成型设备是车间电网上的大负载。在焊接的一瞬间，焊接电流很大，造成车间电网瞬间电压大幅度跌落，干扰其他设备的正常使用。因此应由单独的变压器供电，这样既有利于保证焊机本身的正常运行，也有利于稳定车间电网。

接地线应有足够的断面面积，并用螺钉紧固。焊机应通过熔断器和专设的空气开关再接到电网上。参考焊机额定连续初级电流的大小后选择电源连接线的断面积和熔断器的容量。焊接主机、控制柜和其他用电的辅机，每台设备皆应利用本身的接地螺钉与车间专门的接地母线进行可靠连接。不允许将各设备上的接地点串联起来再接到接地端子上，不允许利用车间水管进行接地。

3）接水源

焊机在作水路连接时，要注意以下几个方面：在焊机冷却水进口的水路上，安装调节阀，以便调节水流量的大小。停用焊机时，要关闭阀门。在冷却水的出水管口下部，通常安装出水槽或出水漏斗，以便观察冷却水的流出，测量出水温度，汇集冷却水。为可靠起见，焊接主机和控制箱应单独设出水管，便于观察和测量水流量。

应尽量缩短冷却水管的长度，并尽量减少水管的弯折，以减小水流阻力。

为保证可控硅水冷却的可靠性，焊机装有水压开关。当水压低于规定值时，系统将报警，从而避免当无冷却水或冷却水流量不足时，烧坏变压器、电极、可控硅等水冷部件。

4）接气源

压缩空气从储气罐流出后，经阀门接到焊机的进气管口。通入焊机的压缩空气要预先经过干燥，或者在气路的进口安装过滤器，滤去空气中的水分。

5）调试

焊机全部安装就绪之后，即可进行调整、试车。

通常将焊机调试分解，先单独调试各个组件（或单个项目），然后再整机综合调试，直到最后焊出合格的试件为止。

2. 自动桁架焊接生产线

桁架生产线和焊网生产线都为焊接类设备，安装要求可参考焊网生产线。

3. 自动化弯筋机

1）场地要求

设备不得露天使用和存放，应安放在封闭良好的工业厂房内。

设备必须放在水平坚固的地面上，确保设备底座和地面良好接触。放置设备的工厂地面抗压能力不低于 $15kg/cm^2$，约相当于 10cm 厚度的 C30 混凝土地面。

2）安装固定

把放线架底座固定在地面上，用地脚螺栓固定设备。为防止因固定设备的地面不平引起设备重量不均匀产生倾倒，需要用垫片将设备垫平。

设备到墙的距离不得小于 1000mm，以便于设备维护。

3）连接气源

设备需要不小于 $0.3m^3/min$ 的气源，直接连接压缩空气供气管到设备球阀上。

检查系统气压不低于 0.8MPa，打开球阀，建立设备工作气压，检查有无漏气现象，并排除。检查完成后，关闭球阀和气源。

4）连接电源

自动化弯筋机采用三相 380V（±5％）工频电源，地线需进行安全连接。

通电前准备工作：电源线的连接必须由专业的电工进行操作，检查电源是否和设备要求相符。安装一个独立的配电盘，包括 1 个热短路保护开关和 1 个漏电保护器。电缆线（三相＋地线）要满足设计要求。如果电源有频繁的振荡或断电，应该增加稳压器和应急电源。

4. 自动化钢筋调直切断机

1）安装调直主机和剪切部分

将主机安装在车间的水泥地基上，摆正（使主机的矫直钢筋主轴与基础中心线平行）后用木工水平仪对主体进行水平找正。放置水平仪的最佳位置是：纵向检查时，放在旋转床体的表面；横向检查时，放在侧立板平面上。找正之后用专用地脚螺栓固定。

2）安装翻料架

翻料架的安装同样要注意其直线度和水平度。应保证：在进料方向的调直筒左端穿一直线，通过料槽中心至槽尾端拉直，确保穿入的直线在料槽中间位置，同时确保收集架进料端与主机的距离为设计规定尺寸后，才能用地脚螺栓固定整个翻料架。

3）安装原材料上料部分

安装放线架和鼠笼导料器，将其与主机的间距调整适当后，现场用膨胀地脚螺栓固定。

4）安装电控柜

电控柜安装完毕，接通电气线路后，即可进行钢筋调直切断机的调试与试生产。

2.5 生产线配套设备

2.5.1 运输设备

根据预制构件存放方式的不同分为立式存放、水平叠放。在构件运输时要根据构件存放方式的不同，选择不同的运输设备。

　　墙板采用立式运输，车间内选择专用构件转运平板车或改装平板运输车，平板之上放置墙板固定支架。

　　叠合板及楼梯采用水平运输，采用转运小车即可满足转运要求，如图 2.5-1 所示。

　　叉车是 PC 构件生产中不可缺少的运输设备。叉车可以进行叠合板及楼梯、半成品与成品钢筋、小型设备的转运，如图 2.5-2 所示。一般选择承载能力 5～10t 的叉车即可满足生产需求。

图 2.5-1　转运平板车

图 2.5-2　叉车

2.5.2　起吊设备

　　为满足生产需要，车间内每条生产线配 2～3 台门吊，每台门吊配 10t、5t 的吊钩。车间桥式起重机实景如图 2.5-3 所示。

图 2.5-3　车间桥式起重机

　　室外堆场内，每跨工作单元配 1～2 台 10t 桁吊，每台龙门吊配 10t、5t 的吊钩。

　　吊具：根据不同预埋件类型，选择不同的接驳器。例如：叠合梁预埋吊环、楼梯预埋内螺纹、墙板预埋吊钉时，就需要选择吊钩、内螺旋接驳器、吊钉接驳器等配套的专用吊具。

　　为使起吊时 PC 构件不受损坏，一般需要使用起重吊梁（扁担梁）辅助吊装运作业。

2.5.3　翻转设备

PC 构件预制时有立式（如楼梯等）、卧式（如叠合板等）两种方式，但在运输、安装过程中，则要根据实际情况，改变构件预制时的姿态，以适应运输和安装的需要。在这两种情况下就需要用到翻转设备。

当需要翻转的 PC 构件数量很少时，可通过门式起重机或塔式起重机的主副钩，进行协调升降，完成构件的姿态调整。但在翻转过程中，一定要缓慢、匀速进行。确保构件不受到大的外力作用而形成应力集中，造成构件的损坏。

车间流水生产线为固定翻板机（图 2.5-4），在安装现场则需要用到移动式翻板机（图 2.5-5）。

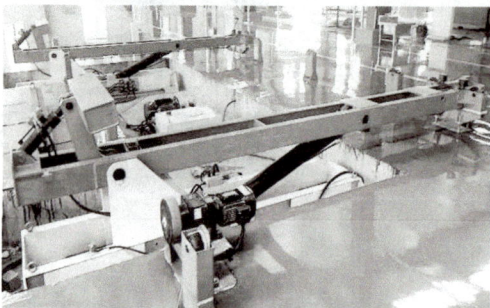

图 2.5-4　固定式翻板机

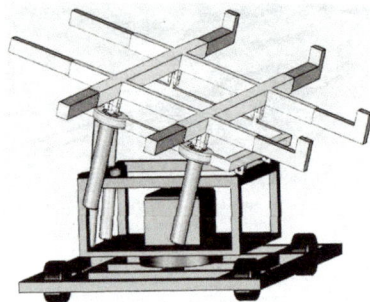

图 2.5-5　移动式翻板机

车间内翻板机设计时应综合考虑模台重量以及生产线要生产最大构件的重量，除考虑翻转动力外还应考虑翻转过程中的稳定性。

经常用到翻板机的 PC 构件有楼梯、内外墙板、外挂墙板等。

2.5.4　清扫设备

为减少工厂运营期间的扬尘污染，保持厂区道路卫生，需配置容量 $14\sim18m^3$ 洒水车。

为保持车间运营期间卫生，车间内配置 $1\sim2$ 台电动清扫车（图 2.5-6）、一台适合自流平地面或固化剂地面使用的电动洗地机（图 2.5-7）。

图 2.5-6　电动清扫车

图 2.5-7　电动洗地机

场内定置摆放一定数量的垃圾桶，盛放生活垃圾和建筑垃圾，当地环保部门垃圾车定期来清运垃圾。

2.5.5 混凝土拌合设备

1. 选择混凝土拌合站的原则

工作原理先进、自动化程度高、计量精度高、搅拌质量好、生产效率高、管理系统功能强大、能源消耗低和环保性能好。并具有配置优良、控制方式可靠、适用性强、可维修性能好的特点。

2. PC 生产线配备混凝土搅拌设备

PC 生产线年产量 20 万 m³ 以下，混凝土搅拌设备生产率一般要不小于 90m³/h；

PC 生产线年产量在 20 万～30 万 m³，混凝土搅拌设备生产率一般为 120m³/h。

3. 拌合站布设、施工、安装注意事项

1）拌合站出料口应与生产线布料机工位对应设置，以减少混凝土运输的距离。

2）拌合站布置与施工

为减少装载机的上料难度和油料消耗，降低装载机的上料高度，减少端料载荷运输的距离，要最大程度上降低配料机的整体标高。故在确保设备相互之间的高程差符合设计的基础上，以原料仓地面高程为基准，相应地降低配料机、输送带、拌合主机等设备的高度，使上料仓口与装载机装料后料斗自然高度大体一致。

合理布置原料仓与配料机的几何位置，减少装载机在装料、卸料之间的折返路径。

施工拌合站时，先进行拌合主机和配料机基础的施工。因配料机机位较深，施工时应避开雨季。

3）拌合站原料仓须分仓设置，原料仓与骨料输送带均应进行封闭，骨料卸料处设高压喷淋降尘设施。

为保证冬季正常生产混凝土，砂石料原料仓内设供暖设施，料仓外部采取保暖措施。

4）在拌合站料仓、上料口、输送带等位置安装摄像头，操控室内能进行全方位监控管理。

5）拌合站安装调试完成后，地方管理机构对拌合站的称量设备进行标定校验，标定完成后进行验收，合格方可正常使用。

拌合站设计布置图如图 2.2-4 所示。

2.5.6 蒸汽供给设备

1. 蒸汽锅炉选用

为符合环保及节能要求，采用燃气锅炉，主要供给生产车间 PC 构件养护，兼顾冬季里车间、办公、宿舍取暖。

根据两条自动化 PC 生产线的设计产能，选择 6～10t 蒸汽锅炉。

燃气锅炉应采用技术性能良好的全自动燃烧器作为主要燃烧设备。燃烧器的燃烧程序由较先进的燃烧程序控制器控制，配以相应的水位控制器、压力调节器，实现高低水位指示、超压指示，保证水位在正常波动范围内，蒸汽压力在允许压力波动范围内。在水位极低，超压时实现保护性停止指示。

2. 蒸汽锅炉安装

1）安装前的准备工作

为了保证锅炉的顺利安装和运行，锅炉安装前必须做好：审核锅炉房布置图纸（图2.5-8），并在现场与实际情况进行对照审查。如有不妥之处，要修改布置图。

检查核实安装公司的安装资质，组织相关安装人员进场，配备汽车吊、叉车等设备。

工厂安排专人监督管理锅炉的安装工作。需要司炉工一起参与锅炉安装，并配备管线工、钳工、起重工、铆工（冷作工）、电焊工及辅助工人。

锅炉安装单位必须具有上级主管部门颁发的锅炉安装资格证。安装前与当地锅炉监督管理机构联系，接受当地锅炉检验检测单位的安装监检。安装完成后，进行安装质量验收，按有关规定及时办理锅炉使用登记入户手续。

2）锅炉主机安装

锅炉混凝土基础达到强度后，在底座基础上，标出锅炉整体的三条基准线：纵向基准线（锅筒中心）、横向基准线、标高基准线。

锅炉主机搬运到安装地点后，应先校核锅炉中心线，是否与地基上划出的中心线相符合；水位表的正常水位是否水平；检查底座和地基之间是否严密，如有空隙加垫铁处理。

锅炉主机在卸车、起吊、安装时，应将钢丝绳端部的螺栓穿在炉体两端的吊环之上。切勿在其他位置固定起吊，以防止损坏锅炉。

起吊设备、绑扎所需的钢丝绳，须有足够的载重能力，并应符合规范要求。

3）辅机安装

燃烧机、给水泵安装初检合格后接通电源试车，检查电机转向是否正常、有无摩擦振动、电机温度是否正常。

安装烟囱时，在法兰间垫嵌石棉绳，吊垂线检查烟囱的垂直度。如有偏差可在法兰连接处垫平校正。拉线（钢丝绳）用法兰螺栓拉紧，要让三根钢丝绳的松紧程度大致相同。

根据当地环境和管理部门的要求，可以缩短或加高烟囱的高度。

4）电控柜的安装

电控柜应装在锅炉前方，方便察看锅炉上各个仪表。电控柜箱壳设置保护性接地。

5）管道、仪表阀门及附件的安装

按照管道仪表阀门设计图，安装固定给水泵，接通电源后试运行。

安全阀应在锅炉水压试验完成后安装，在初次点火时进行安全阀工作压力的调整。

安装压力表时，应将刻度盘面向锅炉前方。压力表安装前应进行校验并注明下次校验日期。压力表弯管禁止保温。

排污管接至排污箱，并应固定管道，防止排污时移位或发生烫伤事故。

锅炉燃烧器上留有"进气"阀管接口，将锅炉房中相应管道接上即可。

3. 蒸汽锅炉使用说明

使用前水压试验：锅炉管道、仪表、阀门安装检查和锅内检查完毕后，关闭人孔、手孔，然后按《锅炉安全技术规程》TSG 11—2020 的相关规定进行水压试验。

烘炉和煮炉：锅炉各零部件安装完毕，经检验和试运转后，证实各部件具备安全工作的条件，即可开始烘炉与煮炉。

烘炉方法及注意事项：

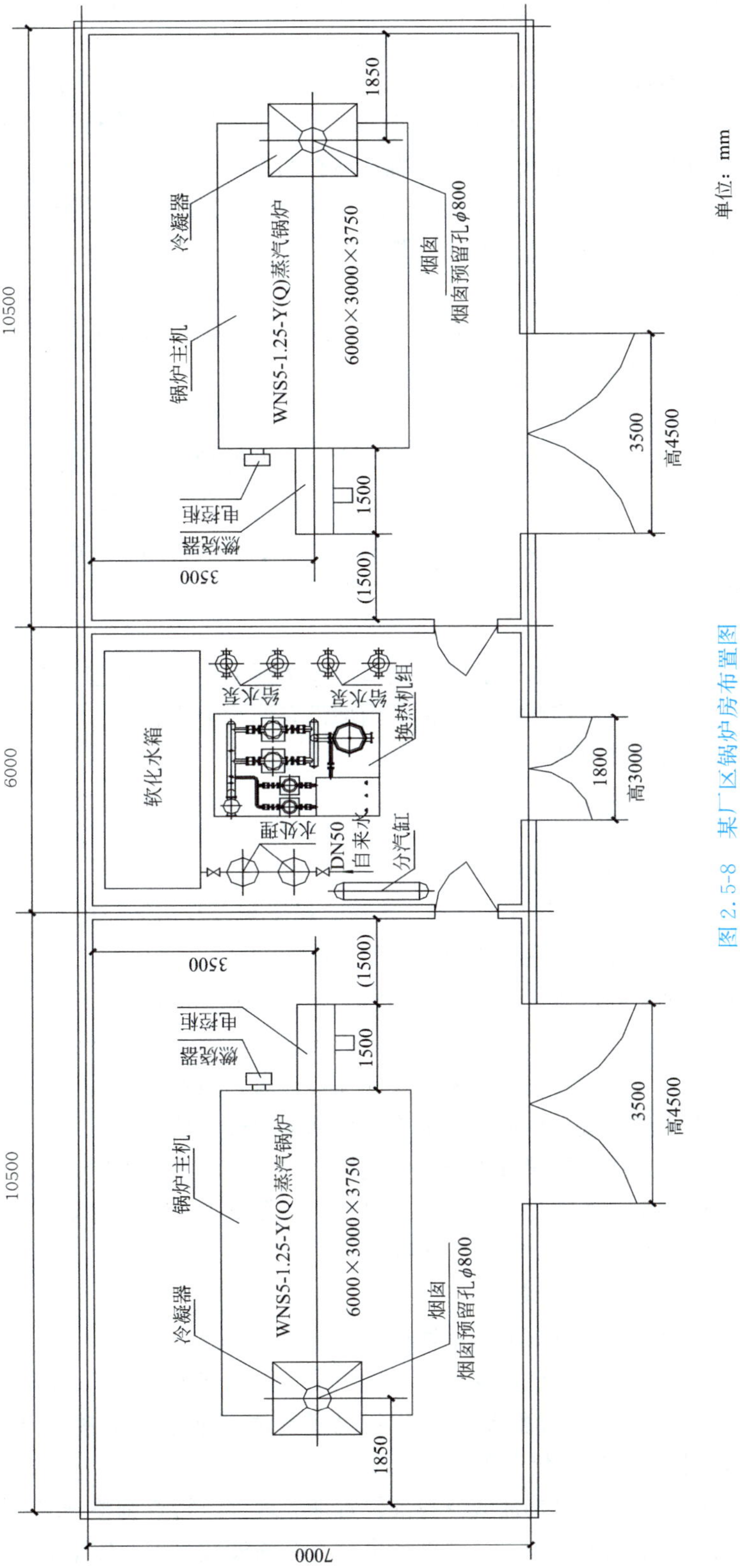

图2.5-8　某厂区锅炉房布置图

单位：mm

关闭上部人孔、下部手孔，主汽阀以及水位表泄水旋塞，开启安全阀，让锅炉内空气和蒸汽向外排出。

将已处理好的水注入锅炉内，进水温度一般不高于40℃，让锅炉水位升至水位表2/3处，关闭给水阀门。待炉内水位稳定后，观察水位是否降低，并检查锅炉的手孔盖、法兰接触面及排污阀等是否有漏水现象。如有漏水应拧紧螺栓。

点击燃烧器电源开关后，点击启动按钮，控制系统电源接通，燃烧器进入工作状态。按照程序控制器的动作程序，先进行小火燃烧状态。如压力升高到0.1MPa以上，应立即开大排气阀放汽，水位下降应立即进水。

烘炉时，应注意升温速度不易过快，做到升温均匀。如果升温速度过快，会使炉内耐火材料开裂、变形、塌落，影响锅炉的安全运行。

煮炉注意事项：

煮炉时，锅炉内需加入适当的药品，使炉水成为碱性炉水，易去除油垢等污物。

关闭各部管座、主蒸汽阀座及水位表泄水阀。打开人孔，把配好的药物溶液一次倒入锅筒内，然后关闭人孔，开启安全阀，让炉内空气和水蒸气有向外排出的通道。

锅炉压力逐渐升高至0.2MPa（2个大气压）以下，水温低于70℃后，开启排污阀，将污水全部放出。

待锅炉冷却后，开启人孔、手孔盖，用清水清洗锅炉内部，并进行检查。如发现仍有油污时，按上述办法再进行煮炉，直至锅炉内部没有油污为止。

煮炉完成后即可正常升火供汽。

2.5.7　称量设备

1. 汽车衡（地磅）选择原则

PC构件厂地磅主要用于砂石原材料、水泥、粉煤灰以及钢筋原材的称重使用。

选择汽车衡应遵循经济耐用、维修方便的原则。

一般汽车衡的称量吨位为150～200t，秤体长度为20～30m。

2. 汽车衡配置

汽车衡标准配置主要由承重传力机构（秤体）、高精度称重传感器、称重显示仪表、称重专用软件四大主件组成，由此可完成汽车衡基本的称重功能。

汽车衡智能化系统通过配置红外线摄像监控、屏幕显示器等外围设备，完成数据的管理与传输，进行运载车辆的自动计量，实现电子汽车衡无人值守的自动称重管理。

汽车衡智能化系统布置图如图2.5-9所示。

3. 汽车衡选址、施工及安装

汽车衡的安装位置应有良好的排水通道，防止暴雨淹没地磅。

基础开挖：汽车衡基础地槽应挖至原始土层，确保地基承载力满足设计要求。汽车衡基础采用强度等级不低于C30混凝土。基础混凝土浇筑前应做好接地（接地电阻小于4Ω）、预埋件以及排水管道安装工作。

预埋件安装过程：秤体结构放线→找准位置埋放埋件→检查调整→绑扎固定。

汽车衡基础混凝土强度达到设计强度后进行汽车衡安装，安装完毕后进行安装调校。

正式使用前须经地方技术监督局进行标定校称。

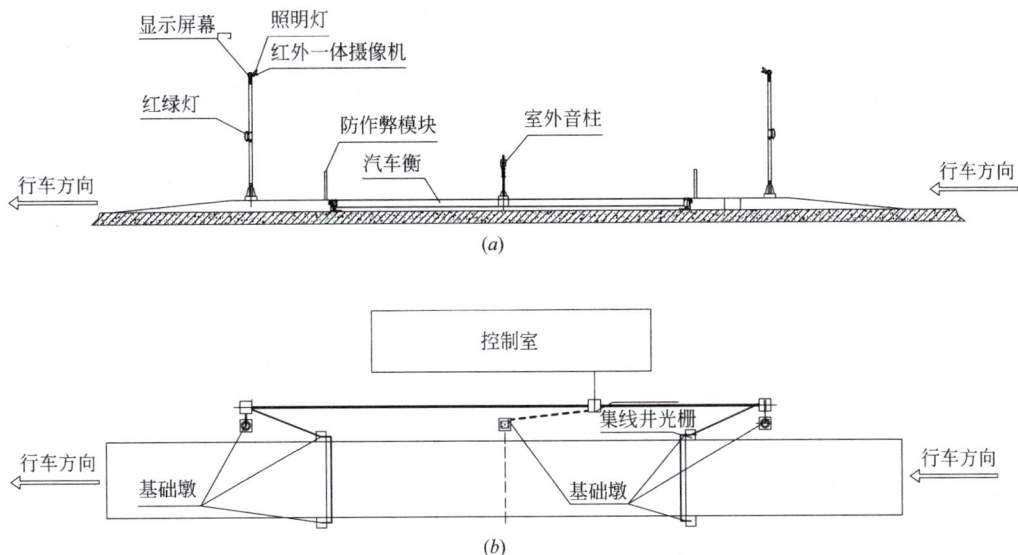

(a)

(b)

图 2.5-9 汽车衡智能化系统布置图

（a）汽车衡智能化系统侧面图；（b）汽车衡智能化系统平面图

2.6 试验室建设与仪器

2.6.1 试验室规划、布置

1. PC工厂试验室一般应具有混凝土室、砂石室、水泥室、外加剂室、养护室、力学性能室、特性室、样品室、资料室、办公室。如果有结构性能试验的要求，还需配备结构性能室，满足试验室验收和工厂资质申请的要求。试验室具体布置如图2.6-1所示。

力学性能室	养护室	混凝土室	水泥室	外加剂室	砂石室	特性室	样品室	资料室	办公室	办公室
走 廊										

备注：1. 结构性能室根据需要，配置5t的电动葫芦或其他吊装设备。

2. 走廊满足恒温恒湿的要求。

图 2.6-1 试验室布置图

2. 检测室的布置应结合现场实际进行布置，总的原则为满足试验环境要求，方便试验操作。检测室的环境条件是根据具体的试验项目要求而定，通常要求如下：

1）混凝土室：面积不小于$30m^2$，有温度要求。主要设备有混凝土搅拌机、混凝土振动台、凝结时间测定仪、泌水测定仪、坍落度筒、砂浆搅拌机、砂浆稠度检测仪、砂浆保水性测定仪、台秤、电子天平等。

2）水泥室：面积不小于$15m^2$，有温度和湿度要求。主要设备有胶砂搅拌机、净浆搅拌机、胶砂振实台、胶砂跳桌、安定性沸煮箱、雷氏夹测定仪、细度负压筛、凝结时间测定仪、水泥标准养护箱、比表面积测定仪、净浆加水器等。

3）力学性能室：面积不小于30m²，有温度要求。主要设备有恒应力压力试验机、抗折试验机、万能材料试验机（10t、30t、60t）、钢筋标距仪、混凝土压力性能试验机、拉力试验机（或液压万能试验机）、锚固试验机、钢绞线专用夹具等。其他器具有游标卡尺、钢直尺、引伸计、洛氏硬度计等。

4）养护室：面积不小于15m²，有温度和湿度要求。主要设备有温湿度控制仪、试件放置架、加湿器及空调等。

5）外加剂室：面积不小于15m²，有温度要求。主要设备有比重计、滴定仪、酸度计、氯离子测定仪、碱含量测定仪等。

6）砂石室：面积不小于15m²，主要设备有电热鼓风干燥箱、砂石摇筛机、砂石筛、针片状规准仪、天平、台秤等。

7）特性室：面积不小于15m²，主要设备有混凝土抗渗仪、马波炉、混凝土早强养护箱等。

8）结构性能室：根据试验项目而定，面积要适当大一些为好。

9）样品室：面积不小于15m²。

10）办公室与资料室：办公室面积满足办公要求即可，资料室应满足试验资料长期保存的要求。

如检测设备过多，可把混凝土和钢筋检测设备分别放入几个检测室，有利于室内温度控制和检测空间安排。

2.6.2 试验仪器选型采购及常用仪器设备

1. 试验仪器选型采购

试验仪器选型要根据PC工厂的试验检测项目，充分考虑工厂以后的远景发展规划，进行初步选定。

选择邀请信誉好的仪器设备生产厂家进行公开竞标采购，选择性价比高的厂家为试验仪器供应商。仪器设备进场后，按照使用说明书、试验规程等的要求和操作步骤，由仪器设备供应方的专业人员对仪器设备进行安装与调试。要经当地具有标定及检定资质的计量机构检定合格，并取得检定或校准证书。

试验仪器采购的流程一般为：

1）编制采购文件：详细列明所要购买的设备名称、型号、配置、安装要求及验收要求。

2）招标采购：根据采购文件和标的大小，采用公开招标或询价招标的方式进行采购。择优确定生产厂家，签订采购合同。

3）设备进场验收：按照采购文件和合同对进厂的试验设备进行验收。

4）根据试验项目、规划布置和使用要求，确定设备的安装位置并进行安装。

5）对要求进行强制检定的设备进行检定，对不要求强制检定的设备要进行自检。

6）对检定合格的设备张贴"三色"标志：即准用（绿色）、限用（黄色）和停用（红色）标志。

7）建立试验设备台账和档案，同时建立试验设备管理员卡片和使用记录制度。

2. 常用试验仪器设备（表 2.6-1）

PC 工厂试验仪器配置清单　　　　　　　　　　　　　表 2.6-1

序号	仪器名称	规格型号	技术指标		数量
			行程	分度值	
1	全自动恒应力压力试验机	DYE-2000D	0～2000kN	0.1kN	1台
2	抗折抗压一体机	SFK-300/10	0～10kN	0.1N	1台
			0～300kN	0.01kN	
3	电液伺服万能材料试验机	WES-1000B	0～1000kN	0.1kN	1台
4	电子万能试验机	WDL-5	10N～50kN	0.01N	1台
5	电液伺服万能材料试验机	WES-300B	0～300kN	0.1kN	1台
6	全自动恒应力压力试验机	DYE-1000	0～1000kN	0.1kN	1台
7	全自动恒应力压力试验机	DYE-3000D	0～3000kN	0.1kN	1台
8	电动钢筋标距仪	BJ-5-10	5mm/10mm	1mm	1台
9	水泥胶砂搅拌机	JJ-5	—	—	1台
10	水泥稠和凝结时间测定仪	ISO	0～70mm	1mm	1台
11	水泥净浆搅拌机	NJ-160	—	—	1台
12	雷氏夹测定仪	LD-15	±25mm	1mm	1台
13	水泥雷氏夹	LJ-175	—	—	12个
14	水泥胶砂振实台	ZT-96	—	—	1台
15	水泥胶砂流动度测定仪	NLD-3	—	—	1台
16	自动比表面积测定仪	FBT-9	—	—	1台
17	水泥自动标准养护水箱	TJSS-Ⅲ	—	1℃	1台
18	标准恒温恒湿养护箱	YH-40B	—	1℃	1台
19	水泥细度负压筛析仪	FSY-150B	0～10000Pa	200Pa	1台
20	雷氏沸煮箱	FZ-31A	0～100℃	1℃	1台
21	水泥游离氧化钙测定仪	CA-5	—	—	1台
22	水泥净浆流动锥	18～18S	—	—	1个
23	电子秤	BH-30	0～30kg	1g	1台
24	电子秤	TCS-100	0～100kg	5g	1台
25	电子天平	HZY-A220	0～220g	1mg	1台
26	电子天平	LCD-B3000	0～3000g	100mg	1台
27	电子天平	HZF-A3000	0～3000g	10mg	1台
28	电子天平	LCD-A1000	0～1000g	10mg	1台
29	电子天平	HZK-FA210	0～210g	0.1mg	1台
30	单卧轴强制式混凝土搅拌机	HJW-60	0～60L	—	1台
31	混凝土维勃稠度仪	VBR-1	—	—	1台
32	混凝土振动台	HZJ-A	—	—	1台
33	混凝土贯入阻力仪	HG-80	0～1200N	5N	1台

续表

序号	仪器名称	规格型号	技术指标		数量
			行程	分度值	
34	水泥砂浆稠度漏斗	—	—	—	1台
35	混凝土压力泌水仪	SY-2	0～6MPa	0.2MPa	1台
36	混凝土弹性模量测定仪	TM-2	—	0.001	1台
37	砂浆标准稠度仪	SZ-145	0～14.5cm	1mm	1台
38	混凝土动弹仪	DT-20	—	—	1台
39	氯离子含量快速测定仪	CL-5	1.0×10^{-1}～5.0×10^{-5}Mol/L	—	1台
40	低温试验箱	DWX-180-30	0～−30℃	±1℃	1台
41	自动加压混凝土渗透仪	HP-4.0	0～4.9MPa	±0.3FS	1台
42	钢筋锈蚀仪	PS-6	—	—	1台
43	混凝土钻心机	HZ-205F	—	—	1台
44	可调式电热板	ML-1.8-4	0～400℃	1℃	1台
45	可调电炉	2000W	—	—	1台
46	0.9mm 筛	$\phi300$	—	—	1个
47	波梅氏比重计	—	—	—	5个
48	0.045mm 筛	$\phi150\times25$	—	—	4个
49	水泥留样桶	20×25	—	—	20个
50	震击式振摆仪	ZBSX-92A	—	—	1台
51	容量瓶	250ml	250ml	—	2个
52	箱式电阻炉	SX2-2.5-10	0～1000℃	1℃	1台
53	pH 计	PHS-25	0.00～14.00pH	±0.05pH	1台
54	混凝土快速冻融试验机	DR-2F	−30～50℃	1℃	1台
55	游标卡尺	SF2000	0～300mm	0.01mm	1台
56	细集料亚甲蓝试验搅拌装置	YJL-3	—	—	1台
57	混凝土数字回弹仪	ZC3-T	0～100MPa	2MPa	1台
58	针片状规准仪	—	—	—	1套
59	空气压塑机	ZB-0.11/7	—	—	1台
60	集料压碎指标测定仪	$\phi150$mm	—	—	1套
61	千分表	—	0～1mm	0.001mm	1个
62	电热鼓风干燥箱	101-2	常温～250℃	1℃	1台
63	标准养护室自动控温控湿设备	BYS-60	—	—	1台
64	锈蚀仪模	95mm×30mm×30mm	—	—	1个
65	比长仪	ISOBY-160	—	0.001mm	1台
66	比长仪骨架	—	—	—	10个
67	水泥稠度试模	65mm×75mm×40mm	—	—	10个

续表

序号	仪器名称	规格型号	技术指标	数量	数量
			行程	分度值	
68	混凝土含气量测定仪	CA-7	0～10%	0.10%	1台
69	回弹仪钢钻	GZ-II	—	—	1个
70	坍落度筒	—	—	—	4套
71	水泥抗压夹具	40mm×40mm	—	—	1个
72	水泥软练试模	40mm×40mm×160mm	—	—	10组
73	混凝土容积升	1～50L	—	—	1套
74	砂石漏斗	—	—	—	1套
75	新标准砂子筛	$\phi 300$	—	—	1套
76	新标准石子筛	$\phi 300$	—	—	1套
77	混凝土抗渗试模	175mm×185mm×150mm	—	—	24个
78	混凝土抗压试模	150m³	—	—	90个
79	混凝土抗压试模	100m³	—	—	30连
80	混凝土弹模试模	150mm×150mm×300mm	—	—	10个
81	混凝土抗折试模	150mm×150mm×550mm	—	—	10个
82	混凝土抗冻试模	100mm×100mm×400mm	—	—	12个
83	砂浆试模	70.7m³	—	—	20条
84	新标准砂	ISO	—	—	10袋
85	干燥器	$\phi 210$	—	—	1个
86	干锅钳	中号	—	—	1个
87	干锅	50ml	—	—	6个
88	甘汞电极	—	—	—	1个
89	玻璃电极	231	—	—	1个
90	复合电极	—	—	—	1个
91	千分表	—	0～1mm	0.001mm	1个
92	秒表	—	—	1/60s	1个
93	游标卡尺	—	0～300mm	0.02mm	1台
94	普通干湿温度计	—	−30～50℃	2℃	6个
95	高级干湿温度表	—	−50～70℃	0.1℃	4个
96	量筒	100、250、500ml	0～100ml、0～250ml、0～500ml	2ml	3个
97	量杯	1000、500、250ml	0～1000ml、0～500ml、0～250ml	2ml	3个

备注：鉴于目前混凝土技术发展方向是高性能混凝土技术，所需配置设备应考虑相关预留。

2.6.3　试验检测项目

作为预制构件工厂的试验室，各种原材料和PC构件品种较多，均应按照相关标准，进行检测合格后，才能进入生产环节。

表 2.6-2 列出一般应做的试验项目，供参考。

试（检）验项目 表 2.6-2

类别	序号	材料名称	试（检）验项目
原材料	1	水泥	细度或比表面积、标准稠度用水量、**凝结时间**、**安定性**、标准稠度、**胶砂强度**、碱骨料反应
	2	天然砂	含水率、**颗粒级配**、细度模数、**含泥量**、**泥块含量**、表观密度、堆积密度、贝壳含量、氯离子含量
	3	人工砂	含水率、**颗粒级配**、细度模数、**泥块含量**、表观密度、堆积密度、**人工砂石粉含量（含亚甲蓝试验）**、压碎指标
	4	碎石	含水率、**颗粒级配**、**含泥量（含亚甲蓝试验）**、泥块含量、针片状颗粒含量、压碎指标、表观密度、堆积密度
	5	再生细骨料	微粉含量、颗粒级配、细度模数、含泥量（含亚甲蓝试验）、**表观密度**、压碎指标、**再生胶砂需水量比**、再生胶砂强度比、**泥块含量**
	6	再生粗骨料	微粉含量、颗粒级配、**泥块含量（含亚甲蓝试验）**、针片状颗粒含量、**压碎指标**、**表观密度**、空隙率、**吸水率**
	7	轻集料	**筛分析**、**堆积密度**、**筒压强度（或强度标号）**、吸水率
	8	水	pH 值、氯离子含量
	9	粉煤灰	**细度**、**需水量比**、含水率、**烧失量**、三氧化硫含量、游离氧化钙含量、**安定性（C 类）**
	10	矿渣粉	**比表面积**、**流动度比**、含水率、烧失量、**活性指数**、三氧化硫含量
	11	硅灰	比表面积、**需水量比**、含水率、**烧失量**、活性指数
	12	复合矿物掺合料	**细度**、**流动度比**、烧失量、**活性指数**
	13	石灰石粉	**细度**、**流动度比**、含水量、**活性指数**、碳酸钙含量、亚甲蓝值、**安定性**
	14	泵送剂	**pH 值**、密度（或细度）、固含量（含水率）、氯离子含量、总碱量、硫酸钠含量、**减水率**、泌水率比、含气量、抗压强度比、**坍落度经时变化量**、收缩率比
	15	缓凝剂	pH 值、**密度（或细度）**、**固含量（含水率）**、氯离子含量、总碱量、硫酸钠含量、泌水率比、抗压强度比、**凝结时间之差**、收缩率比
	16	高效减水剂	**pH 值**、密度（或细度）、固含量（含水率）、氯离子含量、总碱量、硫酸钠含量、**减水率**、泌水率比、含气量、**凝结时间之差（缓凝型）**、抗压强度比、收缩率比
	17	高性能减水剂	**pH 值**、密度（或细度）、固含量（含水率）、氯离子含量、总碱量、硫酸钠含量、**减水率**、泌水率比、含气量、**凝结时间之差（缓凝型）**、**抗压强度比（早强型）**、坍落度经时变化量、收缩率比
产品	18	混凝土	表观密度、稠度、凝结时间、抗压强度、水溶性氯离子、泌水率与压力泌水率、含气量、抗折强度、抗水渗透性能、轴心抗压强度、劈裂抗拉强度
	19	砂浆	稠度、表观密度、稠度损失率、凝结时间、抗压强度、保水性试验、拉伸粘结强度、收缩率、抗渗压力

注：1. 表中黑体字为原材料进场检验项目；
　　2. 本表为试验室必须具备能力开展的试验项目。对于国家现行标准有要求而工厂试验室不具备能力开展的试验项目，应外委送检。

2.6.4 试验室信息化建设

PC 构件作为一个产品形式，出现在建筑工程中。现实中，不能对每个构件都进行检测，很多地方要求监理人员驻厂，监理生产过程。

进行试验室信息化建设，把试验检测过程和数据，形成完整的数据影像资料，更好地保证构件质量。

作为 PC 工厂试验室，可进行如下信息化工作：

1）依据相关行业管理规定和试验室管理要求，建立试验室管理信息系统。

2）对试（检）验过程中，各管理要素和检验数据，进行自动采集、分析、存储与传输，并确保数据的安全性和完整性。

3）试验室管理信息系统实现与数字化试验设备的数据连接，可实现与 PC 构件生产有关的信息化系统的数据传输和共享。

这也是智慧工厂建设的一部分。

2.7 PC 工厂常规及关键试验

2.7.1 水泥、砂石料检测

1. 水泥试验检测

1）水泥细度检验

按照《水泥细度检验方法筛析法》GB/T 1345—2005 进行。采用 $45\mu m$ 方孔筛和 $80\mu m$ 方孔筛对水泥试样进行筛析试验，用筛上筛余物的质量百分数来表示水泥样品的细度。

负压筛析法：用负压筛析仪，通过负压源产生的恒定气流，在规定筛析时间内使试验筛内的水泥达到筛分。

水筛法：将试验筛放在水筛座上，用规定压力的水流，在规定时间内使试验筛内的水泥达到筛分。

手工筛析法：将试验筛放在接料盘（底盘）上，手工按照规定的拍打速度和转动角度，对水泥进行筛析试验。

负压筛析法、水筛法和手工筛析法测定的结果发生争议时，以负压筛析法为准。

2）标准稠度用水量、凝结时间、安定性检测

水泥标准稠度用水量、凝结时间、安定性的检验按照《水泥标准稠度用水量、凝结时间、安定性检验方法》GB/T 1346—2011 进行。

（1）标准稠度用水量

国家标准规定检验水泥的凝结时间和安定性时需用"标准稠度"的水泥净浆。"标准稠度"是水泥净浆拌水后的一个特定状态。

测定标准稠度的方法主要是使用贯入法测定。

影响标准稠度用水量的因素有矿物成分、细度、混合材料种类及掺量等。熟料矿物中 C_3A 需水性最大，C_2S 需水性最小。水泥越细，比表面积愈大，需水量越大。

生产水泥时掺入需水性大的粉煤灰、沸石等混合材料，将使需水量明显增大。

（2）凝结时间

水泥从加水开始到失去塑性，即从可塑状态发展到固体状态所需的时间称为凝结时间。水泥凝结时间分初凝时间和终凝时间。

从水泥加水拌合至水泥浆开始失去塑性的时间称为初凝时间。

从水泥加水拌合至水泥浆完全失去塑性并开始产生强度的时间称为终凝时间。

国家标准规定，硅酸盐水泥的初凝时间不早于 45min，终凝时间不迟于 6.5h（390min）。

影响水泥凝结时间的因素主要有：熟料中 C_3A 含量高，二水石膏掺量不足，使水泥快凝；水泥的细度越细，凝结愈快；水灰比愈小，凝结时的温度愈高，凝结愈快；混合材料掺量大，将延迟凝结时间。

水泥凝结时间的测定，是以标准稠度的水泥净浆，在规定温度和湿度下，用凝结时间测定仪来测定。

（3）安定性

水泥的安定性是指水泥在凝结硬化过程中体积变化的均匀程度，亦简称安定性。如果水泥在凝结硬化过程中产生均匀的体积变化，则为安定性合格，否则即为安定性不良。

水泥安定性不良会使水泥制品、混凝土构件产生膨胀性裂缝，劣化建筑物质量，甚至引起严重工程事故。

水泥安定性不良的原因，是由于其熟料中含有过多的游离 CaO 或游离 MgO，以及水泥粉磨时掺入过多石膏所致。

国家标准规定，由游离 CaO 引起的水泥体积安定性不良可用沸煮法（分试饼法和雷氏法）检测。在有争议时，以雷氏法为准。

（4）仪器设备

水泥净浆搅拌机、标准法维卡仪、代用法维卡仪、雷氏夹、沸煮箱、雷氏夹膨胀测定仪、量筒或滴定管、天平等。

3）水泥强度检测

（1）检验方法

本方法为 40mm×40mm×160mm 棱柱试体的水泥抗压强度和抗折强度测定。

试件是由按质量计的一份水泥、三份中国 ISO 标准砂，用 0.5 的水胶比拌制的一组塑性胶砂试件。使用中国 ISO 标准砂的水泥抗压强度结果必须与 ISO 基准砂的结果相一致。

胶砂用行星搅拌机搅拌，在振实台上成型。也可使用频率 2800～3000 次/min、振幅 0.75mm 振动台成型。

试件连模一起在湿气中养护 24h，然后脱模在水中养护至试验龄期。到试验龄期时将试件从水中取出，先进行抗折强度试验，折断后每部分再进行抗压强度试验。

（2）检测要求

检测要求：试件成型试验室的温度应保持在 20℃±2℃，相对湿度应不低于 50%。试件带模养护的养护箱或雾室温度保持在 20℃±1℃，相对湿度不低于 90%。

试件养护池水温度应在 20℃±1℃ 范围内。

试验室空气温度和相对湿度及养护池水温在工作期间每天至少记录一次。养护箱或雾室的温度与相对湿度至少每 4h 记录一次。

（3）检测设备：试验筛、搅拌机、试模、振实台、养护箱、抗折强度试验机、抗压强度试验机及抗压强度试验机用夹具等。

4）水泥其他检测

水泥比表面积检测、水泥密度检测、水泥胶砂流动度检测。

2. 砂检测

砂的样品缩分方法可用分料器、人工四分缩分法。

砂的检测试验有砂筛分析试验、砂的表观密度试验（标准方法）、砂的表观密度试验（简易法）、砂的吸水率试验、砂的堆积密度和紧密密度、砂的含水率（标准法）、砂的含水率试验（快速法）、砂的含泥量试验（标准法）、砂的含泥量试验（虹吸管法）、砂的泥块含量试验、砂中氯离子含量试验、人工砂及混合砂中石粉含量试验（亚甲蓝法）、人工砂压碎值指标试验。

3. 碎石或卵石检验

碎石或卵石的检验有筛分析试验、含水率试验、堆积密度和紧密密度试验、含泥量试验、泥块含量试验方法、针状和片状颗粒的总含量试验、坚固性试验、压碎指标值试验。

2.7.2　混凝土外加剂匀质性试验

混凝土外加剂匀质性试验有含固量、含水率、密度、pH 值、氯离子含量、水泥净浆流动度的检测。

2.7.3　矿物掺合料检测

矿物掺合料检测内容有胶砂需水量比、流动度比及活性指数等。

2.7.4　外加剂混凝土性能指标试验

采用《混凝土外加剂》GB 8076—2008 规定的水泥，符合《建设用砂》GB/T 14684—2011 中Ⅱ区要求的中砂，符合《建设用卵石、碎石》GB/T 14685—2011 要求的公称粒径为 5～20mm 的碎石或卵石。

采用单卧轴式强制搅拌机搅拌混凝土。外加剂为粉状时，将水泥、砂、石、外加剂一次投入搅拌机，干拌均匀，再加入拌合水，一起搅拌 2min。外加剂为液体时，将水泥、砂、石一次投入搅拌机，干拌均匀，再加入掺有外加剂的拌合水一起搅拌 2min。

出料后，在铁板上用人工翻拌至均匀，再行试验。混凝土试件制作及养护按《普通混凝土拌合物性能试验方法标准》GB/T 50080—2016 进行，按照规范要求养护后，进行各性能指标的测定。

2.7.5　混凝土试件制作、抗压与抗折试验

1. 混凝土试件制作

1）取样或拌制好的混凝土拌合物，至少用铁锹来回拌合三次。

2）用振动台振实制作试件

将混凝土拌合物一次装入试模，装料时应用抹刀沿各试模壁插捣，并使混凝土拌合物高出试模口。试模应附着在振动台上，振动时试模不得有任何跳动，振动应持续到表面出浆为止。不过振。

3）用人工插捣制作试件应按下述方法进行

混凝土拌合物应分两层装入模内，每层的装料厚度大致相等。插捣应按螺旋方向从边缘向中心均匀进行。在插捣底层混凝土时，捣棒应达到试模底部。插捣上层时，捣棒应贯穿上层后插入下层 20～30mm；插捣时捣棒应保持垂直，不得倾斜。然后应用抹刀沿试模内壁插拔数次；每层插捣次数按在 10000mm² 截面积内不得少于 12 次；插捣后应用橡皮锤轻轻敲击试模四周，直至插捣棒留下的孔洞消失为止。

2. 混凝土抗压强度试验

1）试验设备

混凝土立方体抗压强度试验所采用压力试验机应为一级精度。

混凝土强度等级≥C60 时，试件周围应设防崩裂网罩。当压力试验机上、下压板不符合《普通混凝土力学性能试验方法标准》GB/T 50081 第 6.4.2 条规定时，压力试验机上、下压板与试件之间应各垫以符合标准要求的钢垫板。

2）强度值（代表值）的确定

三个试件测值的算术平均值作为该组试件的强度值（精确至 0.1MPa）；三个测值中的最大值或最小值中如有一个与中间值的差值超过中间值的 15%时，则把最大及最小值一并舍除，取中间值作为该组试件的抗压强度值；如最大值和最小值与中间值的差均超过中间值的 15%，则该组试件的试验结果无效。

3）尺寸换算系数

混凝土强度等级＜C60 时，用非标准试件测得的强度值均应乘以尺寸换算系数，其值对 200mm×20mm×200mm 试件尺寸换算系数为 1.05，100mm×100mm×100mm 试件尺寸换算系数为 0.95。

当混凝土强度等级≥C60 时，宜采用标准试件。使用非标准试件时，尺寸换算系数应由试验确定。

3. 抗折强度试验

试验机应能施加均匀、连续、速度可控的荷载，并带有能使两个相等荷载同时作用在试件跨度 3 分点处的抗折试验装置。

试件的支座和加荷头应采用直径为 20～40mm、长度不小于 $b+10$mm 的硬钢圆柱，支座立脚点固定铰支，其他应为滚动支点。

当试件尺寸为 100mm×100mm×400mm 非标准试件时，应乘以尺寸换算系数 0.85；当混凝土强度等级≥C60 时，宜采用标准试件；使用非标准试件时，应由试验确定尺寸换算系数。

2.7.6　钢筋及焊接接头试验

1. 钢筋试验方法

1）拉力试验

试验一般在室温 10～35℃范围内进行。

屈服点测定：可用指针法或图示法。

抗拉强度测量：试样拉至断裂，从测力度盘上读取最大力，或从拉伸曲线上确定试验过程中的最大力，也可以从微机控制直接测量。

断后伸长率的测定：试样拉断后，应将试样断裂部分仔细地配接在一起，使其轴线处于一直线上。如拉断处形成缝隙，则此缝隙应计入该试样拉断后的标距内。

断后标距 L_1 用直测法或移位法测量。应使用分辨力优于 0.1mm 的量具或测量装置测量断后标距 L_u，准确到±0.25mm。

2）冷弯试验

弯心直径、弯曲角度应符合相应标准规定。弯心直径一般应不大于试样的厚度或直径。

拉伸试验中出现下列情况之一者试验结果为无效：试样断在机械刻画的标记处或标距外；操作不当；试验记录有误或设备发生故障影响结果。

2. 焊接接头拉伸试验

针对电阻点焊、闪光对焊、电弧焊和预埋件埋弧压力焊的焊接接头，进行拉伸试验。

试验目的是测定焊接接头抗拉强度、观察断裂位置和断口特征，判定塑性断裂或脆性断裂。

根据钢筋的级别和直径，应选用适配的拉力试验机或万能试验机。试验机应符合现行国家标准《金属材料拉伸试验 第1部分：室温试验方法》GB/T 228.1—2010 中的有关规定。

试验前，应选用适合于试样规格的夹紧装置，要求夹紧装置在拉伸过程中，始终将钢筋夹紧，并与钢筋间不产生相对滑移。

判定的标准是试样抗拉强度均不得小于该级别钢筋规定的抗拉强度。

3. 焊接接头弯曲试验

针对闪光对焊、窄间隙焊、气压焊的焊接接头进行弯曲试验。

试验目的是检验钢筋焊接接头承受规定弯曲角度的弯曲变形性能和可能存在的焊接缺陷。

试样受压面的金属毛刺和镦粗变形部位可用砂轮等工具加工，使之达到与母材外表齐平，其余部位可保持焊后状态（即焊态）。

弯曲试验可在压力机或万能试验机上进行。

进行弯曲试验时，试样应放在两支点上，并应使焊缝中心与压头中心线一致，应缓慢地对试样施加弯曲力，直至达到规定的弯曲角度或出现裂纹、破断为止。

在试验过程中，应采取安全措施，防止试样突然断裂伤人。

2.7.7　灌浆料检测及试验

1. 套筒灌浆料性能

常温型套筒灌浆料、低温型套筒灌浆料的性能指标，应符合表 2.7-1 和表 2.7-2 的规定。

常温型套筒灌浆料的性能指标　　　　　　　　　　　　　　　表 2.7-1

检验项目		性能指标
流动度（mm）	初始	≥300
	30min	≥260

续表

检验项目		性能指标
抗压强度（MPa）	1d	≥35
	3d	≥60
	28d	≥85
竖向膨胀率（%）	3h	0.02～2
	24h 与 3h 差值	0.02～0.40
28d 自干燥收缩（%）		≤0.045
氯离子含量（%）		≤0.03
泌水率（%）		0

注：氯离子含量以灌浆料总量为基准。

低温型套筒灌浆料的性能指标　　　　　　　　　　　表 2.7-2

检验项目		性能指标
−5℃流动度（mm）	初始	≥300
	30min	≥260
8℃流动度（mm）	初始	≥300
	30min	≥260
抗压强度（MPa）	1d	≥35
	3d	≥60
	−7d＋21d	≥85
竖向膨胀率（%）	3h	0.02～2
	24h 与 3h 差值	0.02～0.40
28d 自干燥收缩（%）		≤0.045
氯离子含量（%）		≤0.03
泌水率（%）		0

注：−7d＋21d 代表在负温养护 7d 转标养 21d；氯离子含量以灌浆料总量为基准。

2. 出厂检验

出厂检验项目应包括初始流动度、30min 流动度，1d（−1d）、3d（−3d），28d（−7d＋21d）抗压强度，竖向膨胀率，竖向膨胀率的差值、泌水率。

3. 型式检验

型式检验项目应包括表 2.7-1 和表 2.7-2 规定的全部检测项目。

有下列情形之一时，应进行型式检验：

新产品的定型鉴定；正式生产后如材料及工艺有较大变动，有可能影响产品质量时；停产半年以上恢复生产时；型式检验超过 1 年时。

4. 组批规则和判定规则

1）在 15d 内生产的同配方、同批号原材料的产品应以 50t 作为一生产批号，不足 50t

也应作为一生产批号。

2）取样方法应按《水泥取样方法》GB 12573—2008 的有关规定进行。

3）取样应有代表性，可从多个部位取等量样品，样品总量不应少于 30kg。

4）出厂检验和型式检验若有一项指标不符合要求，应从同一批次产品中重新取样，对所有项目进行复验。复验合格判定为合格品；复验不合格判定为不合格品。

5. 试验方法和要求

1）一般要求

常温型套筒灌浆料试件成型时试验室的温度应为 20℃±2℃，相对湿度应大于 50％，养护室的温度应为 20℃±1℃，养护室的相对湿度不应低于 90％，养护水的温度应为 20℃±1℃。

低温型套筒灌浆料试件成型时试验室的温度应为 −5℃±2℃，养护室的温度应为 −5℃±1℃。

2）流动度

常温型套筒灌浆料流动度试验，应在标准条件下，按《钢筋连接用灌浆料》JG/T 408—2019 中附录 A 进行。

低温型套筒灌浆料流动度试验，分别在 −5℃±2℃、8℃±2℃ 条件下，按 JG/T 408—2019 附录 A 进行。采用符合《行星式水泥胶砂搅拌机》JC/T 681—2005 要求的搅拌机拌和水泥基灌浆材料。

按照《水泥胶砂流动度测定方法》GB/T 2419—2005 的规定，截锥圆模尺寸为下口内径 100mm±0.5mm，上口内径 70mm±0.5mm，高 60mm±0.5mm。玻璃板尺寸 500mm×500mm，并应水平放置。采用钢直尺测量，精度为 1mm。

3）抗压强度试验

灌浆料抗压强度试验应按 JG/T 408—2019 中附录 B 进行。

抗压强度试验试件应采用尺寸为 40mm×40mm×160mm 的棱柱体。抗压强度的试验应执行《水泥胶砂强度检验方法（ISO 法）》GB/T 17671—2021 中的有关规定。

4）竖向膨胀率试验

灌浆料竖向膨胀率试验应按 JG/T 408—2019 中附录 C 进行。

竖向膨胀率试验方法包括竖向膨胀率接触式测量法和竖向膨胀率非接触式测量法。

竖向膨胀率非接触式测量法适用于常温型套筒灌浆料竖向膨胀率的测试。常温型套筒灌浆料竖向膨胀率试验的接触式测量法与非接触式测量法测量数据不一致时，仲裁检验以非接触式测量法为准。试验结果取 1 组 3 个试件的算术平均值，计算精确至 0.01。

5）自干燥收缩值试验

按 JG/T 408—2019 中附录 D，进行灌浆料自干燥收缩值试验。

测长仪的测量精度为 10^{-3} mm。收缩头由黄铜或不锈钢加工而成。采用 40mm×40mm×160mm 棱柱体试模，且在试模的两个端面中心，应各开一个 6.5mm 的孔洞。

自干燥收缩值试验结果应按下列要求确定：

应取 3 个试件测值的算术平均值作为自干燥收缩值，计算精确至 10^{-6} mm；当 1 个值与平均值偏差大于 20％时，应剔除；当有 2 个值与平均值偏差大于 20％时，该组试件结果无效。

2.7.8　灌浆套筒检测及试验

1. 一般要求

1）全灌浆套筒中部、半灌浆套筒排浆孔位置计入最大负公差后筒体拉力最大区段的抗拉承载力和屈服承载力的设计值，应符合下列规定：

（1）设计抗拉承载力不应小于被连接钢筋抗拉承载力标准值的 1.15 倍。

（2）设计屈服承载力不应小于被连接钢筋屈服承载力标准值。

2）灌浆套筒生产应符合产品设计要求。灌浆套筒尺寸应根据被连接钢筋强度等级、直径及套筒原材料的力学性能，按规定的设计抗拉承载力、屈服承载力计算、力学性能要求确定。

套筒灌浆连接接头性能应符合《钢筋套筒灌浆连接应用技术规程》JGJ 355—2015 的规定。

3）灌浆套筒长度应根据试验确定，且灌浆连接端的钢筋锚固长度不宜小于 8 倍钢筋公称直径。其锚固长度不包括钢筋安装调整长度和封浆挡圈段长度。全灌浆套筒中间轴向定位点两侧，应预留钢筋安装调整长度，预制端不宜小于 10mm，装配端不宜小于 20mm。

4）灌浆套筒封闭环剪力槽，宜符合表 2.7-3 的规定，其他非封闭环剪力槽结构型式的灌浆套筒应通过灌浆接头试验确定，灌浆套筒结构的锚固性能不应低于同等灌浆接头封闭环剪力槽的作用。

灌浆套筒封闭环剪力槽			表 2.7-3
连接钢筋直径（mm）	12～20	22～32	36～40
剪力槽数量（个）	≥3	≥4	≥5
剪力槽两侧凸台轴向宽度（mm）	≥2		
剪力槽两侧凸台径向高度（mm）	≥2		

5）灌浆套筒计入负公差后的最小壁厚，应符合表 2.7-4 的规定。

灌浆套筒计入负公差后的最小壁厚		表 2.7-4
连接钢筋公称直径	12～14mm	16～40mm
机械加工成型灌浆套筒	2.5mm	3mm
铸造成型灌浆套筒	3mm	4mm

6）半灌浆套筒螺纹端与灌浆端连接处的通孔直径设计不宜过大，螺纹小径与通孔直径差不应小于 1mm，通孔的长度不应小于 3mm。

7）灌浆套筒最小内径与被连接钢筋的公称直径的差值，应符合表 2.7-5 的规定。

灌浆套筒最小内径与被连接钢筋公称直径的差值		表 2.7-5
连接钢筋公称直径	12～25mm	28～40mm
灌浆套筒最小内径与被连接钢筋公称直径的差值	≥10mm	≥15mm

8）分体式全灌浆套筒和分体式半灌浆套筒的分体连接部分的力学性能和螺纹副配合应符合下列规定：

（1）设计抗拉承载力，不应小于被连接钢筋抗拉承载力标准值的 1.15 倍。

（2）设计屈服承载力，不应小于被连接钢筋屈服承载力标准值。

（3）螺纹副精度，应符合《普通螺纹公差》GB/T 197—2018 中 H6/f6 的规定。

9）灌浆套筒使用时螺纹副的旋紧力矩，应符合表 2.7-6 的规定。

灌浆套筒螺纹副旋紧力矩值　　　　　　　　　表 2.7-6

钢筋公称直径（mm）	12～16	18～20	22～25	28～32	36～40
铸造灌浆套筒的螺纹副旋紧扭矩（N·m）	≥80	≥200	≥260	≥320	≥360
机械加工灌浆套筒的螺纹副旋紧扭矩（N·m）	≥100				

注：扭矩值是直螺纹连接处最小安装拧紧扭矩值。

10）可追溯性

灌浆套筒外表面，应有清晰可见的可追溯性原材料批次、铸造生产炉号及灌浆套筒生产批号等信息，并应与原材料检验报告、发货单或出库凭单、产品检验记录、产品合格证、产品质量证明书等记录相对应。相关记录保存不应少于 3 年。

2. 材料性能

1）铸造灌浆套筒应符合下列规定：

（1）铸造灌浆套筒材料，宜选用球墨铸铁。

（2）采用球墨铸铁制造的灌浆套筒，其材料性能、几何形状及尺寸公差应符合 GB/T 1348 的规定。材料性能参数，见表 2.7-7 的规定。

球墨铸铁灌浆套筒的材料性能　　　　　　　　　表 2.7-7

项目	材料	抗拉强度 R_m（MPa）	断后伸长率 A（%）	球化率（%）	硬度（HBW）
性能指标	QT500	≥500	≥7	≥85	170～230
	QT550	≥550	≥5		180～250
	QT600	≥600	≥3		190～270

2）机械加工灌浆套筒应符合下列规定：

（1）机械加工灌浆套筒原材料，宜选用优质碳素结构钢、碳素结构钢、低合金高强度结构钢、合金结构钢、冷拔或冷轧精密无缝钢管、结构用无缝钢管。其力学性能及外观、尺寸应符合《优质碳素结构钢》GB/T 699—2015、《碳素结构钢》GB/T 700—2006、《低合金高强度结构钢》GB/T 1591—2018、《合金结构钢》GB/T 3077—2015、《冷拔或冷轧精密无缝钢管》GB/T 3639—2009、《结构用无缝钢管》GB/T 8162—2018、《热轧钢棒尺寸、外形、重量及允许偏差》GB/T 702—2017、《无缝钢管尺寸、外形、重量及允许偏差》GB/T 17395—2008 的规定，优质碳素结构钢热轧和锻制圆管坯应符合《优质碳素结构钢热轧和锻制圆管坯》YB/T 5222—2014 的规定。材料性能参数见表 2.7-8。

机械加工灌浆套筒常用钢材材料性能　　　　　表 2.7-8

项目	性能指标					
材料	45 号圆钢	45 号圆管	Q390	Q345	Q235	40Cr
屈服强度 R_{eL}（MPa）	≥355	335	390	345	235	785
抗拉强度 R_m（MPa）	≥600	590	490	470	375	980
断后伸长率 A（%）	≥16	14	18	20	25	9

注：当屈服现象不明显时，用规定塑性延伸强度 $R_{p0.2}$ 代替。

（2）当机械加工灌浆套筒原材料，采用 45 号钢冷轧精密无缝钢管时，应进行退火处理，并应符合《冷拔或冷轧精密无缝钢管》GB/T 3639—2021 的规定。其抗拉强度不应大于 800MPa，断后伸长率不宜小于 14%。45 号钢冷轧精密无缝钢管的原材料，应采用 45 号管坯钢，并符合《优质碳素结构钢热轧和锻制圆管坯》YB/T 5222—2014 的规定。

（3）当机械加工灌浆套筒原材料，采用冷压或冷轧加工工艺成型时，宜进行退火处理，并应符合《冷拔或冷轧精密无缝钢管》GB/T 3639—2021 的规定，其抗拉强度不应大于 800MPa，断后伸长率不宜小于 14%。灌浆套筒设计时，不应利用经冷加工提高强度而减少灌浆套筒横截面面积。机械滚压或挤压加工的灌浆套筒材料宜选用 Q345、Q390 及其他符合《结构用无缝钢管》GB/T 8162—2018 规定的钢管材料，亦可选用符合《优质碳素结构钢》GB/T 699—2015 规定的机械加工钢管材料。

（4）机械加工灌浆套筒原材料，可选用经接头型式检验证明符合 JGJ 355 中接头性能规定的其他钢材。

3. 外观

1）铸造灌浆套筒内外表面，不应有影响使用性能的夹渣、冷隔、砂眼、缩孔、裂纹等质量缺陷。

2）机械加工灌浆套筒外表面，可为加工表面或无缝钢管、圆钢的自然表面。表面应无目测可见裂纹等缺陷，端面和外表面的边棱处应无尖棱、毛刺。

3）灌浆套筒表面，允许有锈斑或浮锈，不应有锈皮。

4）滚压型灌浆套筒滚压加工时，灌浆套筒内外表面不应出现微裂纹等缺陷。

4. 尺寸偏差

灌浆套筒的尺寸偏差，应符合表 2.7-9 的规定。

灌浆套筒尺寸偏差　　　　　表 2.7-9

项目	灌浆套筒尺寸偏差					
	铸造灌浆套筒			机械加工灌浆套筒		
钢筋直径（mm）	12～20	22～32	36～40	12～20	22～32	36～40
内、外径允许偏差（mm）	±0.8	±1.0	±1.5	±0.5	±0.6	±0.8
壁厚允许偏差（mm）	±0.8	±1.0	±1.2	±12.5L 或±0.4，取其中较大者		
长度允许偏差（mm）	±2.0			±1.0		
最小内径允许偏差（mm）	±1.5			±1.0		

项目	灌浆套筒尺寸偏差	
	铸造灌浆套筒	机械加工灌浆套筒
剪力槽两侧凸台顶部轴向宽度允许偏差（mm）	±1.0	±1.0
剪力槽两侧凸台径向高度允许偏差（mm）	±1.0	±1.0
直螺纹精度	6H级	6H级

5. 力学性能

1）灌浆套筒组成钢筋套筒灌浆连接接头的极限抗拉承载力不应小于被连接钢筋抗拉承载力标准值的 1.15 倍，屈服承载力不应小于被连接钢筋屈服承载力的标准值。当接头拉力达到连接钢筋抗拉荷载标准值的 1.15 倍而未发生破坏时，可停止试验。

2）除应符合 1）的规定外，钢筋套筒灌浆连接接头抗拉强度和变形性能，还应符合表2.7-10 和表 2.7-11 的规定。

钢筋套筒灌浆连接接头的抗拉强度　　　　　　　　　　　　表 2.7-10

项目	强度要求
抗拉强度	接头破坏时 $\int_{mst}^{0} > 1.15 \int_{sck}$

注：1. $\int_{mst}^{0}$——接头试件实测抗拉强度；

　　2. $\int_{stk}$——钢筋抗拉强度标准值。

　　3. 接头破坏指断于钢筋、断于套筒、套筒开裂、钢筋从套筒中拔出、钢筋外露螺纹部分破坏、钢筋锻粗过渡段破坏或套筒内螺纹部分拉脱以及其他连接组件破坏。

钢筋套筒灌浆连接接头的变形性能　　　　　　　　　　　　表 2.7-11

项目		变形性能
对中和偏置单向拉伸	残余变形（mm）	$u_0 \leq 0.10$（$d \leq 32$） $u_0 \leq 0.14$（$d > 32$）
	最大力总伸长率（%）	$A_{sgt} \geq 6.0$
高应力反复拉压	残余变形（mm）	$u_{20} \leq 0.3$
大变形反复拉压	残余变形（mm）	$u_4 \leq 0.3$ 且 $u_8 \leq 0.6$

注：u_0——接头试件加载至 0.6 倍钢筋屈服强度标准值并卸载后，在规定标距内的残余变形；

　　u_{20}——接头经高应力反复拉压 20 次后的残余变形；

　　u_4——接头经大变形反复拉压 4 次后的残余变形；

　　u_8——接头经大变形反复拉压 8 次后的残余变形；

　　A_{sgt}——接头试件的最大力总伸长率。

3）灌浆套筒用于有疲劳性能要求的钢筋套筒灌浆连接接头时，其疲劳性能应符合《钢筋机械连接技术规程》JGJ 107—2016 的规定。

4）灌浆套筒的力学性能试验

将灌浆套筒极限抗拉强度不小于其标准值 1.15 倍的钢筋、实际承载力不小于被连接钢筋受拉承载力标准值 1.20 倍的高强度工具杆和符合《钢筋套筒灌浆连接应用技术规程》JGJ 355—2015 型式检验要求的灌浆料，灌浆端按照 JGJ 355—2015 规定的套筒灌浆连接接头型式检验试件制作方法，非灌浆端按照 JGJ 107—2016 规定的直螺纹接头制作方法，制成对中接头试件 3 个，按照 JGJ 107—2016 规定的单向拉伸加载制度试验，记录每个灌浆接头试件的屈服强度值、极限抗拉强度值、残余变形值和最大力伸长率。

5) 灌浆套筒型式检验的力学性能试验

将灌浆套筒极限抗拉强度不小于其标准值 1.15 倍的钢筋、符合 JGJ 355—2015 型式检验要求的灌浆料，灌浆端按照 JGJ 355—2015 规定的套筒灌浆连接接头型式检验试件制作方法，非灌浆端按照 JGJ 107—2016 规定的直螺纹接头制作方法，制成套筒灌浆连接接头试件，制作数量、试验方法应按照 JGJ 355—2015 规定的套筒灌浆连接接头型式检验方法进行。

6) 灌浆套筒的疲劳性能试验

将灌浆套筒极限抗拉强度不小于其标准值 1.15 倍的钢筋、符合 JGJ 355—2015 型式检验要求的灌浆料，灌浆端按照 JGJ 355—2015 规定的套筒灌浆连接接头型式检验试件制作方法，非灌浆端按照 JGJ 107—2016 规定的直螺纹接头制作方法，制成套筒灌浆连接接头试件，制作数量、试验方法应按照 JGJ 107—2016 规定的接头疲劳检验方法进行。

6. 出厂检验

1) 检验项目

灌浆套筒出厂检验项目应包括灌浆套筒外观、标记、外形尺寸和抗拉强度。

2) 取样及判定规则

(1) 灌浆套筒外观、标记、外形尺寸检验：以连续生产的同原材料、同类型、同型式、同规格、同批号的 1000 个或少于 1000 个套筒为 1 个验收批，随机抽取 10% 进行检验。当合格率不低于 97% 时，应判定为该验收批合格。当合格率低于 97% 时，应加倍抽样复检。当加倍抽样复检合格率不低于 97% 时，应判定该验收批合格。若仍小于 97% 时，该验收批，应逐个检验，合格后方可出厂。当连续 10 个验收批 1 次抽检均合格时，验收批抽检比例，可由 10% 减为 5%。检验项目应符合表 2.7-12 的规定。

灌浆套筒外观、标记、外形尺寸检验项目　　　　　　　　　　表 2.7-12

检验项目		判定依据	检验方法	
外观		5.4.1～5.4.4	《钢筋连接用灌浆套筒》 JG/T 398—2019	6.2.1.1
标记		5.4.5		
外形 尺寸	外径	5.2.1、5.2.2、5.3	《钢筋连接用灌浆套筒》 JG/T 398—2019	
	长度	5.1.3、5.3		
	最小内径	5.1.7、5.3		
	壁厚	5.1.1、5.1.5、5.3		
	剪力槽	5.1.4、5.3		6.2.1.4
	螺纹中径	5.1.8、5.3		6.2.1.2
	螺纹小径	5.1.6、5.3		6.2.1.1

（2）灌浆套筒抗拉强度检验：灌浆套筒连续生产时，1年宜至少做1次灌浆套筒抗拉强度试验。以同原材料、同类型、同规格的灌浆套筒为一个验收批，随机抽取3个灌浆套筒试件进行检验。

当每个试件都满足要求时，应判定为该验收批合格。当有1个试件不合格时，应再随机抽取6个试件进行抗拉强度复检。当复检的试件全部合格时，可判定该验收批合格。如果复检试件中，仍有1个试件不合格，则判定该验收批为不合格。

7. 型式检验

1）有下列情况之一时，应进行型式检验：

灌浆套筒产品定型时；灌浆套筒材料、工艺、结构发生改变时；与灌浆套筒匹配的灌浆料型号、成分发生改变时；钢筋强度等级、肋形发生变化时；型式检验报告超过4年时。

2）灌浆套筒型式检验项目，应包括灌浆套筒外观、标记、外形尺寸和钢筋套筒灌浆连接接头型式检验。

3）试件制备和数量应符合下列规定：

（1）对每种类型、级别、规格、材料、工艺的同径钢筋套筒灌浆连接接头，应进行型式检验。接头试件和灌浆料拌合物试件的制作，应符合 JGJ 355—2015 规定的套筒灌浆连接接头型式检验试件要求，接头试件数量不应少于12个。其中，对中单向拉伸试件不应少于3个，偏置单向拉伸试件不应少于3个，高应力反复拉压试件不应少于3个，大变形反复拉压试件不应少于3个。灌浆料拌合物 40mm×40mm×160mm 的试件不应少于1组，并宜留置不少于2组。同时应另取3根钢筋试件做抗拉强度试验。

（2）用于型式检验的接头试件，应在型式检验单位监督下，由送检单位制作。接头试件制作前，应由型式检验单位，先对送样接头试件的灌浆套筒外观、标记、外形尺寸、匹配灌浆料、钢筋或钢筋丝头进行检验。检验合格后，由接头技术提供单位，按规定的匹配灌浆料拌合物的制备、灌注工艺及旋紧力矩值，进行注浆和装配制成接头试件，同时制成 40mm×40mm×160mm 的灌浆料拌合物试件。接头试件和灌浆料拌合物试件，应在标准养护条件下养护。型式检验试件应采用未经预拉的试件。

（3）进行型式检验试验时，灌浆料拌合物试件的抗压强度不应小于 $80N/mm^2$，不应大于 $95N/mm^2$。当灌浆料拌合物试件的 28d 抗压强度合格指标（f_g）高于 $85N/mm^2$ 时，型式试验时灌浆料拌合物试件的抗压强度低于 28d 抗压强度合格指标（f_g）的数值不应大于 $5N/mm^2$，且超过 28d 抗压强度合格指标（f_g）的数值不应大于 $10N/mm^2$ 与 0.1（f_g）二者的较大值。当型式检验试验，灌浆料拌合物试件的抗压强度低于 28d 抗压强度合格指标（f_g）时，应增加检验灌浆料拌合物试件的 28d 抗压强度。

4）当外观、标志、外形尺寸检验、强度检验、变形检验的检验试验结果符合规定时，应判定灌浆套筒为合格。

8. 试验方法和要求

灌浆套筒原材料检验，应在灌浆套筒批量加工前进行。

1）检验项目

灌浆套筒原材料检验项目，应符合表 2.7-13 的规定。

灌浆套筒原材料检验项目   表 2.7-13

检验项目	机械加工灌浆套筒	铸造灌浆套筒	判定依据		检验方法	
材料力学性能	√	√	《钢筋连接用灌浆套筒》JG/T 398—2019	5.2.1、5.2.2	《钢筋连接用灌浆套筒》JG/T 398—2019	6.1.1
球化率	—	√		5.2.1		6.1.2
硬度	—	√		5.2.1		6.1.3
材料外观、尺寸	√	√		5.2.1、5.2.2		6.1.4

注："√"为必检项目，"—"为非检项目。

2）组批规则和判定规则

材料性能试验，应以同钢号、同规格、同炉（批）号的材料为一验收批。

力学性能、球化率、硬度以及外观和尺寸检验每验收批，应分别抽取 3 个试样，且每个试样应取自不同根材料上。

按表 2.7-13 规定的检验项目检验，若 3 个试样均合格，则该批材料应判定为合格。若有 1 个试样不合格，应加倍抽样复检，复检全部合格时，仍可判定该批材料合格。若复检中仍有 1 个试样不合格，则该批材料应判定为不合格。

3）力学性能

（1）取样与试样制备

铸造灌浆套筒材料性能取样，应采用单铸试块的方式，试样制备应符合《球墨铸铁件》GB/T 1348—2019 的规定。采用机械加工工艺的灌浆套筒材料性能取样，应通过原材料的方式，取样位置和试样制备应符合《钢及钢产品 力学性能试验取样位置及试样制备》GB/T 2975—2018 的规定。

（2）试验方法

灌浆套筒材料力学性能试验方法应按《金属材料 拉伸试验 第 1 部分：室温试验方法》GB/T 228.1—2021 的规定进行。

4）球化率

铸造灌浆套筒，宜采用本体试样，从灌浆套筒中间位置，取垂直套筒轴线的环状横截面试样，试样制备应符合《金属显微组织检验方法》GB/T 13298—2015 的规定。按照《球墨铸铁金相检验》GB/T 9441—2009 的规定进行，测量 3 个球化差的视场，取平均值。

5）硬度

铸造灌浆套筒，宜采用本体试样，也可采用同等条件下，单铸试块的方式。采用直径为 2.5mm 的硬质合金球，试验力为 1.839kN，取 3 点，试验方法按《金属材料 布氏硬度试验 第 1 部分：试验方法》GB/T 231.1—2018 的规定进行。

6）外观和尺寸

灌浆套筒材料外观检验，可采用目测方法。尺寸检验，应采用游标卡尺或专用量具。

7）外形和尺寸

（1）灌浆套筒外观检验可采用目测。外径、壁厚、长度、凸起、内径检验，应采用游标卡尺或专用量具，卡尺精度不应低于 0.02mm。灌浆套筒外径，应在同一截面相互垂直的两个方向测量，取其平均值。壁厚的测量，可在同一截面相互垂直两方向测量套筒内径，取其平均值，通过外径、内径尺寸计算出壁厚。当灌浆套筒为不等壁厚结构时，应按产品设计图，测量其拉伸力最大处，并记为套筒壁厚值。对于外径为光滑表面的套筒，可采用超声波测厚仪，测量厚度值。

（2）内螺纹中径，应使用螺纹塞规检验。外螺纹中径，应使用螺纹环规检验。内螺纹小径和外螺纹大径可用光规或游标卡尺测量。

（3）灌浆连接段凹槽大孔，应使用内卡规检验，卡规精度不应低于 0.02mm。

（4）剪力槽数量可采用目测。

剪力槽宽度和凸台轴向宽度、径向高度，应采用游标卡尺或专用量具检验。也可采用纵向截面剖切后，测量确定。

（5）全灌浆套筒的轴向定位点深度，应使用钢板尺、卡尺或专用量具检验。

2.7.9 灌浆套筒连接件检测及试验

1. 基本规定

1）套筒灌浆连接的钢筋应采用符合现行国家标准《钢筋混凝土用钢 第 2 部分：热轧带肋钢筋》GB 1499.2—2018、《钢筋混凝土用余热处理钢筋》GB 13014—2013 要求的带肋钢筋；钢筋直径不宜小于 12mm，且不宜大于 40mm。

2）灌浆套筒应符合现行行业标准《钢筋连接用灌浆套筒》JG/T 398—2019 的有关规定。灌浆套筒灌浆端最小内径与连接钢筋公称直径的差值，不宜小于表 2.7-14 中规定的数值。

灌浆套筒灌浆段最小内径尺寸要求　　　　　　　　　　　　　表 2.7-14

钢筋直径(mm)	套筒灌浆段最小内径与连接钢筋公称直径差最小值(mm)
12～25	10
28～40	15

3）钢筋套筒灌浆连接接头的抗拉强度不应小于连接钢筋抗拉强度标准值，且破坏时应断于接头外钢筋，即满足表 2.7-15 中 I 级接头抗拉强度要求。

I 级接头极限抗拉强度　　　　　　　　　　　　　　　　　表 2.7-15

接头等级	I 级	
极限抗拉强度	$\int_{mst}^{0} \geq f_{stk}$	钢筋拉断
	或 $\int_{mst}^{0} \geq 1.10 f_{stk}$	连接件破坏

注：1. 钢筋拉断是指断于钢筋母材、套筒外钢筋丝头和钢筋镦粗过渡段；
　　2. 连接件破坏是指断于套筒、套筒纵向开裂或钢筋从套筒中拔出以及其他连接组件破坏。

4）灌浆套筒进厂（场）时，应抽取灌浆套筒并采用与之匹配的灌浆料制作对中连接接头试件，并进行抗拉强度检验，检验结果均应符合第 3）条的规定。

检查数量：同一批号、同一类型、同一规格的灌浆套筒，不超过 1000 个为一批，每批随机抽取 3 个灌浆套筒制作对中连接接头试件。

检验方法：检查质量证明文件和抽样检验报告。

2. 型式试验

1）属于下列情况时，应进行接头型式检验：

确定接头性能时；灌浆套筒材料、工艺、结构改动时；灌浆料型号、成分改动时；钢筋强度等级、肋形发生变化时；型式检验报告超过 4 年。

2）每种套筒灌浆连接接头型式检验的试件数量与检验项目，应符合下列规定：

（1）对中接头试件应为 9 个，其中 3 个做单向拉伸试验、3 个做高应力反复拉压试验、3 个做大变形反复拉压试验。

（2）偏置接头试件应为 3 个，做单向拉伸试验。

（3）钢筋试件应为 3 个，做单向拉伸试验。

（4）全部试件的钢筋均应在同一炉（批）号的 1 根或 2 根钢筋上截取。

3）用于型式检验的套筒灌浆连接接头试件应在检验单位监督下由送检单位制作，对接头形式、灌浆料的要求，应符合《钢筋连接用套筒灌浆料》JG/T 408—2019、《钢筋连接用灌浆套筒》JG/T 398—2019 中相关规定。

4）型式检验的试验方法应符合现行行业标准《钢筋机械连接技术规程》JGJ 107—2016 的有关规定，并应符合下列规定：

（1）接头试件的加载力应符合 JGJ 355—2015 第 3.2.5 条的规定。

（2）偏置单向拉伸接头试件的抗拉强度试验，应采用零到破坏的一次加载制度。

（3）大变形反复拉压试验的前后反复 4 次变形加载值，应取 JGJ 355—2015 第 5.0.6 中给定值。

5）当型式检验的灌浆料抗压强度符合 JGJ 355—2015 第 5.0.5 条的规定，且型式检验试验结果符合下列规定时，可评为合格：

（1）强度检验：每个接头试件的抗拉强度实测值均应符合 JGJ 355—2015 第 3.2.2 条的强度要求；3 个对中单向拉伸试件、3 个偏置单向拉伸试件的屈服强度实测值均应符合 JGJ 355—2015 第 3.2.3 条的强度要求。

（2）变形检验：对残余变形和最大力下总伸长率，相应项目的 3 个试件实测值的平均值，应符合 JGJ 355—2015 第 3.2.6 条的规定。

6）型式检验应由专业检测机构进行，并应按 JGJ 355—2015 第 A.0.1 条规定的格式出具检验报告。

2.7.10 连（拉）接件检测及试验

1. FRP 连接件

1）尺寸偏差

FRP 连接件横截面尺寸的允许偏差应符合《预制保温墙体用纤维增强塑料连接件》JG/T 561—2019 中表 2.7-16 的要求。加工尺寸允许偏差，应符合表 2.7-17 的要求。

FRP 连接件横截面尺寸允许偏差（单位：mm）　　　　　表 2.7-16

规定尺寸	允许偏差
$t \leqslant 12$	+0.2,0
$12 < t \leqslant 38$	+0.3,0
$38 < t \leqslant 50$	+0.4,0
$50 < t \leqslant 100$	+0.6,0

FRP 连接件加工尺寸允许偏差（单位：mm）　　　　　表 2.7-17

项目	允许偏差
长度	+1.5,0
槽宽	+1.0
槽深	+0.5

2）力学性能

（1）FRP 连接件的拉伸性能和层间剪切性能，应符合表 2.7-18 的规定。

FRP 连接件拉伸性能和层间剪切性能要求　　　　　　表 2.7-18

项目	指标要求
拉伸强度标准值 f_{tk}（MPa）	≥700
拉伸弹性模量 E（GPa）	≥40
层间剪切强度标准值 f_{vk}（MPa）	≥30

注：表中各项强度为具有 95% 保证率的标准值，弹性模量为平均值。

（2）FRP 连接件的抗拔承载力和抗剪承载力，应符合表 2.7-19 的规定。

FRP 连接件抗拔承载力和抗剪承载力要求　　　　　　表 2.7-19

项目	保温层厚度 l_3（mm）				
	$15 \leqslant l_3 \leqslant 30$	$30 < l_3 \leqslant 50$	$50 < l_3 \leqslant 70$	$70 < l_3 \leqslant 90$	$90 < l_3 \leqslant 120$
拉伸强度标准值 R_{tk}（kN）	≥6.0				
层间剪切强度标准值 R_{vk}（kN）	≥1.1	≥1.0	≥0.9	≥0.8	≥0.7

注：1. 表中各项承载力为按《预制保温墙体用纤维增强塑料连接件》JG/T 561—2019 中 7.4 规定的试验方法测得的承载力标准值；

　　2. 当预制保温墙体的保温层厚度大于 120mm 时，所采用 FRP 连接件的抗拔承载力和抗剪承载力，应有可靠的试验依据。

3）出厂检验

（1）出厂检验项目，应符合表 2.7-20 的规定。

出厂检验项目　　　　　　表 2.7-20

序号	检验项目	取样数量	试验方法
1	外观检验	1%	目测
2	纤维含量	5	《玻璃纤维增强塑料树脂含量试验方法》GB/T 2577—2005
3	尺寸和尺寸偏差	1%	游标卡尺测量
4	材料拉伸强度和拉伸弹性模量	5	《纤维增强复合材料筋基本力学性能试验方法》GB/T 30022—2013、《纤维增强塑料拉伸性能试验方法》GB/T 1447—2005、《预制保温墙体用纤维增强塑料连接件》JG/T 561—2019 中 7.4 的规定
5	材料层间剪切强度	5	《纤维增强塑料　短梁法测定层间剪切强度》JG/T 773—2010、JG/T 561—2019 中 7.4 的规定
6	材料弯曲强度和弯曲弹性模量	5	《纤维增强塑料弯曲性能试验方法》GB/T 1449—2005、JG/T 561—2019 中 7.4 的规定

（2）应以连续生产的同原材料、同类型、同截面尺寸的 50000 个连接件为一个验收批。当一次性生产不足 50000 个时，以此次生产的全部数量为一个验收批。

（3）外观、尺寸和尺寸偏差检验，采用一次随机抽样，每批取样数量为 1%。纤维含量、材料拉伸强度和拉伸弹性模量、材料层间剪切强度、材料弯曲强度和弯曲弹性模量检验采用二次随机抽样。第一次样本数，每批每项各为 5 个。第二次样本数，每批每项各为 5 个。

（4）判定规则：

① 采用一次随机抽样时，所抽取样本全部符合要求或仅有一个不符合要求时，应判定该批为合格，否则应判定该批不合格。

② 采用二次随机抽样时，第一次所抽样本全部符合要求则判定该批合格，这时要求材料拉伸强度、层间剪切强度和弯曲强度测试值不低于标准规定的强度标准值，材料拉伸弹性模量和弯曲弹性模量测试值不低于标准规定的弹性模量平均值。如有 2 个或 2 个以上不符合要求，应判定该批不合格。当有 1 个样本不符合要求时则进行第二次抽样，当第二次所抽样本全部符合要求应判定该批合格，否则应判定该批不合格。

4）型式检验

（1）型式检验项目，应符合表 2.7-21 的规定。

型式检验项目　　　　　　　　　　表 2.7-21

检验项目	取样数量	试验方法
外观检验	5	目测
纤维含量	5	GB/T 2577—2005
尺寸和尺寸偏差	5	游标卡尺测量
材料拉伸强度和拉伸弹性模量	5	GB/T 30022—2013、GB/T 1447—2005、JG/T 561—2019 中 7.4 的规定
材料层间剪切强度	5	JC/T 773—2010、JG/T 561—2019 中 7.4 的规定
材料弯曲强度和弯曲弹性模量	5	GB/T 1449—2005、JG/T 561—2019 中 7.4 的规定
材料耐久性能	5	GB/T 34551—2017 和 JG/T 561—2019 附录 A
连接件抗拔承载力	5	JG/T 561—2019 附录 B
连接件抗剪承载力	40	JG/T 561—2019 附录 C

注：连接件抗剪承载力检验取 5 个抗剪试件，每个试件包含 8 个连接件。

（2）有下列情况之一时，应进行型式检验：

新产品的试制定型鉴定；正式生产后，材料及工艺有较大变动；产品停产一年以上，重新恢复生产时；正常生产时，每满 3 年；出厂检验的结果与上次型式检验有较大差异时。

（3）取样数量：

外观、尺寸和尺寸偏差、纤维含量、材料拉伸强度和拉伸弹性模量、材料层间剪切强度、材料弯曲强度和弯曲弹性模量、材料耐久性能检验，从同原材料、同类型的材料中抽取，取样数量为 5 个；连接件抗拔承载力检验，从同原材料、同类型、同规格的连接件中抽取，取样数量为 5 个；连接件抗剪承载力检验，从同原材料、同类型、同规格的连接件中抽取，取样数量为 40 个。

（4）判定规则：

所检项目，全部合格，判定型式检验合格，否则判定型式检验不合格。

2．钢制拉结件

1）一般规定

（1）板式拉结件的钢板、夹式拉结件及针式拉结件的钢棒、桁架式拉结件的腹杆，应由不锈钢制成。同一拉结件中，不应采用不同类型的不锈钢材料，且宜采用相同牌号的不锈钢材料。

（2）不锈钢材料的牌号、化学成分、热工参数等，应符合现行国家标准《不锈钢和耐热钢牌号及化学成分》GB/T 20878—2007 的有关规定。拉结件用不锈钢材料，宜采用统一数字代号为 s304××、s316×× 的奥氏体型不锈钢。对大气环境腐蚀性高的工业密集区及沿海地区，应采用统一数字代号为 s316×× 的奥氏体型不锈钢或奥氏体-铁素体（双相）型不锈钢。

（3）拉结件用不锈钢材料在 100℃ 下的导热系数不应大于 17.0W/(m·K)。

（4）拉结件的锚筋，宜采用热轧带肋钢筋，其性能应符合现行国家标准《钢筋混凝土用钢 第 2 部分：热轧带钢筋》GB/T 1499.2—2018 的有关规定。不应采用冷加工钢筋。

（5）桁架式拉结件的弦杆，应采用带肋钢筋，其与不锈钢腹杆的焊接性能，应满足拉结件的受力要求。

2）尺寸偏差

（1）针式拉结件的构造，应符合下列规定：

① 宜由一根不锈钢棒连续弯折而成，且直径不宜小于 3mm。

② 开口端应采取波纹或弯折等加强锚固措施。

③ 锚固于内、外叶墙板的深度不宜小于 50mm，端部弯折时锚固深度不宜小于 30mm。

④ 端部混凝土保护层厚度不应小于 5mm。

（2）夹式拉结件的构造，应符合下列规定：

① 不锈钢棒的直径不宜小于 5mm。

② 宜采用双肢构造。

③ 每根不锈钢棒的开口端，宜采取 180° 弯钩等锚固措施。

④ 锚筋应穿设于不锈钢棒的弯弧内或采取其他可靠连接措施，锚筋构造应满足拉结件的锚固要求，且锚筋直径不宜小于 8mm。

⑤ 交叉的不锈钢棒，宜呈 90° 夹角。

⑥ 锚固于内、外叶墙板的深度不宜小于 50mm。

⑦ 端部混凝土保护层厚度不应小于 5mm。

（3）板式拉结件的构造，应符合下列规定：

① 不锈钢板的厚度不宜小于 1.5mm。

② 端部应开孔，开孔的最小尺寸不宜小于 6mm，且应满足锚筋穿设要求。

③ 锚筋构造，应满足拉结件的锚固性能要求，且锚筋直径不宜小于 6mm，总长不宜小于 400mm。

④ 锚固于内、外叶墙板的深度不宜小于 50mm。

⑤ 端部混凝土保护层厚度不应小于 5mm。

（4）桁架式拉结件的构造，应符合下列规定：

① 腹杆宜由一根不锈钢棒，连续弯折而成。不锈钢腹杆及钢筋弦杆的直径，均不宜小于 5mm。

② 腹杆每个弯折部位应与弦杆呈两点接触并可靠焊接。

③ 锚固于内、外叶墙板的深度不应小于 25mm。

④ 钢筋弦杆的混凝土保护层厚度，不宜小于 20mm。不锈钢腹杆的混凝土保护层厚度，不宜小于 5mm。

（5）拉结件的外观质量检验要求，应符合表 2.7-22 的规定。

拉结件外观质量检验要求 　　　　　　　　　　　　　　　表 2.7-22

检验部位	检验标准	检验方法
杆件或板件	平整、光洁、无隐裂、无毛刺	观察
焊接部位	无脱焊、漏焊	

（6）拉结件的尺寸允许偏差，应符合表 2.7-23 的规定，检验方法均为尺量。

拉结件尺寸允许偏差及检验方法 　　　　　　　　　　　　　表 2.7-23

拉结件类型	检验项目	允许偏差（mm）
板式	长度/宽度	±2
	孔直径	±0.5
	孔中心位置	1
	钢板厚度	按《不锈钢冷轧钢板和钢带》GB/T 3280—2015 和《不锈钢热轧钢板和钢带》GB/T 4237—2015
夹式	直线段长度	±2
	弯弧直径	±2
	夹角	±2°
	钢棒直径	按《不锈钢棒》GB/T 1220—2007 和《不锈钢冷加工钢棒》GB/T 4226—2009
桁架式	桁架节点间距	±2
	高度（弦杆外皮距离）	±3
	弦杆总长度	±3
	钢棒直径	按 GB/T 1220—2007 和 GB/T 4226—2009
针式	直线段长度	±2
	波浪段长度	±1
	宽度	±2
	钢棒直径	按 GB/T 1220—2007 和 GB/T 4226—2009

3）力学性能

① 拉结件用不锈钢棒，应符合现行国家标准《不锈钢棒》GB/T 1220—2007 和《不

锈钢冷加工钢棒》GB/T 4226—2009 的有关规定。拉结件用不锈钢板，应符合现行国家标准《不锈钢冷轧钢板和钢带》GB/T 3280—2015 和《不锈钢热轧钢板和钢带》GB/T 4237—2015 的有关规定。

拉结件中不锈钢棒、不锈钢板的力学性能应符合表 2.7-24 的规定，表中力学性能的试验方法应符合《金属材料拉伸试验 第 1 部分：室温试验方法》GB/T 228.1—2010 的有关规定。

拉结件中不锈钢棒、不锈钢板的力学性能　　　　　　　表 2.7-24

拉结件类型	规定塑性延伸强度 $R_{p0.2}$（N/mm²）	抗拉强度 R_m（N/mm²）	断后伸长率 A（%）
板式、夹式	≥350	≥600	≥20
针式	≥600	≥800	≥10
桁架式	≥350	≥600	≥30

② 拉结件用不锈钢材料的名义屈服强度标准值应按其规定塑性延伸强度 $R_{p0.2}$ 确定，抗拉、抗压强度设计值可按名义屈服强度标准值除以抗力分项系数 1.165 确定，抗剪强度设计值可按抗拉强度设计值除以 $\sqrt{3}$ 确定。常用不锈钢材料的弹性模量可取为 1.93×105N/mm²，泊松比可取为 0.30。

4）出厂检验

（1）出厂检验项目及方法，应符合表 2.7-25 的规定。

出厂检验项目及方法　　　　　　　　　　　　表 2.7-25

检验项目	取样数量	质量要求	检验方法
外观质量	每批随机抽取 1% 且不少于 5 件	《预制混凝土夹心保温外墙板用金属拉结件应用技术规程》T/BCMA 002—2021 第 A.1.6 条	观察
外形尺寸偏差	每批随机抽取 1% 且不少于 5 件		游标卡尺量测
材料化学成分	每批随机抽取 3 件，每件制作 1 个试样	GB/T 1220—2007、GB/T 4226—2009、GB/T 3280—2015、GB/T 4237—2015	
材料力学性能	每批随机抽取 5 件，每件制作 1 个拉伸试样	T/BCMA 002—2021 第 4.0.4 条	GB/T 228.1—2010

（2）出厂检验组批规则：

应以连续生产的同一规格、同一材料的 50000 个拉结件为一个检验批。当一次性生产不足 50000 个时，以此次生产的全部数量为一个检验批。

（3）出厂检验判定规则应符合下列要求：

① 对外观质量及外形尺寸偏差，所抽样本全部符合要求或仅有 1 个样本不符合要求时，应判定为合格，否则应判定为不合格。

② 对材料化学成分，所有试样的检测值均符合要求时，应判定为合格，否则应判定为不合格。

③ 对材料力学性能，所有试样的检测值均符合要求时，应判定为合格。如有 2 个或 2 个以上不符合要求时，应判定为不合格。当有 1 个试样不符合要求时可加倍取样复检，当

复检结果全部符合要求时方可判定为合格，否则应判定为不合格。

5）进厂检验

（1）在拉结件进厂时，应检查其质量证明文件。

拉结件质量证明文件应包括产品型式检验报告、产品出厂检验报告、产品合格证等。

检查型式检验报告时应核查下列内容：

① 工程中应用的各种规格拉结件的型式检验报告，应齐全，报告应合格有效。

② 型式检验报告送检单位应与拉结件实际提供单位一致。

③ 型式检验报告中的拉结件规格及材料应与实际使用的产品一致。

④ 型式检验报告中的混凝土立方体抗压强度实测值，不应高于实际使用的混凝土强度等级。

⑤ 型式检验报告内容应符合 T/BCMA 002—2021 附录 A 的有关规定。

（2）拉结件进厂后，应按批检验外观质量和尺寸偏差，且应符合下列规定：

① 同一厂家、同一规格、同一批号的拉结件，每 50000 件为一批，每批应随机抽取 5 件。

② 检验方法和检验结果，应符合 T/BCMA 002—2021 附录 A 的有关规定。

（3）拉结件进厂后，应按批进行材料化学成分检验，且应符合下列规定：

① 同一厂家、同一规格、同一批号的拉结件，每 50000 件为一批，每批应随机抽取 3 件，且每件制作 1 个试样。

② 检验方法和检验结果，应符合 T/BCMA 002—2021 第 4.0.2 条和附录 A 的有关规定。

（4）拉结件进厂后，应按批进行材料力学性能检验，且应符合下列规定：

① 同一厂家、同一规格、同一批号的拉结件，每 50000 件为一批，每批应随机抽取 3 件，且每件制作 1 个拉伸试样。

② 不锈钢棒、不锈钢板的检验项目包括规定塑性延伸强度、抗拉强度和断后伸长率，检验方法和检验结果，应符合 T/BCMA 002—2021 第 4.0.4 条和产品技术资料的要求。

③ 桁架式拉结件中，钢筋的检验项目包括屈服强度或规定塑性延伸强度、抗拉强度和伸长率，检验方法和检验结果，应符合国家现行有关标准的要求。

6）型式检验

（1）有下列情况之一时，应进行型式检验：

新产品的定型鉴定；正常生产时，每满 3 年；产品的设计、材料、工艺、生产设备等有较大改变；停产一年以上恢复生产；出厂检验结果与上次型式检验有较大差异时。

（2）型式检验项目及方法，应符合表 2.7-26 的规定。取样应从型式检验，所针对的同一规格、同一材料的拉结件中，随机抽取。

型式检验项目及方法 表 2.7-26

检验项目	取样数量	质量要求	检验方法
外观质量	随机抽取 5 件	T/BCMA 002—2021 第 A.1.6 条	观察
外形尺寸偏差	随机抽取 5 件		游标卡尺量测
材料化学成分	随机抽取 3 件，每件制作 1 个试样	GB/T 1220—2007、GB/T 4226—2009、GB/T 3280—2015、GB/T 4237—2015	

检验项目	取样数量	质量要求	检验方法
材料力学性能	随机抽取 5 件， 每件制作 1 个拉伸试样	T/BCMA 002—2021 第 4.0.4 条	GB/T 228.1—2010
受拉承载力	随机抽取至少 5 件， 每件制作 1 个受拉试件	符合产品设计要求	T/BCMA 002—2021 附录 B
受剪承载力	随机抽取至少 10 件， 每 2 件制作 1 个受剪试件		T/BCMA 002—2021 附录 C
受压承载力	随机抽取至少 5 件， 每件制作 1 个受压试件		T/BCMA 002—2021 附录 D

对桁架式拉结件，可不进行受压承载力检验。

对针式拉结件，可不进行受剪承载力和受压承载力检验。

（3）型式检验判定规则：对所有检验项目的所有试样，均符合要求时，判定型式检验合格，否则判定型式检验不合格。

（4）对拉结件的承载力，型式检验报告中，应包括各试件的承载力实测值及对应破坏形态。同时应注明，试件所采用的拉结件的规格、材料和混凝土立方体抗压强度实测值。

2.8　工厂组织管理

2.8.1　工厂管理组织机构

1. 管理层及组织架构

1）一般要设 PC 工厂厂长 1 人、书记 1 人、总工 1 人、安全总监 1 人、副厂长 2 人。也可以根据企业自身的管理模式进行设定，相应的职责也要作相应调整。

具体组织架构如图 2.8-1 所示。

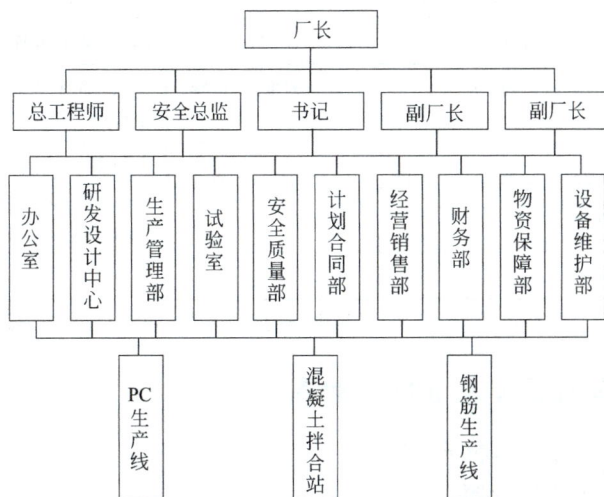

图 2.8-1　PC 工厂组织结构

2）一个正规的 PC 工厂应有以下部门，也可以根据生产任务的多少、企业管理模式的差异进行个性化的调整和岗位合并。但为确保工厂的正常运转和产品质量，部门管理职责不能缺失。

（1）办公室、研发设计中心、生产管理部、试验室、安全质量部、计划合同部、经营销售部、财务部、物资保障部、设备维护部。

（2）PC 构件生产车间（含钢筋生产线、拌合站）：混凝土拌合班组、钢筋生产班组、模板整修组装班组、钢筋网片运输安装班组、构件混凝土运输浇筑班组、构件生产班组（赶平、抹光、养生、起吊、运输等）、机械维修班组。

2. 工厂各部门职责分工

PC 工厂各部门职责分工及人员组成见表 2.8-1。

PC 工厂各部门职责分工及人员表　　　　　表 2.8-1

部门名称	部门职责	人员组成	人数
办公室	工厂日常管理、上下级接洽、党务工作、工会工作、出差考勤等	主任、副主任、部员、司机等	5 人
研发设计中心	装配式建筑的结构设计、预制生产工艺设计、安装施工工艺设计、BIM 技术应用	主任、建筑、结构、水、电等设计工程师、BIM 建模师等	10 人
生产管理部	PC 构件预制生产、装配施工、产品存放管理、生产进度管控、试验室管理等	部长、部员	3 人
试验室	原材料、半成品、成品试验检测，各种配合比设计与优化，现场试验检测等	主任、试验员	5 人
安全质量部	车间安全生产、工厂安全管理、构件预制质量、质量回访、维修等	部长、安全工程师	3 人
计划合同部	下达预制生产计划、合同管理、成本管理、经济效益分析等	部长、部员	3 人
经营销售部	完成销售订单、产品销售、客户回访	部长、部员	5 人
财务部	工资发放、资金管理、参与经济效益分析等	部长、出纳	3 人
物资保障部	各种原材料、辅助件的采购、点验、入库、出库、结余等	部长、部员、仓库保管员	4 人
设备维护部	PC 生产线、钢筋生产线、拌合站等设备的维护、检修、维护等	部长、部员、强弱电工程师、机械工程师	4 人
PC 构件车间（含拌合站、钢筋生产线）	构件混凝土拌制、钢筋加工、PC 构件生产、养护、运输、存放等	车间主任、副主任、技术主管、技术员、质检员、安全员、试验员、材料员、操作手、司机、电工等	12 人
			57 人

注：可根据职能分工和人员素质的实际情况进行部门设置的适当调整，以及人员组成的适当增减。

2.8.2　PC 车间管理人员岗位职责

1. PC 车间主任工作内容和岗位职责

1）PC 车间主任的工作内容

全面负责管理车间生产、质量、安全、进度等工作，以及拌合站的生产管理工作。

（1）上班前工作

① 提前 30min 进入工厂车间。

② 复查车间内环境卫生状况，营造良好的车间工作环境。

③ 检查当天生产的准备工作：

做好生产前的准备工作，复核生产线设备、模具、工装、工具、钢筋网片、桁架筋、砂石料、水泥、外加剂、辅料等及报检、检查表格资料等是否齐全；构件生产的重难点和工序、流程的安排是否已进行技术交底和落实等。

④ 召开早会，确认当天的生产目标和工作计划：确认车间实到人员，有无缺勤人员；通报昨天生产完成情况和当天改进要求、生产目标和工作计划；传达上级指令。

（2）上班中工作

① 追踪查看所有员工生产作业、车间安全员制止违章作业的情况。

② 查看生产工序的执行情况：查找由于生产工序不平衡，导致流水线出现停滞、生产效率降低的原因。

③ 追踪不合格品原因：当发现有不合格构件时，从流水线节拍、设备故障、原辅材料本身质量、员工技能、意外因素等方面，进行查找原因并立即整改。

（3）下班前工作

① 检查所辖车间内的卫生及安全事项。

② 检查当日工作，安全防护是否达标及达标状况。

③ 检查次日生产前的准备工作是否完善。

④ 回顾和记录，当日工作安排情况，并制定改进计划。

2）PC 车间主任的岗位职责

① 掌握 PC 构件的生产流程，掌握 PC 构件、钢筋、混凝土等生产线，以及各工序之间的关系，确保实现生产目标。

② 根据生产计划，提出生产方面的建议。

③ 确保车间里各生产系统的正常运转，对各个生产环节进行有计划、有组织地检查整改，营造文明、安全和无污染、绿色的生产环境。

④ 采取各种措施，降低生产成本，对人员、进度、质量和成本，进行管理和提出改进建议。

⑤ 根据上级的生产任务，布置、落实生产计划，并及时传达上级要求。

⑥ 根据生产计划和产业工人的职能不同，做好工作分工，提高生产效率。

⑦ 及时、主动处理处置生产过程中出现的质量、安全、技术、环保、职业健康等问题。

⑧ 开好每日班会，与其他部门进行沟通协调，保证车间生产的正常进行。

⑨ 根据车间考核管理办法，定期对下属人员，进行考评、培训、升迁和转职申报。

⑩ 对超过自己权限的事，及时报上级处置。

2. 车间技术主管岗位职责

车间技术主管岗位职责包括：

1）对预制构件生产技术及生产质量负直接责任，指导生产人员开展有效的技术管理工作。

2）提出贯彻改进预制构件生产的质量目标和措施。

3）负责预制构件生产过程控制。

4）负责构件预制生产技术交底并制定构件生产计划。

5）对构件生产过程质量、安全工作负领导责任并直接指导。

6）依据预制构件质量目标，制定质量管理工作规划，负责质量管理，行使质量监察职能。

7）落实工厂预制构件生产中新材料、新技术、新工艺的推广应用工作。

8）落实工厂质量体系审核，制订本部门不合格项的纠正和预防措施，进行整改和验证。

3. 质检员岗位职责

质检员岗位职责包括：

1）预制构件生产的质量检查管理工作。

2）负责预制构件生产过程隐蔽工程检查及预制构件出厂质量检查工作，监控预制构件生产质检工作的具体实施情况，包括技术实施、质量、成品保护等。

3）及时上报质量问题。

4）参与预制构件生产中新材料、新技术、新工艺的推广应用工作。

5）参与质量体系审核，制订本部门不合格项的纠正和预防措施，进行整改和验证。

4. 安全员岗位职责

安全员岗位职责包括：

1）负责构架预制生产中的安全管理工作。

2）编制和呈报安全计划、安全专项方案和制定具体的安全措施。

3）定期组织安全检查，如有问题及时监督整改。

5. 材料员岗位职责

材料员岗位职责包括：

1）负责各类辅助件、辅助材料的采购与发放、登记工作。

2）负责本车间内小型工器具（扁担梁、接驳器、扳手等）的分发、收回等管理工作。

3）参与预制构件生产中新材料、新技术、新工艺的推广应用工作。

4）参与质量体系审核，制订本部门不合格项的纠正和预防措施，进行整改和验证。

6. 试验员岗位职责

试验员岗位职责包括：

1）负责车间内混凝土、钢筋保温板、连接件等抽样试验及检测工作。

2）负责原材料及混凝土质量控制，并对生产质量进行有效的监控。

3）负责对混凝土及原材料质量情况进行统计分析，定期向主管领导上报资料。

4）参与预制构件生产中新材料、新技术、新工艺的推广应用试验工作。

5）参与质量体系审核，制订本部门不合格项的纠正和预防措施，进行整改和验证。

7. 技术员岗位职责

技术员岗位职责包括：

1）负责编写下发 PC 构件生产、钢筋加工的技术交底，监督、检查预埋件的定位及安装。

2) 负责构件生产中各工序质量控制，并做好记录，每天做生产日志。

3) 按生产进度计划的要求，安排工班的工作，并对工班组进行安全、生产技术交底的实施、监督、检查。

4) 参与预制构件生产中新材料、新技术、新工艺的推广应用工作。

5) 参与质量体系审核，制订本部门不合格项的纠正和预防措施，进行整改和验证。

2.9　游牧式 PC 工厂简介

2.9.1　游牧式 PC 工厂布置

游牧式工厂，也就是设在建筑工地上的 PC 构件预制厂。

由于是靠近建筑工地，具有运距近、投资少、布置灵活等诸多优点。在目前建筑施工中，一些超宽、超高的大型 PC 构件，通常在现场游牧式工厂预制生产。

2.9.1.1　设置原则

1. 根据预制构件数量以及施工进度计划，确定工厂规模，满足需要即可。

2. 工厂的地质条件应满足构件预制场地的承载力要求。其中预制台座、堆场对地基要求较高，应选择地质条件好或者易于改造的场地。

3. 根据施工工地上空余场地的大小，因地制宜、灵活多变地布设游牧式工厂，兼顾构件的临时存储。将预制构件的模台建在塔吊辐射范围内，可大大节省构件的转运成本。

4. 根据施工现场装配计划，进行构件的预制生产，尽可能随预制随养护随安装，减小临时堆场的存货量。

2.9.1.2　布置内容

游牧式预制工厂分为预制区、存放区、搅拌站（或采用商品混凝土）、钢筋制作区、仓库等不同区域。办公区与生活区可与其他区域协调布置。

2.9.2　PC 构件施工工艺

1. 长条形固定模位法

现场场地宽阔平整时，可采用长条形固定模位法（如长线台座）预制生产构件。现场实景图如图 2.9-1 所示。

每跨龙门吊下可设 2～4 条长条形固定模位，在跨中设车辆通道。龙门吊最大吊重不小于 10t，起吊高度不小于 9m，每个龙门吊设主副吊钩。龙门吊主要用于组装模板、安装钢筋网片、浇筑混凝土、起吊和装运构件。

龙门吊基础采用钢筋混凝土条形基础，龙门吊行走轨道采用 43 轨，并用专用轨道压片紧固。

构件成品存放区与构件预制区紧邻，以减少构件入库存放距离。

2. 方块状模台固定模位法

现场条件相对狭小、零碎，不宜采用长条形固定模位时，需要根据现场情况合理布设方块状固定模台。可采用龙门吊、汽车吊辅助进行模板组装、混凝土浇筑、构件吊运。现场实景如图 2.9-2 所示。

图 2.9-1　长线台座实景图

图 2.9-2　点状固定模台实景图

可灵活布设 PC 构件临时存放区。

3. 模台设计、养护及装运

采用定型钢模台或混凝土台座加贴钢板作为构件预制底模。

根据预制生产季节的不同、施工进度计划的安排，采用覆盖洒水、喷洒养护剂、养护罩蒸汽养生等不同的养护方式。

现场设移动式翻板机，满足外墙板、内墙板等薄板构件的起吊要求。

因场地内运输距离短，一般采用改装平板车进行构件的水平运输。

2.9.3　游牧式 PC 工厂平面布置

游牧式构件预制厂平面布置如图 2.9-3 所示。

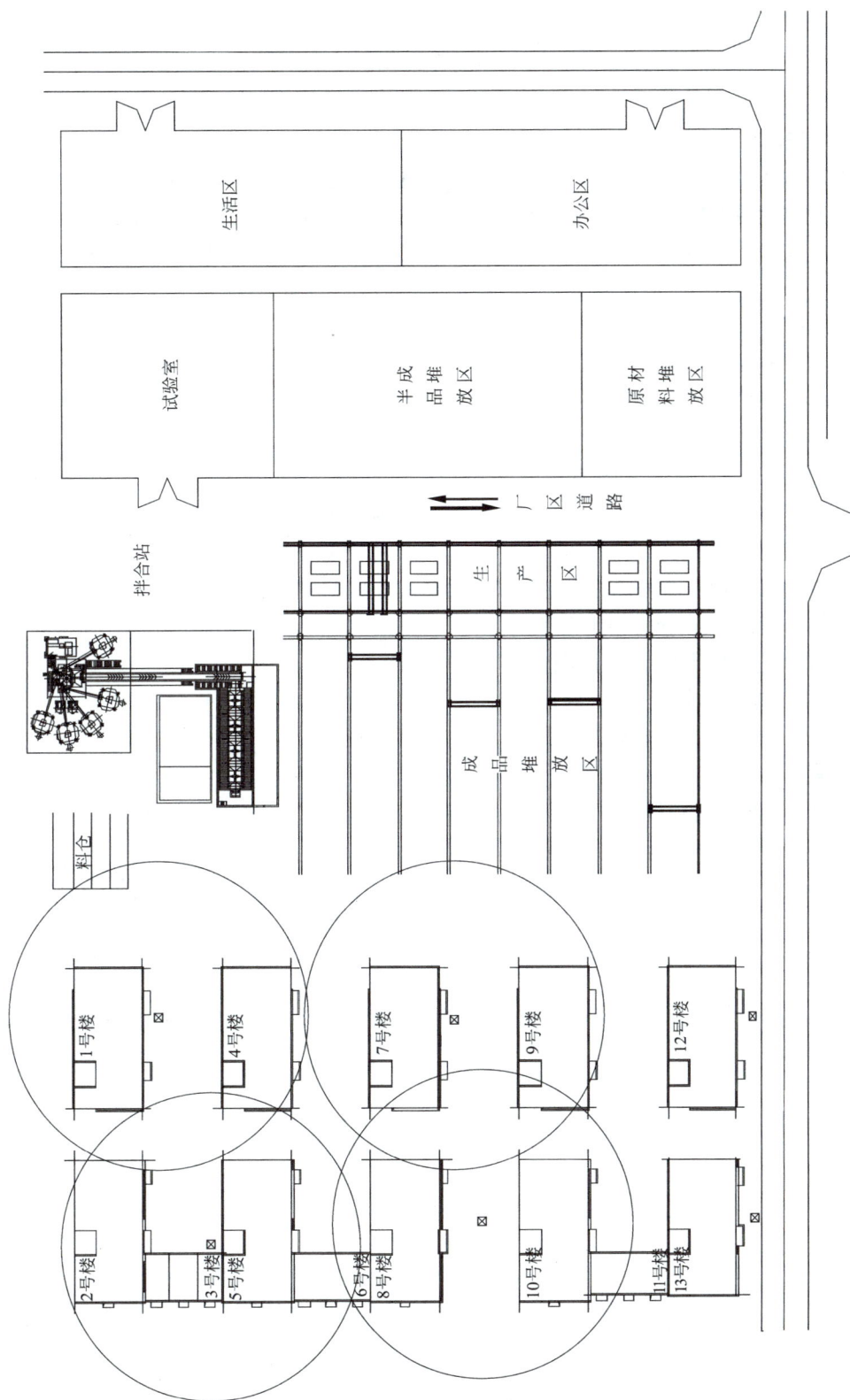

图2.9-3 ×××项目构件预制厂平面布置图

2.10 思考与练习

一、填空题

1. 员工出入厂区必须凭_____或_____通行，违者门卫有权禁止出入。

2. 原材料运输车辆进场后，必须在_____指定的卸货地点卸货，不得私自卸货。

3. 车间工作人员每日生产完成后，如有多余的物料，应及时交由_____退回仓库，并登记。

二、单选题

1. 厂区车辆及长期在厂区停放通行的个人车辆，需持有办公室发放的（   ）。

A. 车辆行驶证   B. 车辆驾驶证

C. 车辆合格证   D. 车辆通行证

2. 原材料车辆进场后，司机应（   ）。

A. 谨慎驾驶   B. 高速驾驶

C. 急转急停   D. 任意便道超车

3. 关于库房管理的以下说法中，错误的是（   ）。

A. 严禁闲散人员在仓库中走动和逗留

B. 严禁在仓库内吸烟或使用明火

C. 同种货物应码放在一起，标识朝内

D. 每日下班前，检查电器是否关闭，仓库是否上锁

三、简答题

简述仓库管理的管理目标。

2.10 思考与练习答案

教学单元 3

Chapter 03

准备工作

教学目标

1. 了解 PC 构件深化设计流程。
2. 掌握 PC 构件原材料制备和检测要点。
3. 了解 PC 构件制作常用辅助工具、预留预埋件的用途。
4. 掌握模具种类及组成，模具设计、制作及使用维修要求。
5. 了解钢筋半成品加工工艺。
6. 了解产业工人管理与培训要求。

思政目标

1. 树立严谨务实的工作态度，培养踏实敬业的工作作风。
2. 培养对民族工业和民族品牌的认同感和责任感。
3. 深化岗位认知，强化岗位归属感。

思维导图

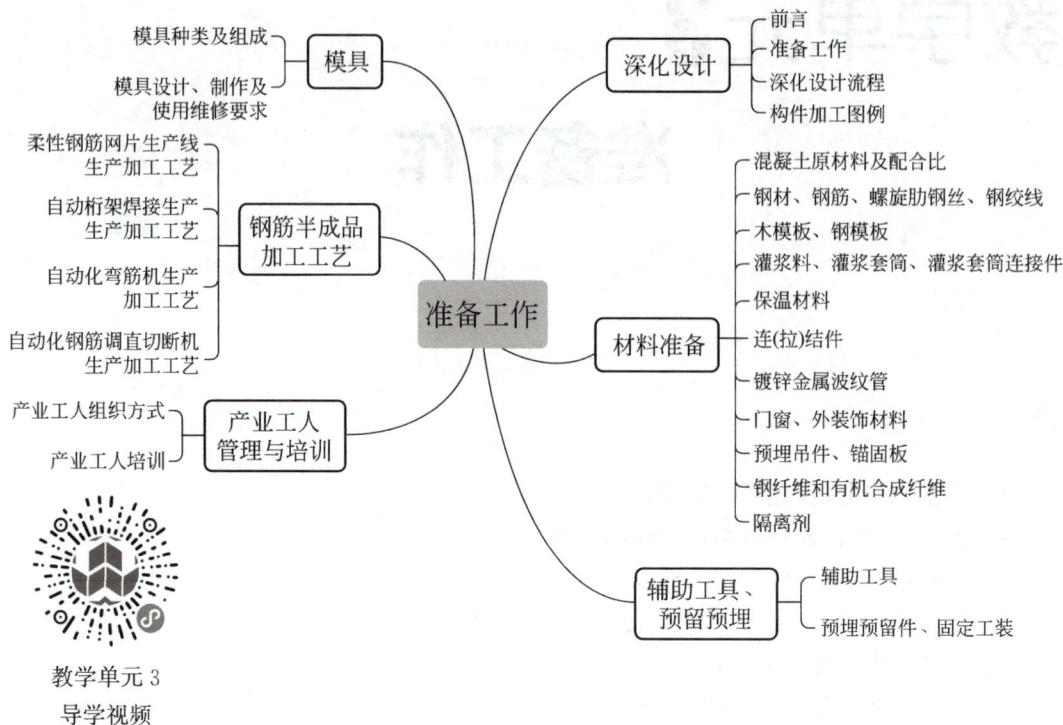

教学单元 3
导学视频

3.1 深化设计

3.1.1 前言

区别于传统建筑设计与施工（现浇）之间的流转模式，深化设计是在装配式建筑的设计基础上进行的二次设计，是预制生产、施工安装之前不可割舍的一个环节。

深化设计是将目前不甚完整的装配式建筑设计，进行更深层次地设计、分解、细化，要具体到每一块墙板、叠合板、叠合梁、预制柱等 PC 构件生产与安装图纸。要绘制出总的构件平面布置图（即总装配图）、各种 PC 构件生产图（含钢筋布置图，灌浆套筒、保温连接器、线盒、水电暖气管线及预留孔洞、装饰装修预埋管道与挂点、构件起吊吊点、构件安装斜撑固定点等各专业预留预埋布置图），达到指导预制生产和现场装配施工的目的和要求。

就目前而言，可以运用 BIM（Building Information Modeling 建筑信息模型）技术，在 BIM 设计软件（例如 Autodesk Revit，下面均以 Revit 为例，进行深化设计的说明）中将各个 PC 构件模拟组装成一层或整栋装配式建筑，再嵌入已经建好的整个楼层的水电气等诸多管线和预留预埋件的模型。然后将这些管线和预留预埋件投影到每个构件面上的合理深度位置，碰撞检查调整修改后，形成一张张完整的构件预制生产图。

预制车间就可以根据每个构件的预制生产图和总体装配图，制定构件的预制生产施工计划和构件的预制生产顺序，统筹安排 PC 构件的预制生产。

这些工作就是装配式建筑中的 PC 构件的深化设计。它即可以消弭装配式建筑设计和组装构件时不能察觉的错、碰、漏，弥补设计与施工之间的断层。也可以模拟进行现场装配，防止后期施工中的返工与切割修补。

深化设计是装配式建筑开工前的关键一环，是装配式设计与施工之间的桥梁与纽带。

3.1.2　准备工作

1. 人员配置、分工

由于装配整体式建筑设计与传统现浇建筑设计的最大区别在于建筑、结构、水电等各专业的高度融合、设计图纸的高度细化、与预制生产的高度紧密结合，所以组建的深化设计团队也要专业全面、配备齐全，并应满足 PC 工厂深化设计工作的需要。具体配置如下：

建筑专业设计工程师：1 人，负责建筑专业相关的图纸审核。

结构专业设计工程师：3 人，负责结构专业相关的图纸审核，进行各构件的结构设计。汇总各专业相关的深化图纸，绘制出生产图纸。

给水排水专业设计工程师：1 人，负责给水排水专业相关的图纸审核，并在构件的深化图纸上对相关预留预埋结构进行定位，绘制出详图。

暖通专业设计工程师：1 人，负责暖通专业相关的图纸审核，并在构件的深化图纸上对相关预留预埋结构进行定位，绘制出详图。

电气专业设计工程师：1 人，负责有关强电弱电专业相关的图纸审核，并在构件的深化图纸上对相关预留预埋结构进行定位，绘制出详图。

BIM 建模工程师：2 人，负责绘制建筑物的建筑（Architecture）、结构（Structure）、设备（MEP）模型，以及综合模型的碰撞检查。同时完成该项目参建各方的其他要求，如：设计优化模拟、现场装配模拟、3D 模拟、4D 模拟、5D 模拟等。

深化设计小组有一名设计负责人。

2. 硬件与软件介绍与配置

1）硬件配置

当前深化设计中应用的 BIM 软件因为要进行大量的布尔运算，对电脑的硬件配置要求较高，推荐最低配置：Intel Core i5/8GB DDR3 内存/独立显卡（2G 显存）/500GB（5200 转），Windows 64 位操作系统。

如果需要进行较为复杂的建筑模型构建，建议使用更高性能的 BIM 工作站。

当前流行的硬件、软件配置详见表 3.1-1、表 3.1-2。

BIM 工作站硬件配置表　　　　表 3.1-1

电　脑	主要配置	数量
戴尔 Precision T7610 工作站	CPU：Inter（R）XeonCPUE5-2603 v2、内存：32GB、显卡：2×NVIDIA Quadro K5000（2×4GB）	2 台
戴尔 Precision M6800 移动工作站	CPU：酷睿 i7-4900MQ、内存：16GB、显卡：NVIDIA Quadro K4100M（4GB）	2 台
其他	不低于推荐配置	14 台

BIM 工作站软件配置表　　　　表 3.1-2

软件名称	版　本	软件功能
Revit	2020	模型制作、工程量统计、3D/4D/5D 演示

续表

软件名称	版 本	软件功能
Navisworks Manage	2020	碰撞检查、模拟施工、漫游、动画制作
YJK、PKPM	2020	结构计算
AutoCAD	2020	图纸处理
3ds Max	2020	动画渲染

2）目前国外 BIM 软件介绍

（1）欧特克公司（Autodesk）的 AutoCAD/Revit/Navisworks Manage 等系列软件，是目前最常用的 BIM 软件，被广泛应用于工业设计与制造业、工程建设行业、传媒娱乐业。在设计、制图及数据管理中，拥有业界领先的三维设计解决方案。该软件模拟精度很高，完全满足当前的建筑设计需要。但软件运行对电脑内存要求很高。

（2）奔特力公司（Bentley）系列软件。Bentley 产品在工厂设计（石油、化工、电力、医药等）和基础设施（道路、桥梁、市政、水利等）领域有无可争辩的优势。

（3）内梅切克公司（Nemetschek）的 ArchiCAD/AllPLAN/ VectorWorks 系列软件，是最早的一个具有市场影响力的 BIM 核心建模软件。Nemetschek 的另外两个产品，AllPLAN 主要市场在德语区，Vector Works 则是其在美国市场使用的产品名称。

ArchiCAD 软件在建筑专业设计中可以做得很好。Nemetschek 公司于 2007 年收购 Graphisoft ArchiCAD。ArchiCAD 对电脑内存要求不高。

（4）达索公司（Dassault）的 CATIA 系列软件，是全球最高端的机械设计制造软件，在航空、航天、汽车等领域具有接近垄断的市场地位。

3）国内 BIM 软件介绍

（1）广联达已经建立起了由建筑 GCL、钢筋 GGJ、机电 GQI 或 MagiCAD（2014 年收购）、场地 GSL、全专业 BIM 模型集成平台——BIM5D 等软件组成的全过程 BIM 应用系统。

广联达通过 GFC（Glodon Foundation Class）接口，实现了 BIM5D 中 Revit 数据的单向导入，快速对接算量软件。

（2）鲁班研发了鲁班土建、鲁班钢筋、安装、施工、总体等一系列 BIM 软件。鲁班通过 luban trans-revit 接口，实现鲁班软件中 Revit 数据的导入。

（3）盈建科（YJK）建筑结构设计软件系统。

YJK 是一套全新的集成化建筑结构辅助设计系统，功能包括结构建模、上部结构计算、基础设计、砌体结构设计、施工图设计和接口软件六大方面。YJK 是三维自主新平台，支持空间建模和跨楼层布置构件。一次性成图效果好，用户可直接用于设计出图，能实现与国内外流行建筑结构设计软件的导入转换。

YJK 与 Revit 数据转换接口，实现了 YJK 模型和 Revit 模型数据双向互通。支持 Revit Structure 2012，接口在数据转换时自动匹配族类型，智能处理连接关系。在 Revit 里可进行构件数据修改。

YJK 和 MIDAS 的双向接口软件，能使 YJK 与 MIDAS 模型相互转化，涵盖材料、截面、工况、荷载、边界条件等。

YJK 和 SAP2000 的双向接口软件，实现了 YJK 模型与 SAP2000 模型的互导。

通过 YJK 其他接口软件，实现 YJK 三维结构模型到 Tekla Structures、奔特力 AECOsim

Building Designer、达索 ABAQUS、ETABS、STAAD、PDS、PDMS 的快速转换。

（4）PKPM 结构应用简便，各种需要的数据自动读取，生成计算结果直接输出，设计过程和计算过程能很好地结合。

（5）目前，国内最早实现算量全过程应用的是柏慕进业 1.0～2.0BIM 标准化应用系统。

3. 深化设计依据

深化设计的依据有两个：一个是现行设计规程、标准、图集等资料；一个是设计单位提供的经过审图办审核盖章通过的整套施工图纸。

在进行深化设计前，应对现行的相关规程、标准、图集等进行了解，必要时应组织培训学习。除此之外，还应对行业内流通的拉结件、连接件、辅助件等各种配件产品的种类、性能等参数有所了解。

深化设计涉及的相关规程、标准、图集，见表 3.1-3。

3.1.3 深化设计流程

一般有两种深化设计的组织形式：一是预制生产企业组织自己的研发设计人员进行深化设计，然后将深化设计成果报请原设计单位审核确认后使用；二是委托原设计院或其他具有深化设计能力的公司进行深化设计。

相关规程、标准、图集清单　　　　　表 3.1-3

序号	名　称		编　号
1	装配式混凝土结构技术规程		JGJ 1—2014
2	钢筋机械连接技术规程		JGJ 107—2016
3	钢筋连接用灌浆套筒		JG/T 398—2019
4	钢筋连接用套筒灌浆料		JG/T 408—2019
5	钢筋套筒灌浆连接应用技术规程		JGJ 355—2015
6	建筑工程施工质量验收统一标准		GB 50300—2013
7	混凝土结构工程施工质量验收规范		GB 50204—2015
8	混凝土结构设计规范（2015 版）		GB 50010—2010
9	国家建筑标准设计图集	预制混凝土剪力墙外墙板	15G365-1
		预制混凝土剪力墙内墙板	15G365-2
		桁架钢筋混凝土叠合板（60mm 厚底板）	15G366-1
		预制钢筋混凝土板式楼梯	15G367-1
		预制钢筋混凝土阳台板、空调板及女儿墙	15G368-1
		装配式混凝土结构住宅建筑设计示例（剪力墙结构）	15J939-1
		装配式混凝土结构表示方法及示例（剪力墙结构）	15G107-1
		装配式混凝土结构连接节点构造	15G310-1
		装配式混凝土结构连接节点构造（剪力墙）	15G310-2

设计单位提供的一套经过审图办审核盖章通过的正规施工图纸应包含内容，见表 3.1-4。

施工图纸清单　　　　　表 3.1-4

序号	图纸名称	图纸签发
1	总目录	会签
2	建筑施工图	设计院资质章、图审章、注册建筑师资质章、会签

序号	图纸名称	图纸签发
3	结构施工图	设计院资质章、图审章、注册结构师资质章、会签
4	给水排水施工图	设计院资质章、图审章、会签
5	电气施工图	设计院资质章、图审章、会签
6	设备施工图	设计院资质章、图审章、会签
7	装配式专项说明	设计院资质章、图审章、注册结构师资质章、会签

在此，我们详细介绍应用 BIM 软件辅助进行深化设计工艺流程，如图 3.1-1 所示。

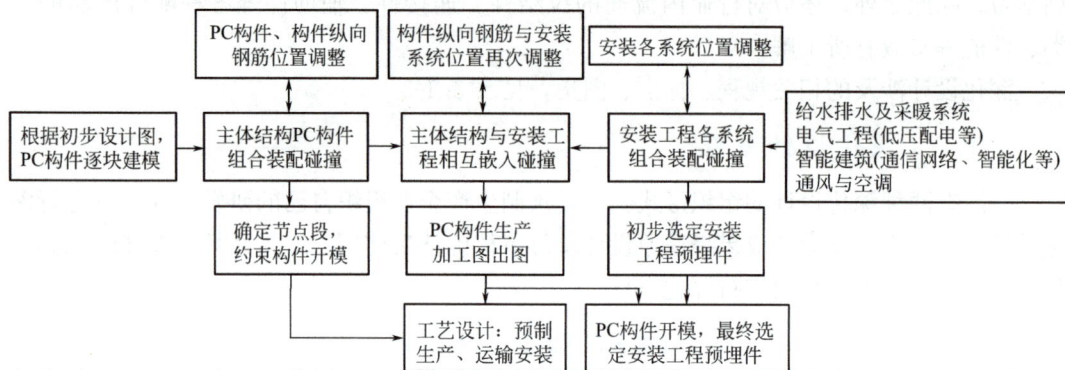

图 3.1-1　深化设计工艺流程

在建模之前，应建立符合企业自身情况的 BIM 标准。比如：软硬件标准、数据管理标准、族库标准、建模标准、命名标准、出图标准等，来规范各个专业的设计。

1. 建立辅助件族库

根据构件所需要各类辅助件类型、各供应商的产品参数创建各类辅助件模型，如：水电管线、各种线盒、桁架钢筋、钢筋连接套筒、三明治墙板拉结件、构件吊点、斜支撑等各类族库（图 3.1-2）。

一个族文件中还包含一个或多个更小的族文件"嵌套族"，例如钢筋连接套筒中的灌浆管。

根据水电管线、线盒、桁架筋、套筒等各类辅助件的尺寸绘制 3D 模型，将同类型的模型放置在同一个族库中。每个模型命名原则为"名称＋型号"，如：钢筋套筒 GTB4-16-A。详见图 3.1-3、图 3.1-4。

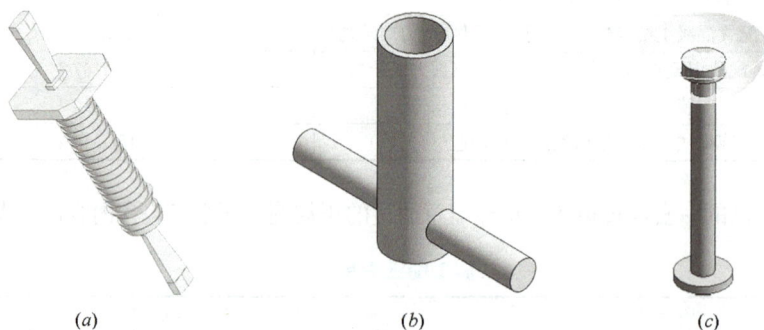

（a）　　　　　　　　　　　（b）　　　　　　　　　　（c）

图 3.1-2　辅助件族库（一）

（a）Thermomass 保温连接器；（b）内螺旋吊件；（c）圆头吊钉；

(d)   (e)   (f)

(g)   (h)   (i)

(j)   (k)   (l)

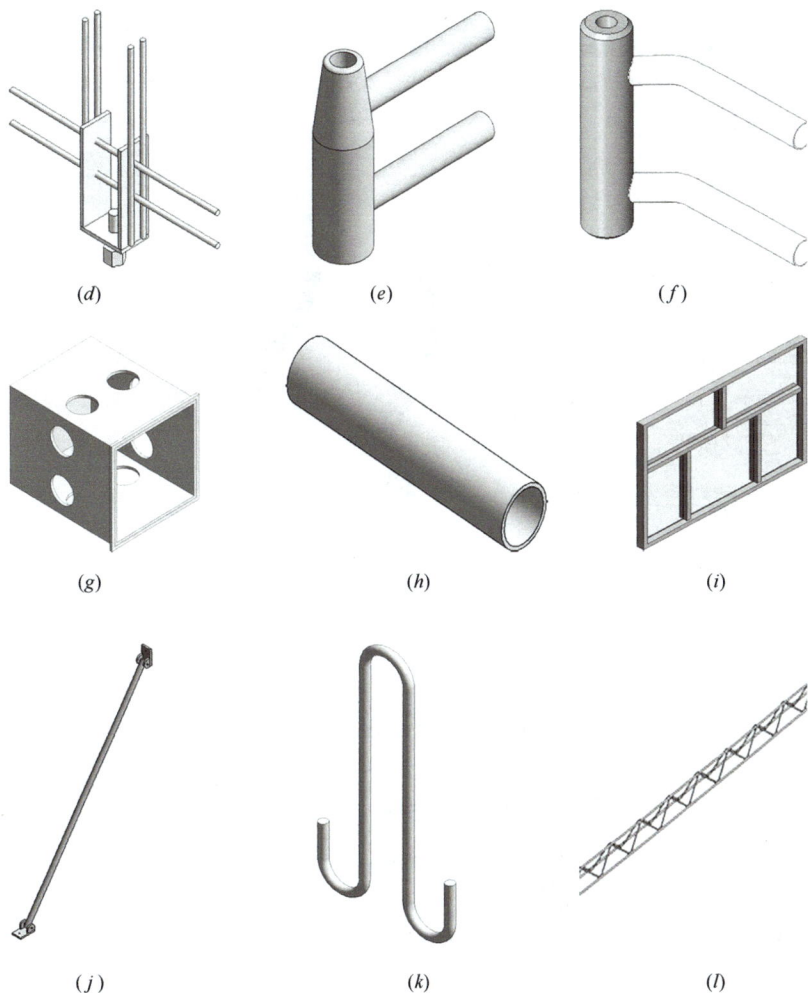

图 3.1-2 辅助件族库（二）

（d）外挂墙板连接件；（e）铸铁灌浆套筒 GTB4-12-A（带注浆管）；（f）钢制灌浆套筒 GT12（带注浆管）；
（g）86 线盒；（h）PVC 线管；（i）窗户；（j）斜支撑；（k）U 形吊环；（l）A80 桁架钢筋

2. 绘制构件模型（构件族）

建筑模型由多种 PC 构件组成，构件的结构也各不相同，尺寸不一。为了方便深化设计，在 Revit 软件中采用"族"的形式，根据现有图集建立各类的构件族库。

目前，装配式建筑常用的预制构件有：叠合板、楼梯、内墙（实心墙、夹心墙）、外墙（剪力墙、非剪力墙）、外挂墙板、柱、梁、空调板、阳台、女儿墙、飘窗、双 T 板、双面叠合混凝土夹心保温剪力墙板等（图 3.1-5）。在建筑物建模前，需要建立以上构件的族库。

在深化设计阶段，优先使用构件族库已有的构件族。如果没有满足要求的可选构件族，就可以进行编辑修改较为接近的已有构件族，或者创建新的构件族文件，并将新构件族加入到相应的族库中。

族库的建立和完善，将使得建模工作越来越快捷。随着装配式建筑标准化设计工作的逐渐进步，预制构件的标准化设计也将成为现实，那时构件的种类将会逐步固定下来，将会更适合工业化生产。

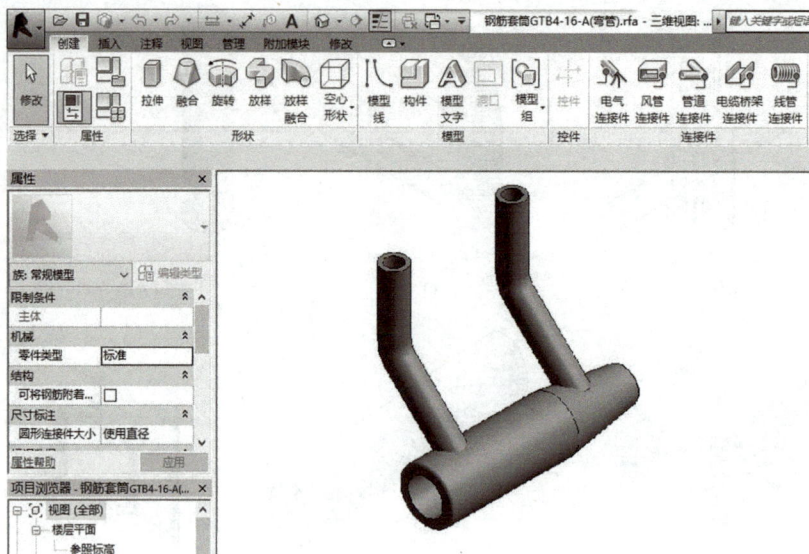

图 3.1-3　铸铁灌浆套筒模型（含灌浆管）

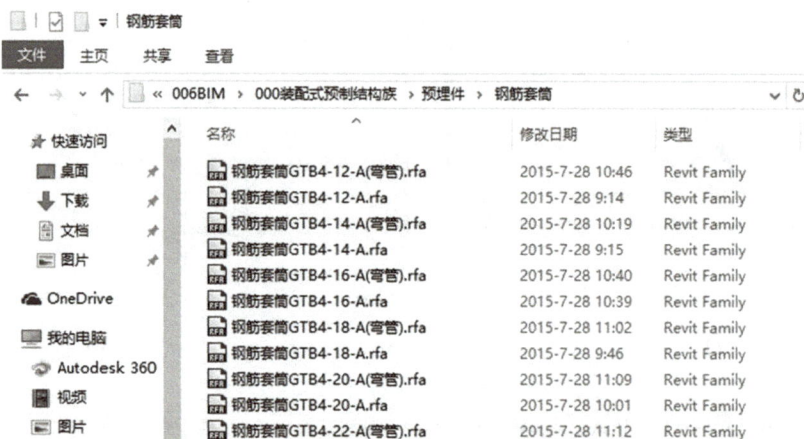

图 3.1-4　铸铁灌浆套筒族库

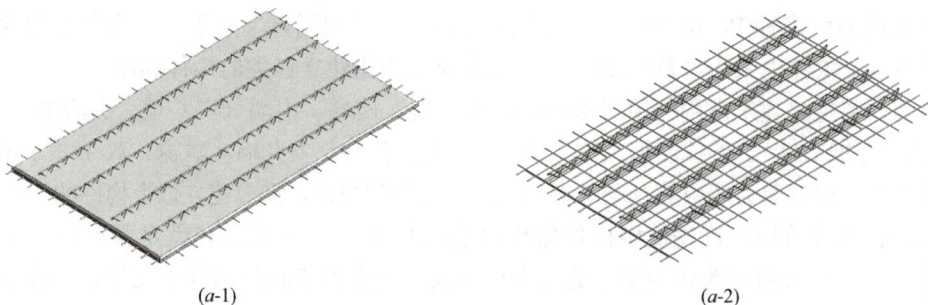

（a-1）　　　　　　　　　　　　　　　　　　（a-2）

图 3.1-5　常用装配式混凝土建筑 PC 构件（一）

（a-1）双向叠合板；（a-2）双向叠合板透视图

(b-1)

(b-2)

(c-1)

(c-2)

(d-1)

(d-2)

(e)

(f)

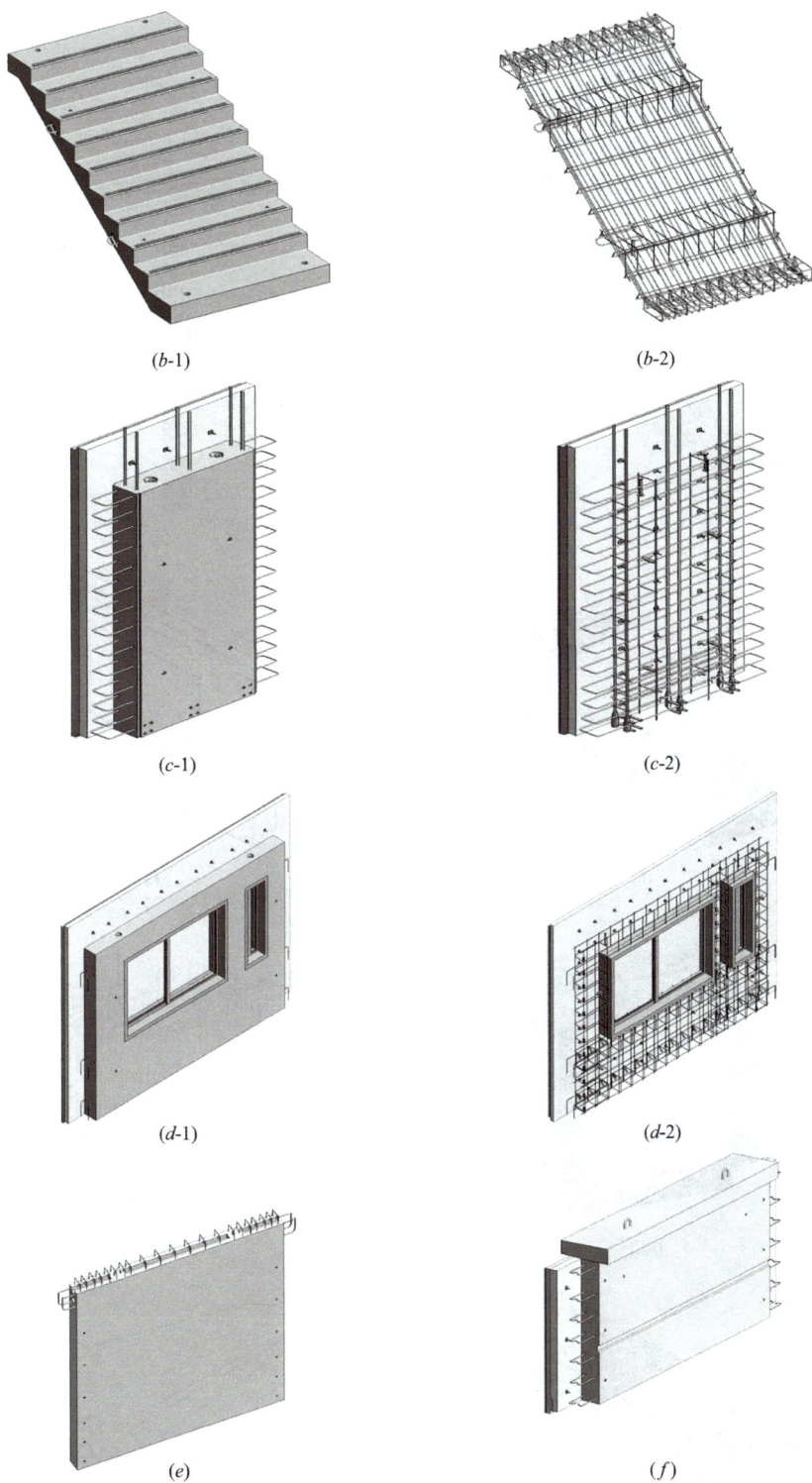

图 3.1-5　常用装配式混凝土建筑 PC 构件（二）

(b-1) 楼梯；(b-2) 楼梯透视图；(c-1) 剪力墙板；(c-2) 剪力墙板透视图；(d-1) 非剪力墙外墙板；
(d-2) 非剪力墙外墙板透视图；(e) 内墙板；(f) 女儿墙

(g)

(h)

(i)

(j)

(k)

(l)

(m-1)

(m-2)

(n)

(o)

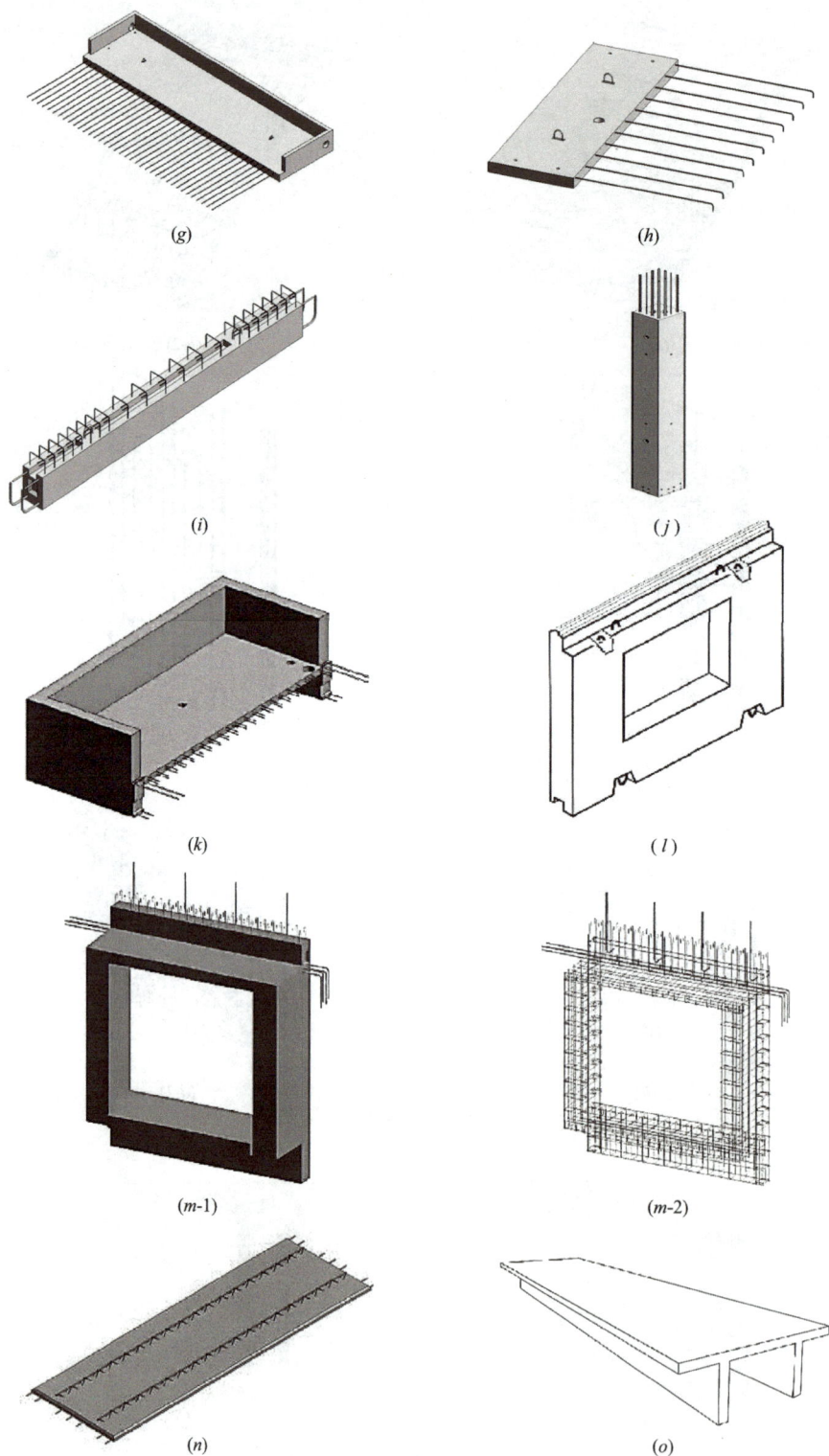

图 3.1-5　常用装配式混凝土建筑 PC 构件（三）

(g) 雨棚；(h) 空调板；(i) 叠合梁；(j) 预制柱；(k) 阳台板；(l) 外挂墙板；
(m-1) 飘窗板；(m-2) 飘窗板透视图；(n) 单向叠合板；(o) 预应力双 T 板

(p-1)　　　　　　　　　　　　　　　(p-2)

图 3.1-5　常用装配式混凝土建筑 PC 构件（四）

(p-1) 夹心保温叠合墙板；(p-2) 普通叠合墙板

3. 建立标准层的各专业模型

由于施工阶段可暂时不考虑建筑做法，所以在深化设计过程中，不用建立 Revit Architecture（建筑）模型。

根据结构施工图，绘制组合 Revit Structure（结构）模型（图 3.1-6、图 3.1-7），再根据电气、给水排水、设备、消防、避雷等各专业施工图，绘制标准层的 Revit MEP 中的机械、电气、给水排水（图 3.1-8）等模型。

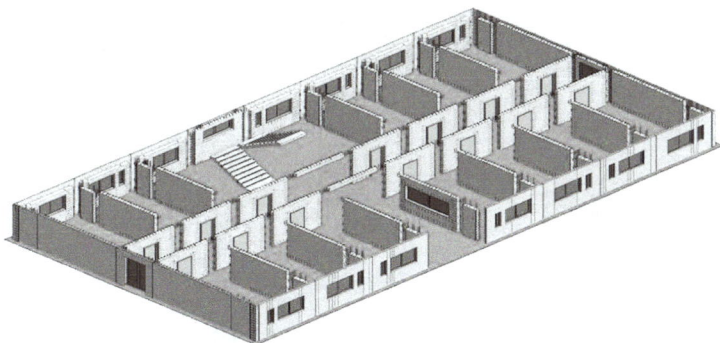

图 3.1-6　标准层结构模型（未盖叠合板）

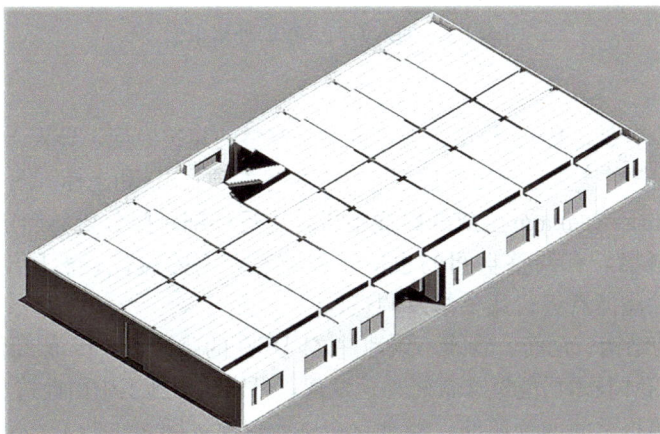

图 3.1-7　标准层结构模型（已盖叠合板）

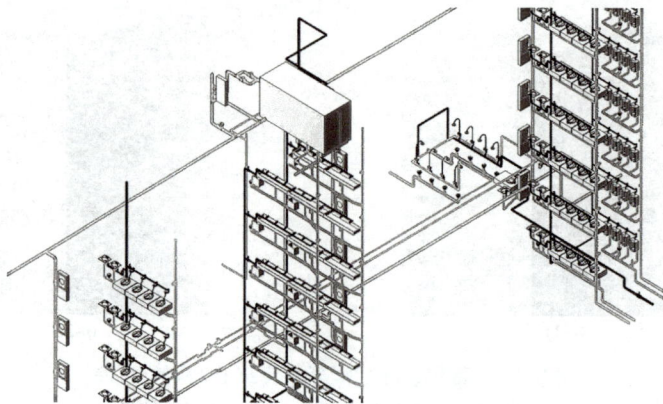

图 3.1-8　整栋楼给水排水模型（局部）

在深化设计过程中，应考虑到在施工过程中辅助结构的空间位置，在结构模型中嵌入辅助结构模型，并确定相应预埋件的准确坐标。

辅助结构包括：塔式起重机和电梯附着、测量孔、临时通道、吊装平台、外挂架、叠合板竖向支撑、内外墙斜向支撑（图 3.1-9）、现浇部分模板固定件等。

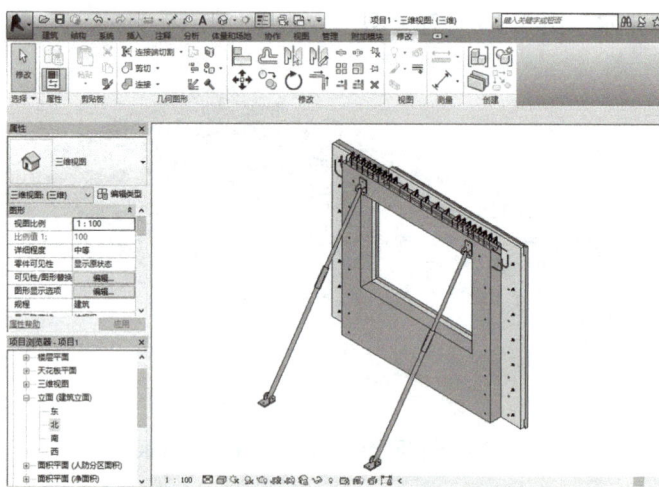

图 3.1-9　加入斜向支撑的外墙板模型

4. 组合碰撞

将已建成的各个专业 Revit 模型组合嵌入一个完整的建筑模型，导入 Navisworks Manage 中进行碰撞检查。软件会显示出碰撞位置、相互碰撞的项目 ID 和坐标（图 3.1-10）。

根据 Navisworks Manage 生成的碰撞报告，进行详细碰撞分析，确定必须调整的硬性碰撞。对于轻微碰撞，有调整空间的也应予以调整，消除碰撞。然后返回到 Revit 模型中，对可调的硬性碰撞点进行逐个修改调整。

设计过程中的结构、钢筋、管线、预埋件之间存在的碰撞，在传统二维图纸中是不易发现的，但在应用 BIM 技术后能够非常轻易地发现，可以减少施工中由此造成不必要的返工。

如叠合板与墙板之间的预留筋，经常存在碰撞现象（图 3.1-11）。不采用 BIM 技术进行碰撞优化调整，叠合板安装进度会大大降低。

碰撞检查的另一个重点是：建立辅助结构模型，模拟进行安装。找出碰撞位置后，优化调整，确定辅助结构的精确坐标。进而绘制出辅助结构布置详图，用于指导现场安装。

例如：根据模拟安装时的墙板斜支撑碰撞报告，调整斜支撑两端固定点的坐标，改变其几何位置和走向，达到相互避让的目的（图 3.1-12）。

(a)

(b)

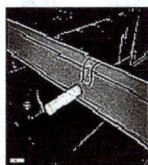

名称	碰撞1
距离	-0.032m
说明	硬碰撞
状态	新建
碰撞点	10.330m，-6.397m，2.419m
网格位置	C-S：1F
创建日期	2016/3/17 07:51:36

项目 1

元素 ID	565488
图层	1F
项目 名称	带配件的电缆桥架
项目 类型	实体

项目 2

元素 ID	697558
图层	1F
项目 名称	热水系统_钢管
项目 类型	线

(c)

图 3.1-10 碰撞检查（一）

（a）碰撞测试 1；（b）碰撞测试 2；（c）电缆桥架与热水管碰撞

名称	碰撞2
距离	-0.011m
说明	硬碰撞
状态	新建
碰撞点	-3.776m, -6.016m, 2.600m
网格位置	C-4：1F
创建日期	2016/3/17 07:54:18

项目 1

元素 ID	571056
图层	1F
项目 名称	电视分支器箱
项目 类型	实体

项目 2

元素 ID	965633
图层	1F
项目 名称	供热供水_镀锌钢管
项目 类型	线

(d)

图 3.1-10　碰撞检查（二）

（d）电视分支器箱与热水管碰撞

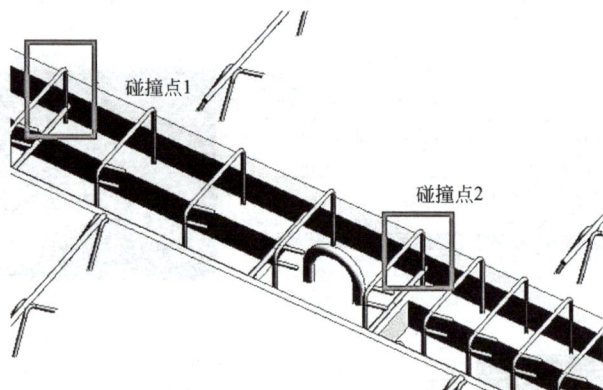

(a)

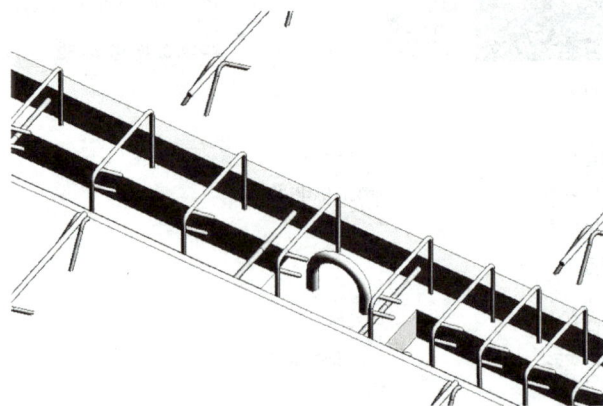

(b)

图 3.1-11　叠合板与墙板预留钢筋碰撞设计优化（局部）

（a）优化前碰撞检查；（b）优化后的检查核实

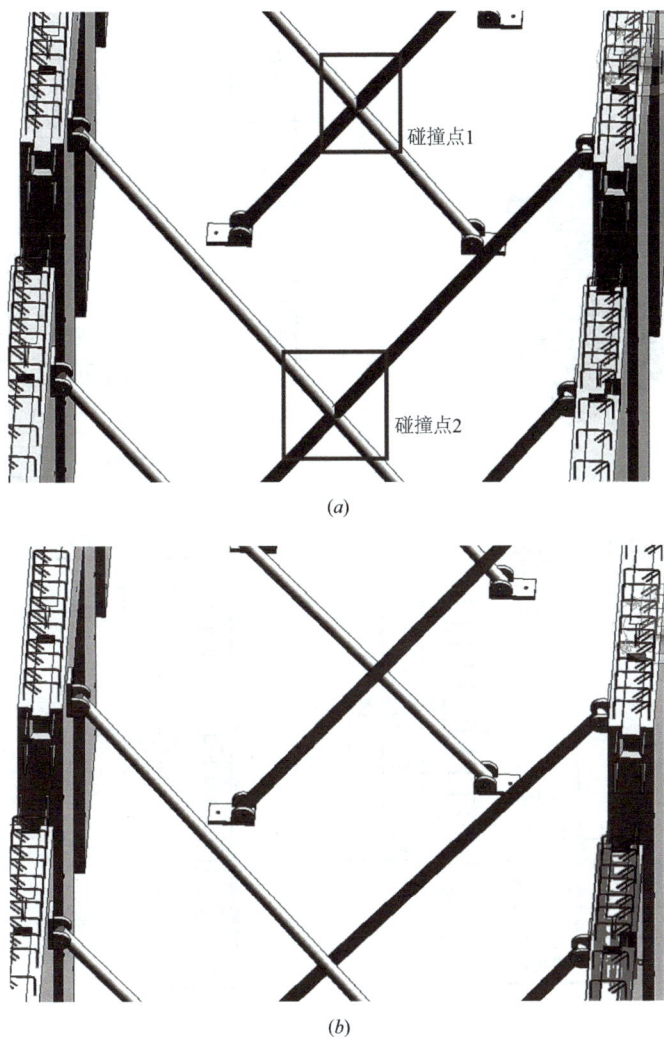

碰撞点1

碰撞点2

(a)

(b)

图 3.1-12　墙板斜支撑碰撞设计优化

(a) 优化前碰撞检查；(b) 优化后的检查核实

5. 优化后再次碰撞

BIM 工程师根据 Navisworks Manage 发现模型中的碰撞点，用 Revit 软件对结构、机电（电气、给水排水、消防、弱电等）等模型进行调整优化，然后再次把调整后的模型导入 Navisworks Manage 进行碰撞测试。

有些碰撞是可以忽略的，比如：预留预埋、管线接头等嵌入类型的结构，虽然往往会显示为碰撞点，但没必要修改。

碰撞检查与优化调整是一个反复进行的过程，通过这样不断优化模型和碰撞检测，就可以实现理想状态下的"零"碰撞。

6. 出图

运用 BIM 技术对建筑模型进行反复的碰撞测试和修改，最终经过建筑模型"零"碰撞检测合格后，利用 Revit 软件导出每个构件的 CAD 图纸，然后再使用 CAD 软件进行调整出图（图 3.1-13）。

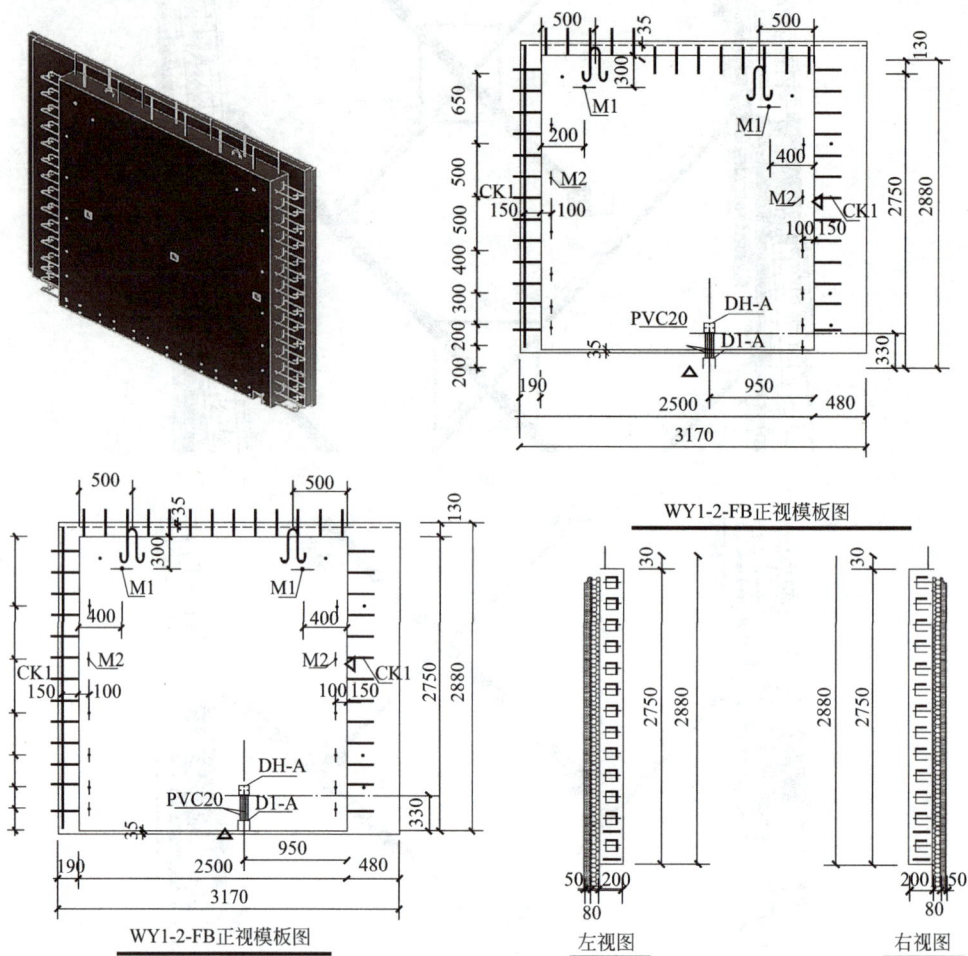

图 3.1-13　构件生产图纸

也可绘出 PC 构件 3D 图、平面图、立面图、剖面图、钢筋布置图、预埋件布置图和节点大样图、综合管线图等施工图。达到三维技术交底、指导构件预制生产、装配安装的目的。

7. 开模

PC 构件生产图经复核无误后，进行开模，即模具的设计与制造。

模具设计需要考虑以下因素：①模具的尺寸应符合《装配式混凝土结构技术规程》JGJ 1 以及地方标准的相关要求；②模具的刚度应满足至少 200 次以上循环使用；③模具表面的平整度应满足验收标准要求；④模具的安装拆卸应安全、方便；⑤应在满足生产工艺要求基础上进行模具设计，如三明治外墙板有"正打"和"反打"之分，所以模具设计时有"正打""反打"两种不同的模具设计。

8. 试生产与验证

在正式生产前应进行试生产，深化设计等相关人员应参与进来。检查深化设计是否合理，并仔细研究是否有需要改进的地方。

同时，通过试生产可以检查模具的可操作性，通过模具的优化修整，可以提高 PC 构件的生产效率。

通过试生产的构件，经检测，满足设计要求及验收标准后，方可正式批量生产。

3.1.4 构件加工图例

1）空调板加工图（图3.1-14）；

2）双向叠合板加工图（图3.1-15）；

3）楼梯板加工图（图3.1-16）；

4）内墙板加工图（图3.1-17）；

5）剪力墙外墙板加工图（图3.1-18）；

6）外挂墙板加工图（图3.1-19）。

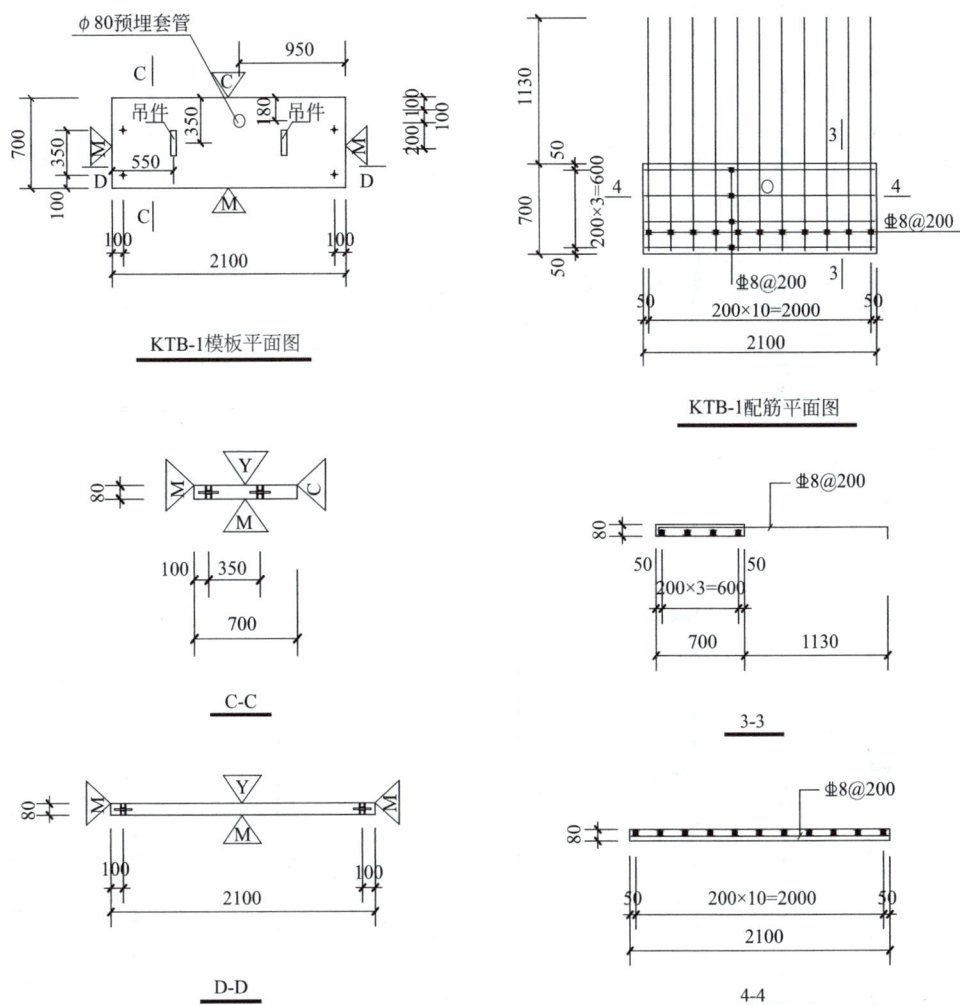

KTB-1模板平面图

KTB-1配筋平面图

C-C

3-3

D-D

4-4

图 3.1-14 空调板加工图（局部）

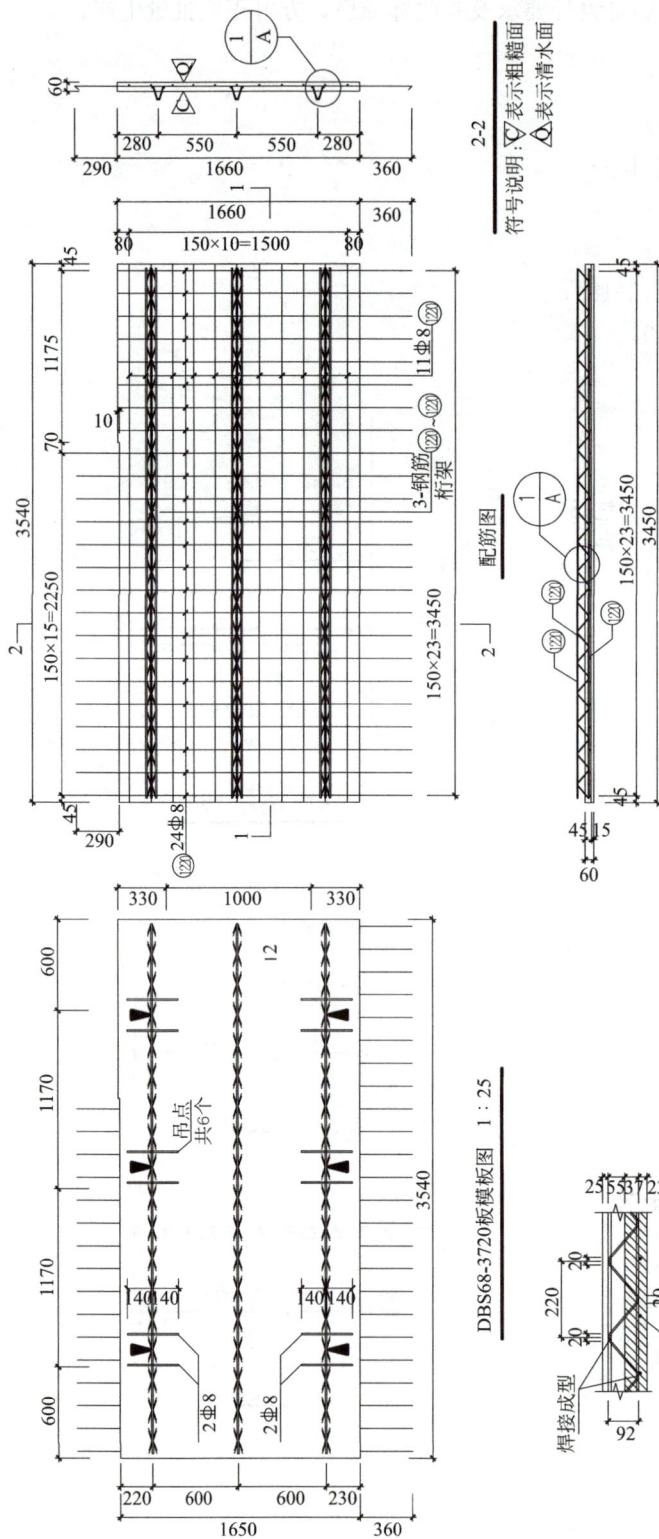

图3.1-15 双向叠合板加工图（局部）

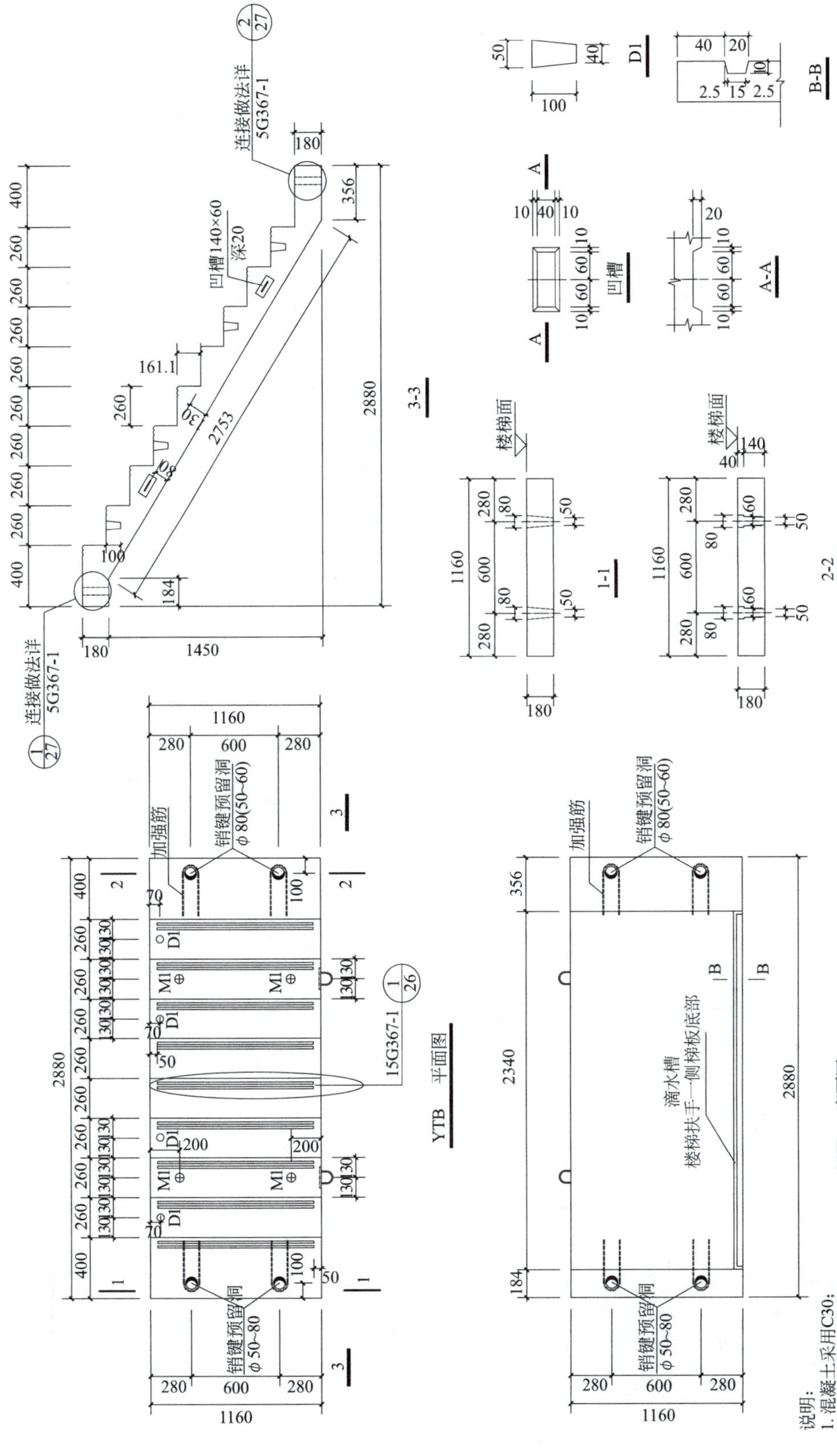

图 3.1-16 楼梯板加工图（局部）

说明：
1. 混凝土采用C30；
2. 钢筋保护层厚度20mm；
3. 单位：mm。

105

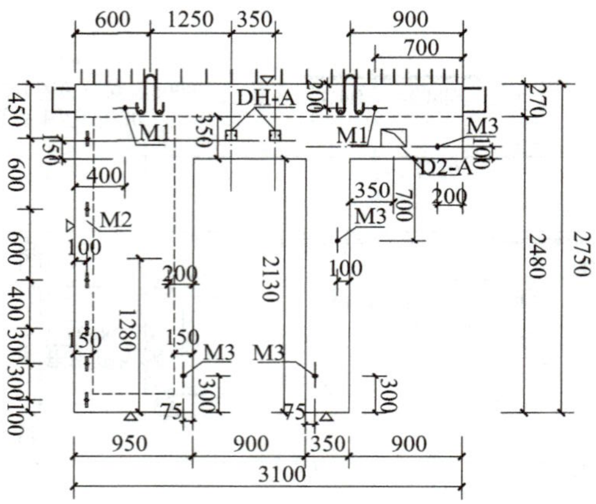

右视图

梁端剪力键

左视图

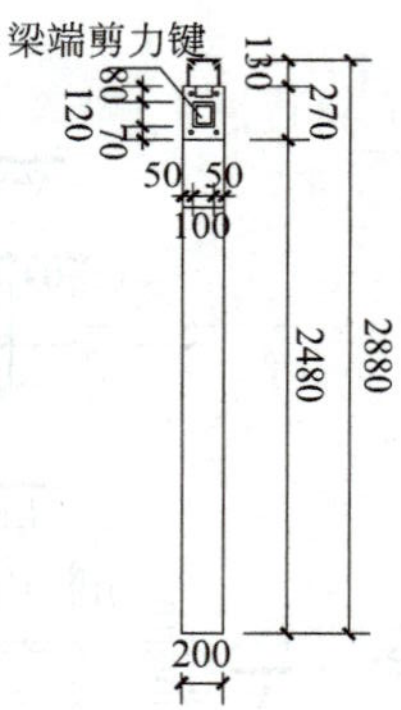

梁端剪力键

NQ-1背视模板图

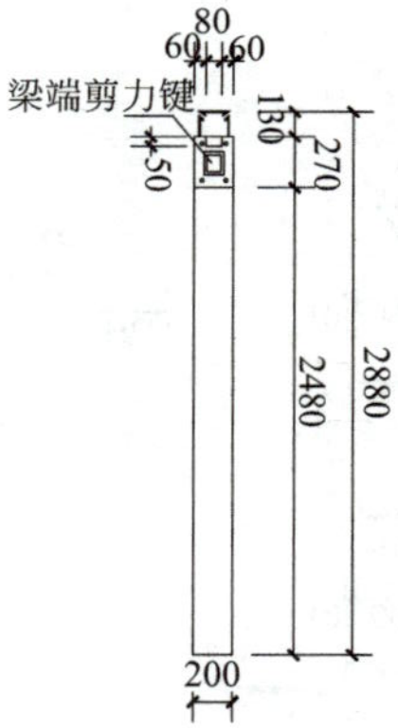

NQ-1正视模板图

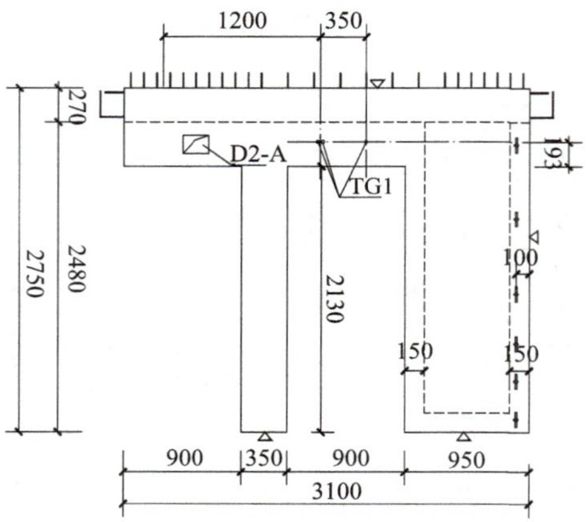

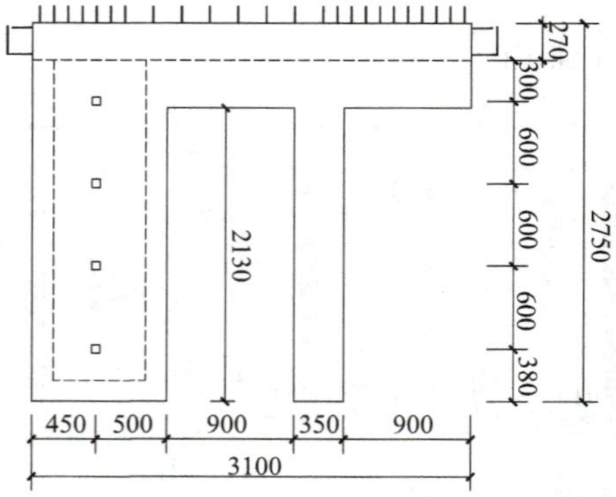

连接件预留孔洞布置图

配件表

G=1.55t　混凝土体积=0.62m³

配件编号	配件符号	配件名称	规格	数量/单块板	备注
M1		支撑、脱模用预埋螺母	M16	2	
M2		现浇模板预留螺母	M16	12	穿孔筋为φ10 L=200
M3		构件加固用预埋螺母	M12	4	穿孔筋为φ10 L=200
DJ1		吊板吊环	φ16	2	附加筋为Φ16
GT12		半灌浆套筒			
CK1	○	现浇模板预留通孔			
CK2	○	外悬挑架预留通孔			
	☒	塑料86接线盒			

编号	图例	名称	尺寸	备注
DX1	□	局部等电位配电箱		高×宽×深
DH	▣	86接线盒	国标	标准件
D1	□	普通预留洞口		高×宽×深
D2	▨	金属桥架预留洞		高×宽×深
TG1	·	配电预留套管	φ25 JDG套管	

说明：1.混凝土强度等级为C30。
2.△所指方向，结构层做粗糙面，内叶板与暗柱相连的侧面要做键槽。
3.构件内预埋吊件须经过厂家复核方可安装。
4.钢筋及预留预埋尺寸仅供参考，以实际配筋为准。

图 3.1-17　内墙板加工图（局部）

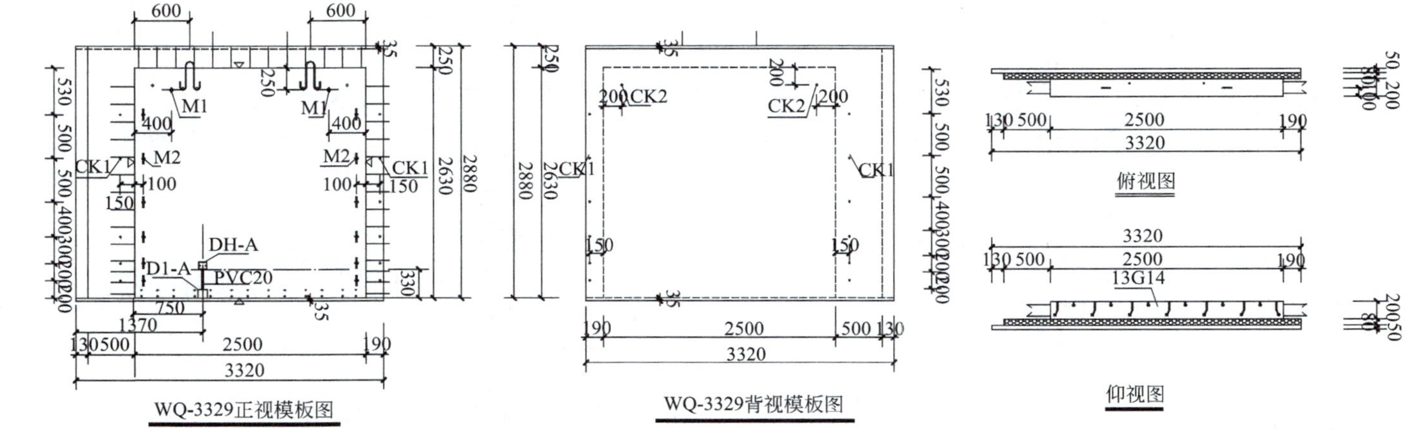

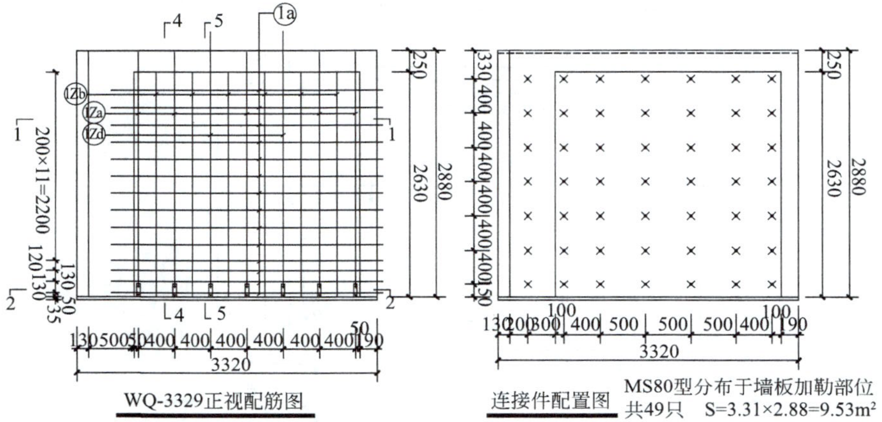

配件表

配件编号	配件符号	配件名称	规格	数量/单块板	备注
				G=4.479t 混凝土体积=1.79m³	
M1		支撑、脱模用预埋螺母	M16	2	
M2		现浇模板预留螺母	M16	12	穿孔筋为 φ10 L=200
DJ1		H板吊环	φ20	2	穿孔筋为 φ10 L=200
GT14		半灌浆套筒	GT14	13	附加筋 Φ20
CK1	○	现浇模板预留通孔	Φ25	12	
CK2	○	外悬排架预留通孔	Φ28	2	

编号	图例	名称	尺寸	备注
DX1	□	局部等电位汇流电箱	100mm×200mm×70mm	高×宽×深
DH	□	86接线盒	国标	标准件
D1	□	普通预留洞口	100mm×100mm×70mm	高×宽×深
D2	⊠	金属桥架预留洞口	200mm×150mm	高×宽×深
TG1	─	配电预留套管	φ25 JDG套管	

A: 正面预留 B: D1-B/反面预留
DH-A/正面预埋配电箱箱体
DX1-A/正面预留配电箱箱体
例: D1-B/反面预留洞
DH-A/正面预留86接线盒
注: 尺寸参考水电设计图例。

WQ-3329背视模板图

WQ-3329正视模板图

MS80型分布于墙板于墙板加腋部位
共49只 S=3.31×2.88=9.53m²

连接件配置图

WQ-3329正视配筋图

图 3.1-18 剪力墙外墙板加工图(局部)

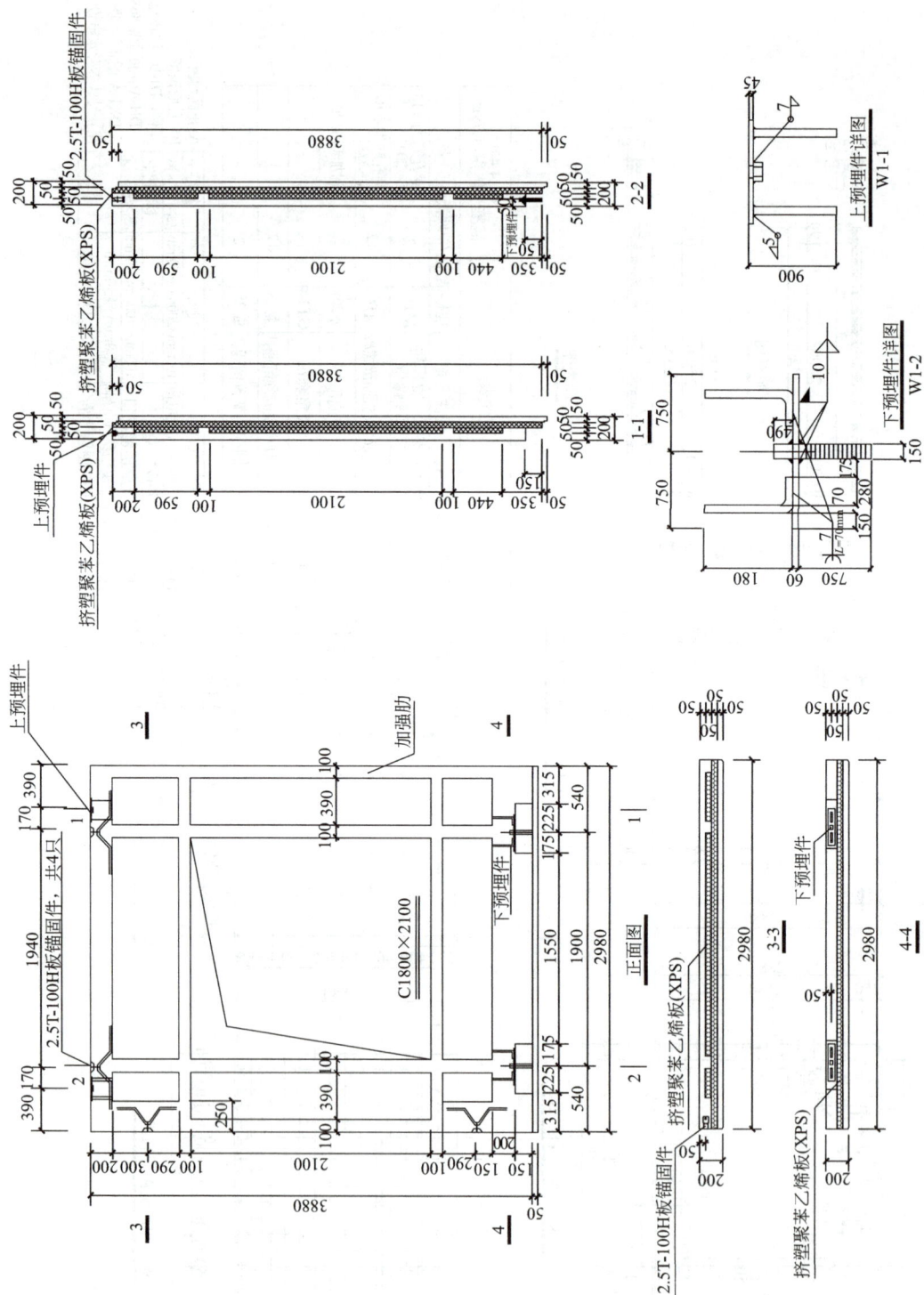

图 3.1-19 外挂墙板加工图（局部）

3.2　材料准备

3.2.1　混凝土原材料及配合比

1. 水泥

水泥品种是根据配合比的要求进行选择，水泥生产厂家应提供营业执照、质量保证体系证明文件、生产许可证等文件。

水泥进厂时应提供水泥合格证，带 3d 强度的水泥检测报告（28d 强度后补）和随货同行单据等资料文件。并按《水泥取样方法》GB/T 12573—2008 抽样检测和封样备检。

1）通用硅酸盐水泥化学指标应符合表 3.2-1 规定。

通用硅酸盐水泥化学指标（%）　　　　　　　　　　　　　　　表 3.2-1

品　种	代号	不溶物	烧失量	三氧化硫	氧化镁	氯离子
硅酸盐水泥	P·Ⅰ	≤0.75	≤3.0	≤3.5	≤5.0^a	≤0.06^c
	P·Ⅱ	≤1.50	≤3.5			
普通硅酸盐水泥	P·O	—	≤5.0			
矿渣硅酸盐水泥	P·S·A	—	—	≤4.0	≤6.0^b	
	P·S·B	—	—		—	
火山灰质硅酸盐水泥	P·P	—	—	≤3.5	≤6.0^b	
粉煤灰硅酸盐水泥	P·F	—	—			
复合硅酸盐水泥	P·C	—	—			

注：1. 如果水泥压蒸试验合格，则水泥中氧化镁的含量（质量分数）允许放宽至 6.0%。

2. 如果水泥中氧化镁的含量（质量分数）大于 6.0% 时，需进行水泥压蒸安定性试验并合格。

3. 当有更低要求时，该指标由买卖双方协商确定。

2）物理指标

（1）凝结时间：硅酸盐水泥初凝不小于 45min，终凝时间不大于 390min；普通硅酸盐水泥、矿渣硅酸盐水泥、火山灰质硅酸盐水泥、粉煤灰硅酸盐水泥和复合硅酸盐水泥初凝不小于 45min，终凝不大于 600min。

（2）安定性：雷氏夹法，合格。

（3）强度：不同品种不同强度等级的硅酸盐水泥，其不同龄期的强度应符合表 3.2-2 的规定。

（4）细度（选择性指标）：硅酸盐水泥和普通硅酸盐水泥的细度以比表面积表示，其比表面积不小于 $300m^2/kg$；矿渣硅酸盐水泥、火山灰质硅酸盐水泥、粉煤灰硅酸盐水泥和复合硅酸盐水泥的细度以筛余表示，其 $80\mu m$ 方孔筛筛余不大于 10% 或 $45\mu m$ 方孔筛筛余不大于 30%。

通用硅酸盐水泥强度指标要求（MPa） 表 3.2-2

品　种	强度等级	抗压强度		抗折强度	
		3d	28d	3d	28d
硅酸盐水泥	42.5	≥17.0	≥42.5	≥3.5	≥6.5
	42.5R	≥22.0		≥4.0	
	52.5	≥23.0	≥52.5	≥4.0	≥7.0
	52.5R	≥27.0		≥5.0	
	62.5	≥28.0	≥62.5	≥5.0	≥8.0
	62.5R	≥32.0		≥5.5	
普通硅酸盐水泥	42.5	≥17.0	≥42.5	≥3.5	≥6.5
	42.5R	≥22.0		≥4.0	
	52.5	≥23.0	≥52.5	≥4.0	≥7.0
	52.5R	≥27.0		≥5.0	
矿渣硅酸盐水泥 火山灰硅酸盐水泥 粉煤灰硅酸盐水泥 复合硅酸盐水泥	32.5	≥10.0	≥32.5	≥2.5	≥5.5
	32.5R	≥15.0		≥3.5	
	42.5	≥15.0	≥42.5	≥3.5	≥6.5
	42.5R	≥19.0		≥4.0	
	52.5	≥21.0	≥52.5	≥4.0	≥7.0
	52.5R	≥23.0		≥4.5	

（5）碱含量（选择性指标）：水泥中碱含量按 $Na_2O+0.658K_2O$ 计算值表示。若使用活性骨料，要求提供低碱水泥时，水泥中的碱含量应不大于 0.60％。

（6）作为混凝土预制构件生产，要求早期强度高，一般应选择硅酸盐水泥或者普通硅酸盐水泥。有条件的企业可以根据生产实验要求定制专门用于构件生产的水泥。

2. 砂、碎石

（1）供货单位应提供砂或碎石的产品合格证或质量检验报告。

使用单位应按砂或碎石的同产地同规格分批验收。采用大型工具（如火车、货船、汽车）运输的，应以 400m³ 或 600t 为一验收批；采用小型工具（如拖拉机等）运输的，应以 200m³ 或 300t 为一验收批。不足上述数量者，应按验收批进行验收。

（2）每验收批砂石至少应进行颗粒级配、含泥量、泥块含量检验。对于碎石或卵石，还应检验针片状颗粒含量；对于海砂或有氯离子污染的砂，应检验其氯离子含量；对于海砂，应检验贝壳含量；对于人工砂及混合砂，应检验石粉含量。对于重要工程或特殊工程，应根据工程要求增加检测项目。对其他指标的合格性有怀疑时，应予以检验。

（3）当砂或碎石的质量比较稳定、进料量又较大时，可以 1000t 为一验收批。

（4）当使用新产源的砂或碎石时，供货单位应进行全面的检验。

（5）使用单位的质量检验报告内容应包括：委托单位、样品编号、工程名称、样品产地、类别、代表数量、检测依据、检测条件、检测项目、检测结果、结论等。

（6）砂或碎石的数量验收，可按质量计算，也可按体积计算。测定质量，可用汽车地量衡或船舶吃水线为依据。测定体积，可按车皮或船舶的容积为依据。采用其他小型工具运输时，可按量方确定。

（7）砂或碎石在运输、装卸和堆放过程中，应防颗粒离析和混入杂质，并应按产地、种类和规格分别堆放。碎石或卵石的堆料高度不宜超过 5m，对于单粒级或最大粒径不超过 20mm 的连续粒级，其堆料高度可增加到 10m。

1）砂

（1）砂的粗细程度按细度模数 μ_f，分为粗、中、细、特细四级，其中粗砂：$\mu_f=3.7\sim3.1$；中砂：$\mu_f=3.0\sim2.3$；细砂：$\mu_f=2.2\sim1.6$；特细砂：$\mu_f=1.5\sim0.7$。

配制混凝土时宜优先选用Ⅱ区砂（表 3.2-3）。当采用Ⅰ区砂时，应提高砂率，并保持足够的水泥用量，满足混凝土的和易性；当采用Ⅲ区砂时，宜适当降低砂率；当采用特细砂时，应符合相应的规定。配制泵送混凝土，宜选用中砂。

砂颗粒级配区　　　　　　　　　　　　　　　　　表 3.2-3

累计筛余（%）\ 级配区\ 公称直径	Ⅰ区	Ⅱ区	Ⅲ区
5.00mm	10～0	10～0	10～0
2.50mm	35～5	25～0	15～0
1.25mm	65～35	50～10	25～0
630μm	85～71	70～41	40～16
315μm	95～80	92～70	85～55
160μm	100～90	100～90	100～90

（2）天然砂中含泥量应符合表 3.2-4 的规定。

天然砂中含泥量　　　　　　　　　　　　　　　　表 3.2-4

混凝土强度等级	≥C60	C55～C30	≤C25
含泥量（按质量计%）	≤2.0	≤3.0	≤5.0

有抗冻、抗渗或其他特殊要求的小于或等于 C25 混凝土用砂，其含泥量应不大于 3.0%。

（3）砂中的泥块含量应符合表 3.2-5 的规定。

砂中的泥块含量　　　　　　　　　　　　　　　　表 3.2-5

混凝土强度等级	≥C60	C55～C30	≤C25
泥块含量（按质量计%）	≤0.5	≤1.0	≤2.0

有抗冻、抗渗或其他特殊要求的小于或等于 C25 混凝土用砂，其泥块含量不应大于 1.0%。

（4）人工砂或混合砂中石粉含量应符合表 3.2-6 的规定：

人工砂或混合砂中石粉含量　　　　　　　　　　　表 3.2-6

混凝土强度等级		≥C60	C55～C30	≤C25
石粉含量（%）	MB<1.4（合格）	≤5.0	≤7.0	≤10.0
	MB≥1.4（不合格）	≤2.0	≤3.0	≤5.0

（5）砂的坚固性应采用硫酸钠溶液检验，试样经 5 次循环后，其质量损失应符合表 3.2-7 的规定。

砂的坚固性指标　　　　　　　　　　　　　　　　　　表 3.2-7

混凝土所处的环境条件及其性能要求	5 次循环后的质量损失（%）
在严寒及寒冷地区室外使用并经常处于潮湿或干湿交替状态下的混凝土,对于有抗疲劳、耐磨、抗冲击要求的混凝土； 有腐蚀介质作用或经常处于水位变化区的地下结构混凝土	≤8
其他条件下使用的混凝土	≤10

（6）人工砂的总压碎值指标应小于 30%。

（7）当砂中含有云母、轻物质、有机物、硫化物及硫酸盐等有害物质时，其含量应符合表 3.2-8 的规定。

砂中的有害物质限值　　　　　　　　　　　　　　　　表 3.2-8

项　　目	质量指标
云母含量(按质量计,%)	≤2.0
轻物质含量(按质量计,%)	≤1.0
硫化物及硫酸盐含量(折算成 SO_3 按质量计,%)	≤1.0
有机物含量(用比色法试验)	颜色不应深于标准色,当颜色深于标准色时,应按水泥胶砂强度试验方法进行强度对比试验,抗压强度比不应低于 0.95

对于有抗冻、抗渗要求的混凝土，其中云母含量不应大于 1.0%。

当砂中含有颗粒状的硫酸盐或硫化物杂质时，应进行专门检验，确认能满足混凝土耐久性要求后，方能采用。

（8）对于长期处于潮湿环境的重要混凝土结构用砂，应采用砂浆棒（快速法）或砂浆长度法进行骨料的碱活性检验。经上述检验判断为有潜在危害时，应控制混凝土中的碱活性检验。经上述检验判断为有潜在危害时，应控制混凝土中的碱含量不超过 $3kg/m^3$，或采用能抑制碱-骨料反应的有效措施。

（9）砂中氯离子含量应符合下列规定：

① 对于钢筋混凝土用砂，其氯离子含量不得大于 0.06%（以干砂的质量百分率计）。

② 对于预应力混凝土用砂，其氯离子含量不得大于 0.02%（以干砂的质量百分率计）。

（10）海砂中贝壳含量应符合表 3.2-9 的规定。

海砂中贝壳含量　　　　　　　　　　　　　　　　　　表 3.2-9

混凝土强度等级	≥C40	C35～C30	C25～C15
贝壳含量(按质量计,%)	≤C3	≤5	≤8

对于有抗冻、抗渗或其他特殊要求的小于或等于 C25 混凝土用砂，其贝壳含量不应大于 5%。

（11）应严格限制砂的含泥量和泥块含量，也应严格限制能引起混凝土收缩的砂杂质的量。特别是用机制砂生产混凝土时，石粉含量一定要控制好。

2）石子

（1）石子的级配应符合表 3.2-10 的规定。

碎石或卵石的颗粒级配范围　　　　表 3.2-10

级配情况	公称粒级(mm)	累计筛余,按质量计(%)											
		方孔筛筛孔边长尺寸(mm)											
		2.36	4.75	9.5	16.0	19.0	26.5	31.5	37.5	53.0	63.0	75.0	90
连续粒级	5～10	95～100	80～100	0～15	0	—	—	—	—	—	—	—	—
	5～16	95～100	85～100	30～60	0～10	0	—	—	—	—	—	—	—
	5～20	95～100	90～100	40～80	—	0～10	0	—	—	—	—	—	—
	5～25	95～100	90～100	—	30～70	—	0～5	0	—	—	—	—	—
	5～31.5	95～100	90～100	70～90	—	15～45	—	0～5	0	—	—	—	—
	5～40	—	95～100	70～90	—	30～65	—	—	0～5	0	—	—	—
单粒级	10～20	—	95～100	85～100	—	0～15	—	—	—	—	—	—	—
	16～31.5	—	95～100	—	85～100	—	—	0～10	—	0	—	—	—
	20～40	—	—	95～100	—	80～100	—	—	0～10	—	0	—	—
	31.5～63	—	—	—	95～100	—	—	75～100	45～75	—	0～10	0	—
	40～80	—	—	—	—	95～100	—	—	70～100	—	30～60	0～10	0

（2）碎石或卵石中针、片状颗粒含量应符合表 3.2-11 的规定。

针、片状颗粒含量　　　　表 3.2-11

混凝土强度等级	≥C60	C55～C30	≤C25
针、片状颗粒含量(按质量计,%)	≤8	≤15	≤25

（3）碎石或卵石中的含泥量应符合表 3.2-12 的规定。

碎石或卵石中的含泥量　　　　表 3.2-12

混凝土强度等级	≥C60	C55～C30	≤C25
含泥量(按质量计,%)	≤0.5	≤1.0	≤2.0

对于有抗冻、抗渗或其他特殊要求的混凝土，其所用碎石或卵石的含泥量不应大于1.0%。当碎石或卵石的含泥是非黏土质的石粉时，其含泥量可由表 3.2-12 的 0.5%、1.0%、2.0%，分别提高到 1.0%、1.5%、3.0%。

（4）碎石或卵石中的泥块含量应符合表 3.2-13 的规定。

碎石或卵石中的泥块含量　　　　表 3.2-13

混凝土强度等级	≥C60	C55～C30	≤C25
泥块含量(按质量计,%)	≤0.2	≤0.5	≤0.7

对于有抗冻、抗渗和其他特殊要求的强度等级小于 C30 的混凝土，其所用碎石或卵石

中泥块含量应不大于 0.5％。

（5）碎石的强度可用岩石的抗压强度和压碎值指标表示。岩石的抗压强度应比所配制的混凝土强度至少高 20％。当混凝土强度等级大于或等于 C60 时，应进行岩石抗压强度检验。

岩石强度首先应由生产单位提供，工程中可采用压碎值指标进行质量控制。碎石的压碎值指标宜符合表 3.2-14 的规定。

碎石的压碎值指标　　　　　　　　　表 3.2-14

岩石品种	混凝土强度等级	碎石压碎值指标(%)
沉积岩	C60～C40	≤10
	≤C35	≤16
变质岩或深成的火成岩	C60～C40	≤12
	≤C35	≤20
喷出的火成岩	C60～C40	≤13
	≤C35	≤30

注：沉积岩包括石灰岩、砂岩等。变质岩包括片麻岩、石英岩等。深成的火成岩包括花岗岩、正长岩、闪长岩和橄榄岩等。喷出的火成岩包括玄武岩和辉绿岩等。

卵石强度可用压碎值指标表示。其压碎值指标宜符合表 3.2-15 的规定。

卵石的压碎值指标　　　　　　　　　表 3.2-15

混凝土强度等级	C60～C40	≤C35
压碎值指标(%)	≤12	≤16

（6）碎石和卵石的坚固性应用硫酸钠溶液法检验，试样经 5 次循环后，其质量损失应符合表 3.2-16 的规定。

碎石或卵石的坚固性指标　　　　　　　　　表 3.2-16

混凝土所处的环境条件及其性能要求	5 次循环后的质量损失(%)
在严寒及寒冷地区室外使用，并经常处于潮湿或干湿交替状态下的混凝土；有腐蚀性介质作用或经常处于水位变化区的地下结构或有抗疲劳、耐磨、抗冲击等要求的混凝土	≤8
在其他条件下使用的混凝土	≤12

（7）碎石或卵石中的硫化物和硫酸盐含量以及卵石中有机物等有害物质含量，应符合表 3.2-17 的规定。

碎石或卵石中的有害物质含量　　　　　　　　　表 3.2-17

项　　目	质量要求
硫化物及硫酸盐含量(折算成 SO_3，按质量计，%)	≤1.0
卵石中有机物含量(用比色法试验)	颜色应不深于标准色。当颜色深于标准色时，应配制成混凝土进行强度对比试验，抗压强度比应不低于 0.95

当碎石或卵石中含有颗粒状硫酸盐或硫化物杂质时，应进行专门检验，确认能满足混凝土耐久性要求后，方可采用。

（8）对于长期处于潮湿环境的重要结构混凝土，碎石或卵石应进行碱活性检验。

进行碱活性检验时，首先应采用岩相法检验碱活性骨料的品种、类型和数量。当检验出骨料中含有活性二氧化硅时，应采用快速砂浆法和砂浆长度法进行碱活性检验；当检验出骨料中含有活性碳酸盐时，应采用岩石柱法进行碱活性检验。

经上述检验，当判定骨料存在潜在碱-碳酸盐反应危害时，不宜用作混凝土骨料；否则，应通过专门的混凝土试验，做最后评定。

当判定骨料存在潜在碱-硅反应危害时，应控制混凝土中的碱含量不超过 $3kg/m^3$，或采用能抑制碱-骨料反应的有效措施。

3. 混凝土拌合用水

1）混凝土拌合用水水质要求应符合下表 3.2-18 中的要求，对于设计使用年限为 100 年的结构混凝土，氯离子含量不得超过 500mg/L；对使用钢丝或经热处理钢筋的预应力混凝土，氯离子含量不得超过 350mg/L。

混凝土拌合用水水质要求　　　　　　　　　　表 3.2-18

项　目	预应力混凝土	钢筋混凝土	素混凝土
pH 值	≥5.0	≥4.5	≥4.5
不溶物（mg/L）	≤2000	≤2000	≤5000
可溶物（mg/L）	≤2000	≤5000	≤10000
Cl^-（mg/L）	≤500	≤1000	≤3500
SO_4^{2-}（mg/L）	≤600	≤2000	≤2700
碱含量（mg/L）	≤1500	≤1500	≤1500

注：碱含量按 $Na_2O+0.658K_2O$ 计算值来表示。采用非碱活性骨料时，可不检验碱含量。

2）地表水、地下水、再生水的放射性应符合现行国家标准《生活饮用水卫生标准》GB 5749—2006 的规定。

3）被检验水样应与饮用水样进行水泥凝结时间对比试验。对比试验的水泥初凝时间差及终凝时间差均不应大于 30min；同时，初凝和终凝时间应符合现行国家标准《通用硅酸盐水泥》GB 175—2007 的规定。

4）被检验水样应与饮用水样进行水泥胶砂强度对比试验，被检验水样配制的水泥胶砂 3d 和 28d 强度不应低于饮用水配制的水泥胶砂 3d 和 28d 强度的 90％。

5）混凝土拌合用水不应有漂浮明显的油脂和泡沫，不应有明显的颜色和异味。

6）混凝土企业设备洗刷水不宜用于预应力混凝土、装饰混凝土、加气混凝土和暴露于腐蚀环境的混凝土；不得用于使用碱活性或潜在碱活性骨料的混凝土。

7）未经处理的海水严禁用于钢筋混凝土和预应力混凝土。

8）在无法获得水源的情况下，海水可用于素混凝土，但不宜用于装饰混凝土。

9）作为日常经验，只要是能饮用的水，都是能作为混凝土的生产用水。

10）拌合用水取样

（1）水质检验水样不应少于 5L；用于测定水泥凝结时间和胶砂强度的水样不应少

于 3L。

（2）采集水样的容器应无污染；容器应用待采集水样冲洗三次再灌装，并应密封待用。

（3）地表水宜在水域中心部位、距水面 100mm 以下采集，并应记载季节、气候、雨量和周边环境的情况。

（4）地下水应在放水冲洗管道后接取，或直接用容器采集；不得将地下水积存于地表后再从中采集。

（5）再生水应在取水管道终端接取。

（6）混凝土企业设备洗刷水应沉淀后，在池中距水面 100mm 以下采集。

11）检验期限

（1）水样检验期限应符合下列要求：

水质全部项目检验宜在取样后 7d 内完成；放射性检验、水泥凝结时间检验和水泥胶砂强度成型宜在取样后 10d 内完成。

（2）地表水、地下水和再生水的放射性应在使用前检验；当有可靠资料证明无放射性污染时，可不检验。

（3）地表水、地下水、再生水和混凝土企业设备洗刷水在使用前应进行检验。

12）检验频率

（1）地表水每 6 个月检验一次。

（2）地下水每年检验一次。

（3）再生水每 3 个月检验一次；在质量稳定一年后，可每 6 个月检验一次。

（4）混凝土企业设备洗刷水每 3 个月检验一次；在质量稳定一年后，可一年检验一次。

（5）当发现水受到污染和对混凝土性能有影响时，应立即检验。

13）结果评定

（1）符合现行国家标准《生活饮用水卫生标准》GB 5749—2006 要求的饮用水，可不经检验作为混凝土用水。

（2）符合《混凝土用水标准》JGJ 63—2006 中 3.1 节要求的水，可作为混凝土拌合用水；符合 3.2 节要求的水，可作为混凝土养护用水。

（3）当水泥凝结时间和水泥胶砂强度的检验不满足要求时，应重新加倍抽样复检一次。

4. 外加剂

1）对于预制构件的生产，一般应选用高减水的早强型外加剂。

（1）凝结时间要短，利于构件早期强度的发挥。

（2）必须给构件留出一定的操作加工时间，以便于构件生产成型。

因其相关的特殊要求，外加剂应进行特殊定制以满足生产要求。

2）匀质性指标

外加剂的匀质性是表示外加剂自身质量稳定均匀的性能，用来控制产品生产质量的稳定、统一、均匀，用来检验产品质量和质量仲裁（表 3.2-19）。

	匀质性指标	表 3.2-19

项　目	指　标
氯离子含量(%)	不超过生产厂控制值
总碱量(%)	不超过生产厂控制值
含固量(%)	$S>25\%$时,应控制在 $0.95S\sim1.05S$;$S\leqslant25\%$时,应控制在 $0.90S\sim1.10S$
含水率(%)	$W>5\%$时,应控制在 $0.90W\sim1.10W$;$W\leqslant5\%$时,应控制在 $0.80W\sim1.20W$
密度(g/cm³)	$D>1.1$时,应控制在 $D\pm0.03$;$D\leqslant1.1$ 时,应控制在 $D\pm0.02$
细度	应在生产厂控制范围内
pH 值	应在生产厂控制范围内
硫酸钠含量(%)	不超过生产厂控制值

注：1. 生产厂应在相关的技术资料中明示产品匀质性指标的控制值；

　　2. 对相同和不同批次之间的匀质性和等效性的其他要求，可由供需双方商定；

　　3. 表中的 S、W 和 D 分别为含固量、含水率和密度的生产厂控制值。

3）掺外加剂混凝土的性能指标

掺外加剂混凝土的性能指标应符合现行国家标准《混凝土外加剂》GB 8076—2008 表 1 中的要求。

4）外加剂取样及批号

（1）点样和混合样：点样是在一次生产产品时所取得的一个试样。混合样是三个或更多的点样等量均匀混合而取得的试样。

（2）批号：生产厂应根据产量和生产设备条件，将产品分批编号。掺量大于 1%（含 1%）同品种的外加剂每一批号为 100t，掺量小于 1% 的外加剂每一批号为 50t。不足 100t 或 50t 的也应按一个批量计，同一批号的产品必须混合均匀。

取样数量：每一批号取样量不少于 0.2t 水泥所需用的外加剂量。

5）外加剂试样及留样

每一批号取样应充分混匀，分为两等份，其中一份按表 1 和表 2 规定的项目进行试验，另一份密封保存半年，以备有疑问时，提交国家指定的检验机关进行复验或仲裁。

6）外加剂判定规则

出厂检验判定：型式检验报告在有效期内，且出厂检验结构符合表 2 的要求，可判定为该批产品检验合格。

型式检验判定：产品经检验，匀质性检验结果符合表 2 的要求；各种类型外加剂受检混凝土性能指标中，高性能减水剂及泵送剂的减水率和坍落度的经时变化量，其他减水剂的减水率、缓凝型外加剂的凝结时间差、引气型外加剂的含气量及其经时变化量、硬化混凝土的各项性能符合表 1 的要求，则判定该批号外加剂合格。如不符合上述要求时，则判定该批号外加剂不合格。其余项目可作为参考指标。

7）外加剂复验

复验以封存样进行。如使用单位要求现场取样，应事先在供货合同中规定，并在生产和使用单位人员在场的情况下于现场取混合样，复验按照型式检验项目检验。

5. 粉煤灰

混凝土用粉煤灰应满足表 3.2-20 中的要求。

拌制混凝土用粉煤灰技术要求 表 3.2-20

项 目		理化性能要求		
		Ⅰ级	Ⅱ级	Ⅲ级
细度（45μm 方孔筛筛余）（%）	F 类粉煤灰	≤12.0	≤30.0	≤45.0
	C 类粉煤灰			
需水量比（%）	F 类粉煤灰	≤95	≤105	≤115
	C 类粉煤灰			
烧失量（%）	F 类粉煤灰	≤5.0	≤8.0	≤10.0
	C 类粉煤灰			
含水量（%）	F 类粉煤灰	≤1.0		
	C 类粉煤灰			
三氧化硫（SO_3）质量分数（%）	F 类粉煤灰	≤3.0		
	C 类粉煤灰			
游离氧化钙（f-CaO）质量分数（%）	F 类粉煤灰	≤1.0		
	C 类粉煤灰	≤4.0		
二氧化硅（SiO_2）、三氧化二铝（Al_2O_3）和 三氧化二铁（Fe_2O_3）总质量分数（%）	F 类粉煤灰	≥70.0		
	C 类粉煤灰	≥50.0		
密度（g/cm^3）	F 类粉煤灰	≤2.6		
	C 类粉煤灰			
安定性（雷氏夹法）（mm）	C 类粉煤灰	≤5.0		
强度活性指数（%）	F 类粉煤灰	≥70.0		
	C 类粉煤灰			

粉煤灰的含水率大于 1% 时，应从粉煤灰混凝土配合比用水量中扣除。粉煤灰混凝土中掺入引气剂时，其增加的空气体积应在配合比设计的混凝土体积中扣除。

6. 矿粉

1）混凝土用粒化高炉矿渣粉应符合表 3.2-21 中的要求。

2）矿物掺合料应按批进行检验，供应单位应出具出厂合格证或出厂检验报告。检验报告的内容包括：厂名、合格证或检验报告编号、级别、生产日期、代表数量及本批检验结果和结论等，并应定期提供型式检验报告。

矿渣粉的技术要求 表 3.2-21

项 目		级 别		
		S105	S95	S75
密度（g/cm^3）		≥2.8		
比表面积（m^2/kg）		≥500	≥400	≥300
活性指数（%）	7d	≥95	≥70	≥55
	28d	≥105	≥95	≥75
流动度比（%）		≥95		

续表

项　目	级　别		
	S105	S95	S75
初凝时间（%）	≤200		
含水量（质量分数）（%）	≤1.0		
三氧化硫（质量分数）（%）	≤4.0		
氯离子（质量分数）（%）	≤0.06		
烧失量（质量分数）（%）	≤1.0		
不溶物（质量分数）（%）	≤3.0		
玻璃体含量（质量分数）（%）	≥85		
放射性	$I_{Ra}≤1.0$ 且 $I_r≤1.0$		

注：当掺加石膏或其他助磨剂时，应在报告中注明其种类及掺量。

3）取样应符合下列规定

（1）散装矿物掺合料：应从同一批次任一罐体的三个不同部位各取等量试样一份，每份不少于 5.0kg，混合搅拌均匀，用四分法缩取比试验需要量大一倍的试样量。

（2）袋装矿物掺合料：应从每批中任抽 10 袋，从每袋中各取等量试样一份，每份不少于 1.0kg，按上款规定的方法缩取试样。

4）矿物掺合料进场检验项目、组批条件及批量应符合表 3.2-22 中的要求。

矿物掺合料进场检验标准 表 3. 2-22

序号	矿物掺合料名称	检验项目	验收组批条件及批量	检验项目的依据及要求
1	粉煤灰	细度、需水量比、烧失量、安定性（C 类粉煤灰）	同一厂家、相同级别、连续供应 200t（不足 200t，按一批计）	《用于水泥和混凝土中的粉煤灰》GB/T 1596—2017
2	粒化高炉矿渣粉	比表面积、流动度比、活性指数	同一厂家、相同级别、连续供应 200t（不足 200t，按一批计）	《用于水泥、矿浆和混凝土中的粒化高炉矿渣粉》GB/T 18046—2017

5）矿物掺合料的验收规则

（1）矿物掺合料的验收按批进行，符合检验项目规定技术要求的可以使用。

（2）当检验项目不符合规定要求时，应降级使用或按不合格品处理。

7. 普通混凝土配合比设计

1）基本原则

（1）满足施工和易性要求。

（2）满足结构设计及施工进度的强度要求。

（3）满足工程所处环境对混凝土耐久性的设计要求。

（4）经济性要求：经济合理，降低混凝土的成本。

2）准备工作

为保证混凝土配合比设计得合理、适用，在混凝土配合比设计前应做好如下的资料收集准备工作：

（1）要求的混凝土强度等级及耐久性设计等级。

（2）掌握工程概况、特点及技术要求（如：环境条件、结构尺寸、钢筋间距、施工是否有特殊要求等）。

（3）根据混凝土的技术要求、根据当地的实际情况选择各种原材料，并掌握各种原材料必要的技术性能指标及质量、价格的可能波动情况。

（4）掌握施工工艺（是否泵送、自密实混凝土、浇筑高度、振捣方法及结构物的钢筋布置等）及确定到施工现场混凝土的和易性指标、运输距离或运输时间。对于大型 PC 构件更应注意。

（5）掌握季节、天气和使用的环境条件：如春、夏、秋、冬及风、雨、霜、雪、温湿度和使用环境是否有侵蚀介质等。

（6）掌握本企业的生产工艺条件、设备类型、人员素质、现场管理水平和质量控制水平等。

（7）了解施工队伍的技术、管理和操作水平等情况；必要时了解施工单位混凝土的养护方法：如自然养护、蒸汽养护、压蒸养护等。

（8）了解施工部位在混凝土质量验收评定中采用的评定方法是统计法还是非统计法，以便合理的确定所设计混凝土的标准差和试配强度。

（9）掌握当地用于配制混凝土的材料资源，了解国家相关免税政策，搞好资源综合利用。

3）三个参数

混凝土的配合比设计，实际上就是单位体积混凝土拌合物中水泥、矿物掺合料、粗骨料、细骨料、外加剂和水等主要材料用量的确定，反应各材料用量间关系的三个主要技术参数，即水胶比（W/B）、砂率和单位用水量一旦确定，混凝土配合比也就确定了。

（1）水胶比（W/B）

水胶比是指单位体积的混凝土拌合物中，水与胶凝材料用量的重量之比。水胶比对混凝土强度和耐久性起着决定作用，因此水胶比的确定主要取决于混凝土的强度和耐久性。

另外水胶比的大小也决定了水泥浆的稀稠，因此对混凝土拌合物的黏聚性、保水性及可泵性等也起着非常重要的作用。

一般情况下水胶比越小，强度越高，耐久性越好。但由强度和耐久性分别决定的水灰比往往是不同的，此时应取较小的水胶比以便同时满足强度和耐久性的要求。但在强度和耐久性都能满足的情况下，水胶比应取较大者。

（2）砂率

砂率是指混凝土中砂的质量与砂、石总质量的百分比。

合理确定砂率，就是要求能够使砂、石、水泥浆互相填充，保证混凝土的流动性、黏聚性、保水性等，混凝土达到最大密实度，又能使水泥用量降为最少用量。

影响砂率的因素很多，如石子的形状（卵石砂率较小、碎石砂率较大）、粒径大小（粒径大者砂率较小、粒径小者砂率较大）、空隙率（空隙率大者砂率较大、空隙率小者砂率较小）、水灰比等。

另外当骨料总量一定时，砂率过小，则用砂量不足，混凝土拌合物的流动性就差，易离析、泌水。在水泥浆量一定的条件下，砂率过大，则砂的总表面积增大，包裹砂子的水泥浆层太薄，砂粒间的摩擦阻力加大，混凝土拌合物的流动性变差。若砂率不足，就会出现离析、水泥浆流失。因此，砂率的确定，除进行计算外，还需进行必要的试验调整，从而确定最佳砂率，即单位用水量和水泥用量减到最少而混凝土拌合物具有最大的流动性，且能保持黏聚性和保水性能良好的砂率称为最佳砂率。

（3）单位用水量（浆骨比）

单位用水量是指每立方米混凝土中用水量的多少，是直接影响混凝土拌合物流动性大小的重要因素。

单位用水量在水胶比和水泥用量不变的情况下，实际反映的是水泥浆的数量和骨料用量的比例关系，即浆骨比。水泥浆量要满足包裹粗、细骨料表面并保持一定的厚度，以满足流动性的要求，但用水量过大不但会降低混凝土的耐久性，也会影响混凝土拌合物的和易性。

4）基本步骤

每个国家混凝土配合比设计的方法不尽相同，但最终都以满足混凝土设计、施工要求为目的。配比设计的基本步骤一般分三个步骤。

（1）根据所选用原材料的性能指标及混凝土设计、施工技术性能指标的要求，通过理论计算或经验得出一个计算配合比，也称为"理论经验配合比"或"初步配合比"；

（2）将计算配合比经试配与调整，确定出满足和易性要求的试拌配合比；

（3）根据试拌配合比确定供强度检验用配合比，并根据试配强度和湿表观密度调整得出满足设计、施工要求的试验室配合比。根据砂、石的含水率、液体外加剂的含固量及实验室配合比可确定预拌混凝土的"生产配合比"。

5）基本规定

（1）混凝土配合比设计应满足混凝土配制强度及其他力学性能、拌合物性能、长期性能和耐久性能的设计要求。

混凝土拌合物性能、力学性能和耐久性能的试验方法应分别符合现行国家标准《普通混凝土拌合物性能试验方法标准》GB/T 50080—2016、《混凝土物理力学性能试验方法标准》GB/T 50081—2019 和《普通混凝土长期性能和耐久性能试验方法标准》GB/T 50082—2009 的规定。混凝土试配应采用强制式搅拌机进行搅拌，并应符合现行行业标准《混凝土试验用搅拌机》JG 244—2009 的规定，搅拌方法宜与施工采用的方法相同。

（2）配合比设计所采用的细骨料含水率应小于 0.5%，粗骨料含水率应小于 0.2%。每盘混凝土试配的最小搅拌量应根据粗骨料最大粒径选定，粗骨料最大粒径≤31.5mm时，拌合物数量不少于 20L；粗骨料最大粒径 40mm 时，拌合物数量不少于 25L。采用机械搅拌时，其搅拌量不应小于搅拌机额定搅拌量的 1/4 且不大于搅拌机公称容量。

（3）混凝土的最大水胶比应符合《混凝土结构设计规范（2015 年版）》GB 50010—2010 的规定（当掺加外加剂且外加剂为液体时，此时的水胶比为混凝土外加拌合水量和液体外加剂中所含水量之总用水量与胶凝材料用量的比值）。

（4）矿物掺合料在混凝土中的掺量应通过试验确定。采用硅酸盐水泥或普通硅酸盐水泥时，钢筋混凝土中矿物掺合料最大掺量宜符合表 3.2-23 的规定；预应力混凝土中矿物掺合料最大掺量宜符合表 3.2-24 的规定。对基础大体积混凝土，粉煤灰、粒化高炉矿渣粉和复合掺合料的最大掺量可增加5%。采用掺量大于30%的C类粉煤灰的混凝土应以实际使用的水泥和粉煤灰的掺量进行安定性检验。

钢筋混凝土中矿物掺合料最大掺量 表 3.2-23

矿物掺合料种类	水胶比	最大掺量（%）	
		采用硅酸盐水泥时	采用普通硅酸盐水泥时
粉煤灰	≤0.40	45	35
	>0.40	40	30
粒化高炉矿渣粉	≤0.40	65	55
	>0.40	55	45
钢渣粉	—	30	20
磷渣粉	—	30	20
硅灰	—	10	10
复合掺合料	≤0.40	65	55
	>0.40	55	45

注：1. 采用其他通用硅酸盐水泥时，宜将水泥混合材20%以上的混合材计入矿物掺合料；
2. 复合掺合料各组分的掺量不宜超过单掺时的最大掺量；
3. 在混合使用两种或两种以上矿物掺合料时，矿物掺合料总量应符合表中复合掺合料的规定。

预应力混凝土中矿物掺合料最大掺量 表 3.2-24

矿物掺合料种类	水胶比	最大掺量（%）	
		采用硅酸盐水泥时	采用普通硅酸盐水泥时
粉煤灰	≤0.40	35	30
	>0.40	25	20
粒化高炉矿渣粉	≤0.40	55	45
	>0.40	45	35
钢渣粉	—	20	10
磷渣粉	—	20	10
硅灰	—	10	10
复合掺合料	≤0.40	55	45
	>0.40	45	35

注：1. 采用其他通用硅酸盐水泥时，宜将水泥混合材20%以上的混合材计入矿物掺合料；
2. 复合掺合料各组分的掺量不宜超过单掺时的最大掺量；
3. 在混合使用两种或两种以上矿物掺合料时，矿物掺合料总量应符合表中复合掺合料的规定。

（5）混凝土拌合物中水溶性氯离子最大含量应符合表3.2-25的规定。其测试方法应符合现行行业标准《水运工程混凝土试验检测技术规范》JTS/T 236—2019中混凝土拌合物中氯离子含量的快速测定方法的规定。

（6）长期处于潮湿或水位变动的寒冷和严寒环境以及盐冻环境的混凝土应掺用引气剂。引气剂掺量应根据混凝土含气量要求经试验确定；混凝土最小含气量应符合表3.2-26的规定，最大不宜超过7%。

混凝土拌合物中水溶性氯离子最大含量　　　表 3.2-25

环境条件	水溶性氯离子最大含量(%,水泥用量的质量百分比)		
	钢筋混凝土	预应力混凝土	素混凝土
干燥环境	0.30		
潮湿但不含氯离子的环境	0.20	0.06	1.00
潮湿且含氯离子的环境、盐渍土环境	0.10		
除冰盐等侵蚀性物质的腐蚀环境	0.06		

混凝土最小含气量　　　表 3.2-26

粗骨料最大公称粒径(mm)	混凝土最小含气量(%)	
	潮湿或水位变动的寒冷和严寒环境	盐冻环境
40	4.5	5.0
25	5.0	5.5
20	5.5	6.0

注：含气量为气体占混凝土体积的百分比。

（7）对于有预防混凝土碱骨料反应设计要求的工程，混凝土中最大碱含量不应大于 3.0kg/m³；对于矿物掺合料碱含量，粉煤灰碱含量可取实测值的 1/6，粒化高炉矿渣粉碱含量可取实测值的 1/2。

6）确定计算配合比

先根据试配强度，进行水胶比的确定，然后确定用水量和外加剂用量、胶凝材料用量、外加剂用量、掺合料用量及水泥用量，再用质量法或体积法确定砂率、粗、细骨料用量。最终确定计算（初步）配合比。

7）确定试拌配合比

（1）和易性试配与调整

通过理论计算或经验确定的计算配合比首先要进行试配，其目的是通过按混凝土初步配合比试拌混凝土，看混凝土是否能够满足施工和易性的要求。按计算配合比计算出各试配材料的用量进行试拌，并进行混凝土拌合物相应各项技术性能的检测，如果混凝土拌合物的各项技术性能全都满足设计、施工的要求，则不需要调整，即可将计算配合比作为试拌配合比；如果混凝土拌合物的技术性能不能满足设计、施工的要求时，应根据具体的情况进行分析，调整相应的技术参数，直至混凝土拌合物的各项技术性能全部满足设计、施工的要求为止。

混凝土拌合物和易性的调整可按计算出的试配材料用量，依照试验方法进行试拌，搅拌均匀后立即测定坍落度并观察黏聚性和保水性。如果混凝土拌合物和易性坍落度不符合设计、施工要求时，通常情况下可根据检测的结果作如下调整：

① 当坍落度值比设计要求值小或大时，可在保持水灰比不变的情况下增加水泥浆量或减少水泥浆量（即同时增加水和水泥用量或同时减少水和水泥用量），普通混凝土每增、减 10mm 坍落度，约需增、减 3%～5% 的水泥浆量；当坍落度值比设计要求值小或大时，亦可在保持砂率不变的情况下，同时减少或增加粗、细骨料的用量来达到坍落度要求；当

坦落度值比设计要求值小或大时，亦可通过增加和减少具有减水作用外加剂的掺量达到调整坦落度的目的，坦落度小时增加外加剂掺量，坦落度大时减少外加剂掺量。

② 当混凝土拌合物黏聚性、保水性差时，可在其他材料用量不变的情况下，适当增大砂率（保持砂、石总量不变，增加砂子用量，相应减少石子用量）；通过改变砂率也不能改善混凝土拌合物黏聚性、保水性差时，要分析原因，如果是因为砂子过粗或者过细造成拌合物黏聚性、保水性差，就需要调整砂子的级配；如果是因为石子的级配不好造成拌合物黏聚性、保水性差，就需要调整石子的级配；如果是因为砂子中小于 $300\mu m$ 的颗粒太少造成拌合物黏聚性、保水性差，就要适当补充这部分颗粒；如果是因为胶凝材料用量少且坦落度又较大的原因造成黏聚性、保水性差时，可降低水胶比、增加胶凝材料的用量，也可适当增加一些增稠的材料，以提高其黏聚性、保水性。

③ 有时候也可能因为外加剂的对水泥、砂子中含泥量（尤其对聚羧酸系高性能减水剂）等的适应性不好造成混凝土拌合物和易性不良，此时就需要更换材料或者和外加剂生产厂家合作调整外加剂配方解决。

（2）试拌配合比

在计算配合比的基础上进行试拌，计算水胶比宜保持不变，根据和易性的具体情况，调整配合比中相关参数，使混凝土拌合物性能符合设计和施工要求后，根据调整的参数修正计算配合比，确定试拌配合比。

8）确定设计配合比

（1）强度试配

① 检验强度配合比的确定

在试拌配合比的基础上，确定检验强度配合比时，应采用三个不同的配合比，其中一个应为确定的试拌配合比，另外两个配合比的水胶比宜较试拌配合比分别增加和减少0.05，用水量应与试拌配合比相同，砂率可分别增加和减少1%。

② 按检验强度配合比计算出各材料的用量进行试拌，如果混凝土拌合物性能均符合设计和施工要求，则进行混凝土强度及要求的耐久性试验；如果另外两个配比的混凝土拌合物性能不符合设计和施工要求，还要适当进行调整以便使拌合物和易性满足设计和施工要求（一般只要调整一下砂率即可）。

③ 进行混凝土强度试验时，每种配合比至少应制作一组试件，并应标准养护到 28d 或设计强度要求的龄期时试压；此时如果有耐久性要求时还应进行耐久性试件的制作、养护和试验。

（2）调整、确定设计配合比

① 配合比调整应符合下述规定：

根据混凝土强度试验结果，绘制强度和胶水比的线性关系图，用图解法或插值法求出略大于配制强度的胶水比（当外加剂为液体时，此时也可以采用实际的胶水比作为确定强度的胶水比，实际的胶水比即胶凝材料与外加用水量和液体外加剂中所含水量之总用水量的比值，但最终确定的配合比与不考虑液体外加剂的胶水比的差别不大）；

在强度检验配合比试拌的基础上，用水量（m_w）和外加剂用量（m_a）应根据确定的胶水比作调整；

胶凝材料用量（m_b）应以用水量乘以图解法或插值法求出的胶水比计算得出；

粗骨料和细骨料用量（m_g 和 m_s）应在用水量和胶凝材料用量调整的基础上，进行调整。

② 混凝土拌合物表观密度和配合比校正系数的计算

配合比调整后的混凝土拌合物的表观密度应按下式计算：

$$\rho_{c,c} = m_c + m_f + m_g + m_s + m_a + m_w$$

式中 $\rho_{c,c}$——混凝土拌合物表观密度计算值（kg/m³）；

m_c——每立方米混凝土的水泥用量（kg/m³）；

m_f——每立方米混凝土的矿物掺合料用量（kg/m³）；

m_g——每立方米混凝土的粗骨料用量（kg/m³）；

m_s——每立方米混凝土的细骨料用量（kg/m³）；

m_a——每立方米混凝土的外加剂用量（kg/m³），掺量小时可忽略不计；

m_w——每立方米混凝土的用水量（kg/m³）。

配合比校正系数应按下式计算：

$$\delta = \frac{\rho_{c,t}}{\rho_{c,c}}$$

式中 δ——混凝土配合比校正系数；

$\rho_{c,t}$——混凝土表观密度实测值（kg/m³）。

（3）确定设计配合比（试验室配合比）

① 当混凝土表观密度实测值与计算值之差不超过计算值的2%时，调整好的配合比不做修正，维持不变；当二者之差超过2%时，应将配合比中每项材料用量均乘以校正系数 δ 的数值进行计算。

② 确定设计配合比

配合比调整后应测定混凝土拌合物水溶性氯离子含量，对耐久性有设计要求的混凝土应进行相关耐久性试验验证。如果混凝土拌合物水溶性氯离子含量试验结果符合规定，且耐久性符合相关设计要求，则调整后的配合比即为设计配合比（试验室配合比）（表3.2-27）。

设计配合比 表3.2-27

材料\项目	水泥	掺合料	外加剂	砂子	碎石	水
各材料单位质量(kg/m³)	m_c	m_f	m_a	m_s	m_g	m_w
质量比	1					

9）配合比的调整

（1）实验室出具的配合比为基准的配合比，在应用时应作调整。

（2）根据实验室作试配时使用的相近的原材料，测出砂、石的含水量，在原配合比的基础上扣减用水量，制定出施工用配合比。

（3）根据施工配合比进行生产，生产的混凝土应作开盘鉴定，并做好记录，如开盘鉴定结果与原试验结果相差较大，应查明原因并进行适当的改进。

3.2.2 钢材、钢筋、螺旋肋钢丝、钢绞线

1. 钢材

（1）钢材一般采用普通碳素钢。其中最常用的 Q235 低碳钢，其屈服强度为 235MPa，抗拉强度为 375～500MPa。Q345 低合金高强度钢，其塑性、焊接性良好，屈服强度为 345MPa。

（2）预制构件吊装用内埋式螺母或吊杆及配套的吊具，应符合国家现行标准的规定。

（3）预埋件锚板用钢材应采用 Q235、Q345 级钢，钢材等级不应低于 Q235B；钢材应符合《碳素结构钢》GB/T 700 的规定。预埋件的锚筋应采用未经冷加工的热轧钢筋制作。

（4）在装配整体式混凝土结构设计与施工中，应积极使用高强度钢筋，预制构件纵向钢筋宜使用高强度钢筋。

（5）碳素结构钢取样

① 碳素结构钢应按批进行检查和验收。

每批由同一牌号、同一炉号、同一等级、同一品种、同一尺寸、同一交货状态、同一进场时间的钢材组成。每批数量不得大于 60t，每批取试件一组，其中一个拉伸试件，一个冷弯试件。

② 取样方法

试件应在外观及尺寸合格的钢材上切取，切取时应防止受热、加工硬化及变形而影响其力学工艺性能。

工字钢和槽钢：应从腰高 1/4 处沿轧制方向切取矩形截面的拉伸、冷弯试件，厚度等于钢材厚度。角钢和乙字钢：应从腿长 1/3 处切取。T 形钢和球扁钢：应从腰高 1/3 处切取。扁钢：应从端部沿轧制方向在距边缘 1/3 宽度处切取。钢板：应在端部垂直于轧制方向切取试件；对于纵向轧钢板，应在距边缘 1/4 板宽处切取。碳素结构钢试件长度与钢筋试件长度相同。

（6）钢材必试项目

拉伸试验（屈服强度、抗拉强度、伸长率）、冷弯试验。

2. 钢筋

（1）钢筋品种

① 钢筋按生产工艺分：热轧钢筋、热处理钢筋、冷轧钢筋、冷拉钢筋。

② 钢筋按力学性能分：HPB300（即屈服强度为 300MPa）、HRB400、HRBF400、HRB400E、HRBF400E、HRB500、HRBF500、HRB500E、HRBF500E、HRB600、CRB550、CRB650、CRB800、CRB600H、CRB680H、CRB800H。

③ 钢筋按轧制外形分：光面钢筋（直径 6～12mm）、带肋钢筋（螺旋形、人字形和月牙形）、钢线及钢绞线、冷轧扭钢筋。

④ 钢筋按化学成分分：碳素钢钢筋和普通低合金钢筋。碳素钢钢筋按含碳量多少，又可分为低碳钢钢筋（含碳量低于 0.25%）、中碳钢钢筋（含碳量 0.25%～0.7%）和高碳钢钢筋（含碳量大于 0.7%）。普通低合金钢筋是在低碳钢中碳钢的成分中加入少量合金元素，获得强度高和综合性能好的钢种，如 20MnSi、20MnTi、45SiMnV 等。

（2）建筑工程钢筋的选用

① 普通钢筋宜采用 HRB400 级和 HRB400E 级钢筋，也可采用 HPB300 级钢筋；

② 预应力钢筋宜采用预应力钢绞线、钢丝。

（3）钢筋原材截面积、理论重量要求见表 3.2-28 和表 3.2-29。

光面钢筋公称截面面积与理论重量　　　　　　　　　　表 3.2-28

公称直径(mm)	公称横截面面积(mm²)	理论重量(kg/m)
6	28.27	0.222
8	50.27	0.395
10	78.54	0.617
12	113.1	0.888
14	153.9	1.21
16	201.1	1.58
18	254.5	2.00
20	314.2	2.47
22	380.1	2.98

注：表中理论重量按密度为 7.85g/cm³ 计算。

带肋钢筋公称截面面积与理论重量　　　　　　　　　　表 3.2-29

公称直径(mm)	公称横截面面积(mm²)	理论重量(kg/m)
6	28.27	0.222
8	50.27	0.395
10	78.54	0.617
12	113.1	0.888
14	153.9	1.21
16	201.1	1.58
18	254.5	2.00
20	314.2	2.47
22	380.1	2.98
25	490.9	3.85
28	615.8	4.83
32	804.2	6.31
36	1018	7.99
40	1257	8.87
50	1964	15.42

注：表中理论重量按密度为 7.85g/cm³ 计算。

（4）钢筋检验要求

① 外观检查

钢筋进场时及使用前均应对外观质量进行检查。

检查内容：直径、标牌、外形、长度、劈裂、锈蚀等项目。如发现有异常现象时（包括在加工过程中有脆断、焊接性能显著不正常时），应不采用。

② 力学性能试验

屈服强度、抗拉强度、断后伸长率、最大力下总伸长率、冷弯反向弯曲性能，均符合现行国家标准的规定。

对有抗震设防要求的框架结构，其纵向受力钢筋的强度应满足设计要求。

当设计无具体要求时，对一、二级抗震等级，检验所得的强度实测值应符合下列规定：钢筋的抗拉强度实测值与屈服强度实测值的比值不应小于 1.25，钢筋的屈服强度实测值与屈服强度特征值的比值不应大于 1.3。

③ 重量偏差，钢筋的重量偏差项目不允许复检。

有下列情况时还应增加相应检验项目：

有附加保证条件的混凝土结构中的钢筋；对高质量的热轧带肋钢筋应有反向弯曲检验项目和屈服强度数据；预应力混凝土用钢丝应有反复弯曲次数和松弛技术指标，钢绞线应有屈服负荷和整根破坏的技术指标。

④ 进场的钢筋有下列情况之一者，必须按现行国家标准的规定对该批钢筋进行化学成分检验和其他专项检验：在加工过程中，发现机械性能有明显异常现象；虽有出厂力学性能指标，但外观质量缺陷严重。

进口钢筋须经力学性能、化学分析和焊接试验检验。

（5）钢筋试验

① 钢筋取样，每组试件数量见表 3.2-30。

钢筋取样试件数量　　　　表 3.2-30

钢筋种类	试件数量			
	拉伸试验	弯曲试验	重量偏差	反向弯曲
热轧带肋钢筋	2个	2个	5个	1个
热轧光圆钢筋	2个	2个	5个	-
低碳热轧圆盘条	1个	2个	-	-
余热处理钢筋	2个	2个	-	-
冷轧带肋钢筋	每盘1个	每批2个	1个	-

② 取样方法

按表 3.2-30 中规定凡取两个试件的（低碳热轧圆盘条冷弯试件除外）均应从任意两根（或两盘）中分别切取，即在每根上切取一个拉伸试件，一个弯曲试件。

碳钢热轧圆盘条冷弯试件应取自不同盘；盘条试件在切取时，应在盘条的任意一端截去 500mm 后切取；试件长度：拉伸试件≥标称标距＋200mm；弯曲试件≥标称标距＋150mm；同时还应考虑材料试验机的有关参数确定其长度；试件的形状，具有恒定横截面的产品（型材、棒材、线材等）可以不经机加工而进行试验。

3. 螺旋肋钢丝

预应力混凝土用螺旋肋钢丝（公称直径 DN 为 4、4.8、5、6、6.25、7、8、9、10）的规格及力学性能，应符合现行国家标准《预应力混凝土用钢丝》GB/T 5223—2014 的规定，详见表 3.2-31。

螺旋肋钢丝的力学性能　　　　表 3.2-31

公称直径（mm）	抗拉强度（MPa）不小于	规定非比例伸长应力（MPa）不小于		最大力下总伸长率($l_0=200mm$,%)不小于	弯曲次数（次/180°）不小于	弯曲半径（mm）	应力松弛性能		
		WLR	WNR				初始力相当于公称抗拉强度的百分数（%）	1000h后应力松弛率不小于	
								WLR	WNR
4.00	1470	1290	1250	3.5	3	10	60	1.0	4.5
	1570	1380	1330						
4.80	1670	1470	1410		4	15	70	2.0	8
	1770	1560	1500				80	4.5	12
5.00	1860	1640	1580						
6.00	1470	1290	1250		4	15			
	1570	1380	1330		4	20			
6.25	1670	1470	1410						
7.00	1770	1560	1500		4	20			
8.00	1570	1290	1250		4	20			
9.00	1470	1380	1330		4	25			
10.00	1470	1290	1250		4	25			
12.00					4	30			

4. 钢绞线

（1）取样数量及检验组批

钢绞线应成批验收，每批钢绞线由同一牌号、同一规格、同一生产工艺捻制的钢绞线组成。每批质量不大于 60t。

钢绞线的检验项目及取样数量应符合表 3.2-32 的规定。

供方出厂常规检验项目及取样数量　　　　表 3.2-32

序号	检验项目	取样数量	取样部位	检验方法
1	表面	逐盘卷		目视
2	外形尺寸	逐盘卷		按本标准
3	钢绞线伸直性	3根/每批	在每（任）盘卷中任意一端截取	
4	整根钢绞线最大力	3根/每批		
5	规定非比例延伸力	3根/每批		
6	最大力总伸长率	3根/每批		
7	应力松弛性能	不小于1根/每合同批（注）		

注：合同批为一个订货合同的总量。在特殊情况下，松弛试验可以由工厂连续检验提供同一原料、同一生产工艺的数据所代替。

（2）表面质量

129

① 钢绞线表面不得有油、润滑脂等物质。钢绞线允许有轻微的浮锈，但不得有目视可见的锈蚀麻坑。

② 目测检查钢绞线表面质量允许存在回火颜色。

（3）公称直径、尺寸偏差及力学性能指标检测

① 不同结构预应力钢绞线的公称直径、直径允许偏差、测量尺寸及测量尺寸允许偏差应分别符合《预应力混凝土用钢绞线》GB/T 5224—2014 中的 7.2 表 5 "1×2 结构钢绞线尺寸及允许偏差、公称横截面积、每米理论重量"、表 6 "1×3 结构钢绞线尺寸及允许偏差、公称横截面积、每米理论重量"、表 3 "1×7 结构钢绞线尺寸及允许偏差"中的相关规定。

② 钢绞线的拉伸试验、伸直性、应力松弛性能试验等力学性能指标应分别符合《预应力混凝土用钢绞线》GB/T 5224—2014 中的 7.2 表 5 "1×2 结构钢绞线的力学性能"、7.2 表 6 "1×3 结构钢绞线的力学性能"、7.2 表 7 "1×7 结构钢绞线的力学性能"的相关规定。

5. 焊接材料

1）手工焊接用焊条质量，应符合《非合金钢及细晶粒钢焊条》GB/T 5117—2012、《热强钢焊条》GB/T 5118—2012 的规定。选用的焊条型号应与主体金属相匹配。

2）自动焊接或半自动焊接采用的焊丝和焊剂，应与主体金属强度相适应，焊丝应符合《熔化焊用钢丝》GB/T 14957—1994 等规范标准的要求。

3）锚筋（HRB400 级钢筋）与锚板（Q235B 级钢）之间的焊接，可采用 T50X 型。Q235B 级钢之间的焊接可采用 T42 型。

3.2.3　木模板、钢模板

1. 木模板、木方

1）模板

所用模板为 12 或 15mm 厚竹、木胶板，材料各项性能指标必须符合要求。竹、木胶板的力学性能见表 3.2-33、表 3.2-34。

覆面竹胶板的力学性能　　　　　　　　　　　　　　　　　表 3.2-33

规　格	抗弯强度（N/mm²）	弹性模量（N/mm²）
12~15mm 厚胶板	37（三层）	10584
	35（五层）	9898

木胶板的力学性能　　　　　　　　　　　　　　　　　　　表 3.2-34

规　格	抗弯强度（N/mm²）	弹性模量（N/mm²）
12mm 厚木胶板	16	4700
15mm 厚木胶板	17	5000

2）木方

霉变、虫蛀、腐朽、劈裂等不符合一等材质木方不得使用，木方的含水率不大于20%。木方（松木）的力学性能见表 3.2-35。

木方（松木）的力学性能　　　　　　表 3.2-35

规格	剪切强度(N/mm²)	抗弯强度(N/mm²)	弹性模量(N/mm²)
50mm×70mm	1.7	17	10000

木材材质标准符合现行国家标准《木结构设计标准》GB 50005—2017 的规定，详见表 3.2-36。

模板结构或构件的木材材质等级　　　　　　表 3.2-36

项次	主要用途	材质等级
1	受拉或拉弯构件	Ⅰa
2	受压或压弯构件	Ⅱa
3	受压构件	Ⅲa

3）木脚手板

选用 50mm 厚的松木质板，其材质符合国家现行标准《木结构设计标准》GB 50005—2017 中对Ⅱ级木材的规定。木脚手板宽度不得小于 200mm；两头须用 8 号铅丝打箍；腐朽、劈裂等不符合一等材质的脚手板禁止使用。

4）垫板

垫板采用松木制成的木脚手板，厚度 50mm，宽度 200mm，板面挠曲≤12mm，板面扭曲≤5mm，不得有裂纹。

2. 钢模板

1）选用钢模板钢材时，采用现行国家标准《碳素结构钢》GB/T 700—2006 中的相关标准，一般采用 Q235 钢材。

2）模板必须具备足够的强度、刚度和稳定性，能可靠地承受施工过程中的各种荷载，保证结构物的形状尺寸准确。

模板设计中考虑的荷载为：

（1）计算强度时考虑：浇筑混凝土对模板的侧压力＋倾倒混凝土时产生的水平荷载＋振捣混凝土时产生的荷载。

（2）验算刚度时考虑：浇筑混凝土对模板的侧压力＋振捣混凝土时产生的荷载。

（3）钢模板加工制作允许偏差：

模板加工宜采用数控切割，焊接宜采用二氧化碳气体保护焊。

模板接触面平整度、板面弯曲、拼装缝隙、几何尺寸等应满足相关设计要求，允许偏差及检验方法应符合相关标准规定。

3.2.4　灌浆料、灌浆套筒、灌浆套筒连接件

1. 灌浆料

1）一般规定和要求

（1）钢筋连接用套筒灌浆料：以水泥为基本材料，配以细骨料，以及混凝土外加剂和其他材料组成的干混料，简称"套筒灌浆料"。该材料加水搅拌后具有良好的流动性、早强、高强、微膨胀等性能，填充在套筒和带肋钢筋间隙内，形成钢筋套筒灌浆连接接头。

（2）灌浆料分为两类：常温型套筒灌浆料、低温型套筒灌浆料。

（3）常温型套筒灌浆料适用于灌浆施工及养护过程中，24h内灌浆部位环境温度不低于5℃的套筒灌浆料。

（4）低温型套筒灌浆料适用于灌浆施工及养护过程中，24h内灌浆部位环境温度范围为−5℃～10℃的套筒灌浆料。

（5）常温型套筒灌浆料使用时，施工及养护过程中24h内灌浆部位所处的环境温度不应低于5℃。低温型套筒灌浆料使用时，施工及养护过程中24h内灌浆部位所处的环境温度不应低于−5℃，且不宜超过10℃。

故在北方冬季进行套筒灌浆作业前后，均应采用围裹、挡风、防风等保温防护措施，确保在灌浆前和灌浆后的一段时间内的灌浆部位处环境温度不低于5℃、−5℃的温度要求。

（6）套筒灌浆料应按产品设计（说明书）要求的用水量进行配制。拌合用水应符合《混凝土用水标准》JGJ 63—2006的规定。

2）标志、包装、运输和贮存

（1）标志

包装袋（筒）上应标明产品名称、型号、净质量、使用要点、生产厂家（包括单位地址、电话）、生产批号、生产日期、保质期等内容。

（2）包装

套筒灌浆料应采用防潮袋（筒）包装。

每袋（筒）净质量宜为25kg，且不应小于标志质量的99％。

随机抽取40袋（筒）25kg包装的产品，其总净质量不应少于1000kg。

（3）运输和贮存

产品运输和贮存时不应受潮和混入杂物。

产品应贮存于通风、干燥、阴凉处，运输过程中应注意避免阳光长时间照射。

3）交货与验收

（1）交货时，生产厂家应提供产品合格证、使用说明书和产品质量检测报告。

（2）交货时，产品的质量验收可抽取实物试样，以其检验结果为依据。也可以以产品同批号的检验报告为依据。质量验收方法由买卖双方商定，并在合同或协议中注明。

（3）以抽取实物试样的检验结果为验收依据时，买卖双方应在发货前或交货地，共同取样和封存。取样方法应按《水泥取样方法》GB 12573—2008进行，样品均分为两等份。一份由卖方干燥密封保存40d，另一份由买方按本标准规定的项目和方法进行检验。在40d内，买方检验认为质量不符合本标准要求，而卖方有异议时，双方应将卖方保存的那份试样送检。

（4）以同批号产品的检验报告为验收依据时，在发货前或交货时，买卖双方在同批号产品中抽取试样，双方共同签封后保存2个月。在2个月内，买方对产品质量有疑问时，买卖双方应将签封的试样送检。

2. 钢筋连接用灌浆套筒

1）套筒灌浆连接主要适用于装配整体式混凝土结构的预制剪力墙、预制柱等预制构件的纵向钢筋连接（图3.2-1～图3.2-3），也可用于叠合梁等后浇部位的纵向钢筋连接。

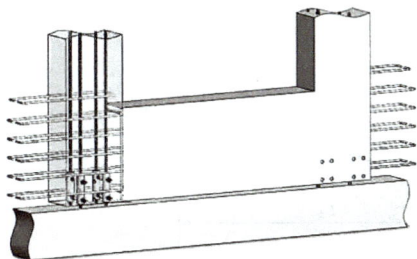

图 3.2-1 剪力墙内钢筋套筒布设透视图

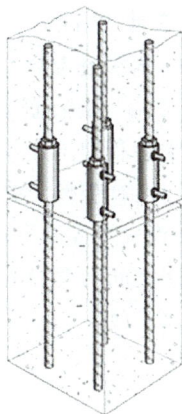

图 3.2-2 柱内钢筋套筒布设透视图

套筒灌浆连接接头在同截面布置时，接头性能应达到钢筋机械连接接头的最高性能等级，国内建筑工程的接头应满足国家行业标准《钢筋机械连接技术规程》JGJ 107—2016 中的Ⅰ级性能指标。套筒的各项指标应符合《钢筋连接用灌浆套筒》JG/T 398—2019 的标准要求。灌浆料的各项指标应符合《钢筋连接用套筒灌浆料》JG/T 408—2019 的标准要求。

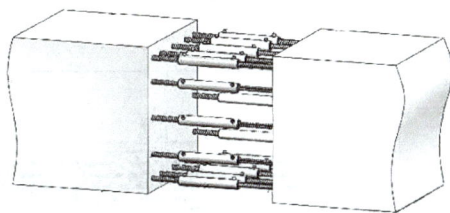

图 3.2-3 梁内钢筋套筒布设透视图

2）钢筋套筒灌浆连接是装配式整体混凝土结构的重要接头形式，是因工程实践需要而产生的一种新型的钢筋连接方式。这种连接方式极大地弥补了传统连接方式（焊接、螺栓连接、后浇连接等）在装配式建筑中应用的不足，由此得到了迅速的发展和应用。

钢筋连接用灌浆套筒是采用铸造工艺或机械加工工艺制造，用于钢筋套筒灌浆连接的金属套筒。美籍华人余占疏博士在 1960 年发明了 Splice Sleeve（钢筋套筒连接器），首次在美国夏威夷 38 层阿拉莫阿纳酒店的预制柱钢筋连接中得到了应用，并经受住夏威夷历次强烈地震的检验。

日本 TTK 公司改良成较短的钢筋套筒连接器（Tops Sleeve）（图 3.2-4）。

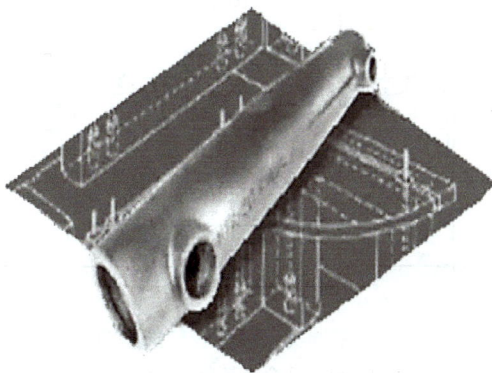

图 3.2-4 Tops Sleeve

1978 年 6 月 22 日至 27 日，中国建筑学会举办了四次由结构专家余占疏主讲的关于预应力混凝土的学术报告会。

2011 年 11 月余占疏到中国深圳和南宁，进行预制预应力混凝土技术系列讲座。在由亚洲混凝土学会和中国建筑业协会混凝土分会联合召开的广西南宁"2011 年混凝土可持续发展论坛"上，被授予终身成就奖。

3）钢筋连接用灌浆套筒的分类、标记：

（1）按照钢筋与套筒的连接方式不同，该接头分为全灌浆接头、半灌浆接头二种（图3.2-5、表 3.2-37）。

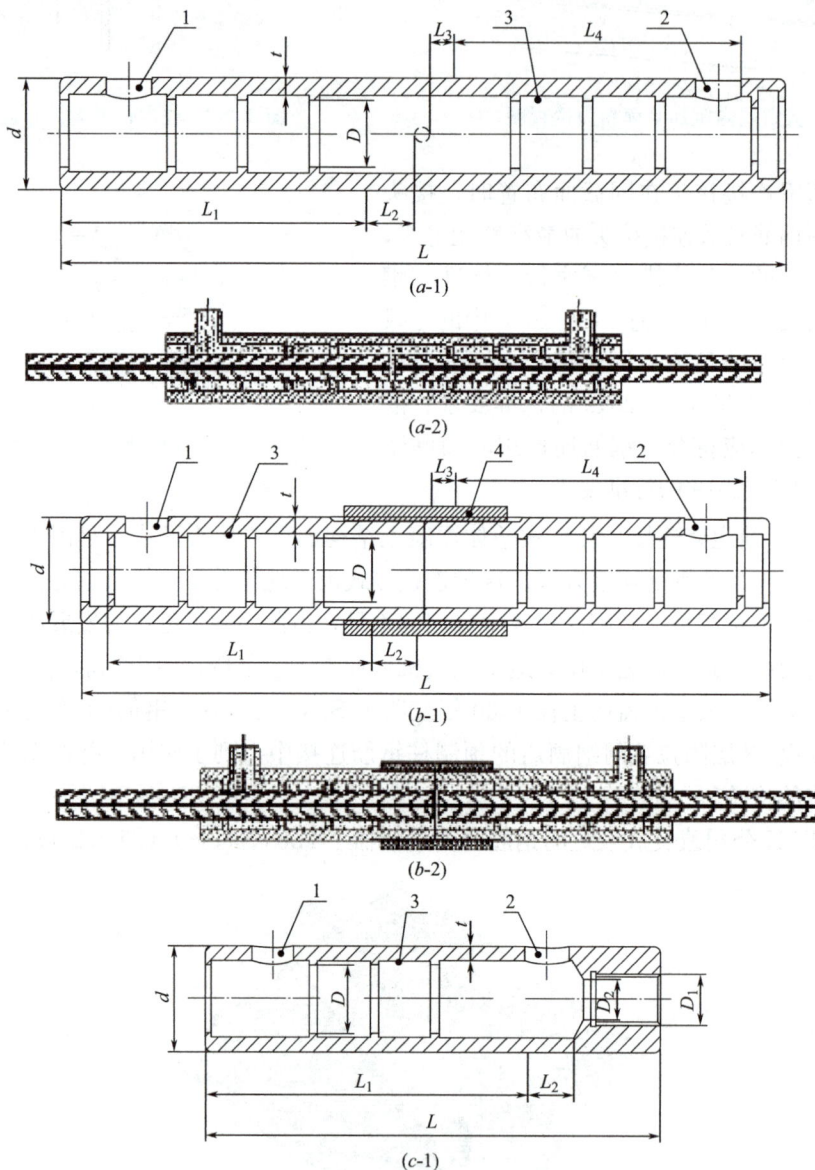

图 3.2-5　不同类型灌浆套筒剖面图（一）

（a-1）整体式全灌浆套筒剖面图-1；（a-2）整体式全灌浆套筒剖面图-2；（b-1）分体式全灌浆套筒剖面图-1；

（b-2）分体式全灌浆套筒剖面图-2；（c-1）整体式半灌浆套筒剖面图-1

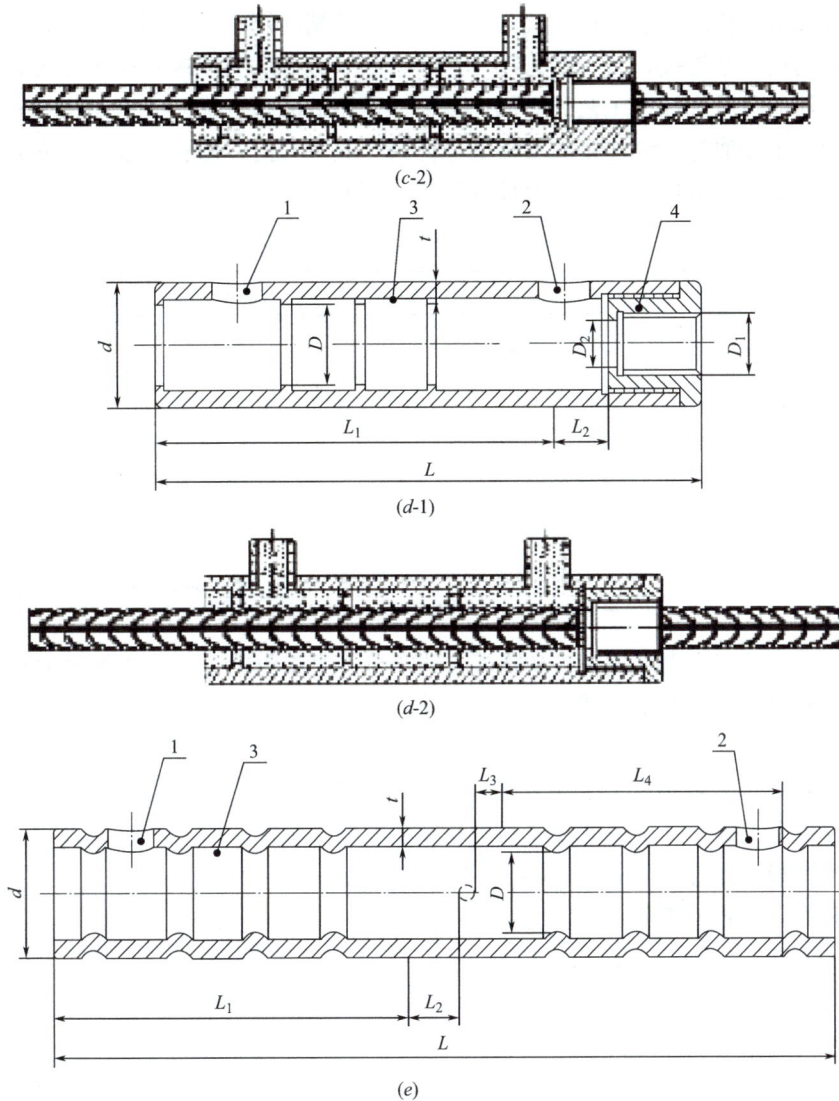

图 3.2-5　不同类型灌浆套筒剖面图（二）

1—灌浆孔；2—排浆孔；3—剪力槽；4—连接套筒；L—灌浆套筒总长；L_1—注浆端锚固长度；

L_2—装配端预留钢筋安装调整长度；L_3—预制端预留钢筋安装调整长度；L_4—排浆端锚固长度；

t—灌浆套筒名义壁厚；d—灌浆套筒外径；D—灌浆套筒最小内径；D_1—灌浆套筒机械连接端

螺纹的公称直径；D_2—灌浆套筒螺纹端与灌浆端连接处的通孔直径

（c-2）整体式半灌浆套筒剖面图-2；（d-1）分体式半灌浆

套筒剖面图-1；（d-2）分体式半灌浆套筒剖面图-2；（e）滚压型全灌浆套筒剖面图

注：1. D 不包括灌浆孔、排浆孔外侧因导向、定位等比锚固段环形突起内径偏小的尺寸。

　　2. D 可为非等截面。

　　3. 图（a-1）、（a-2）和图（e）中间虚线部分为竖向全灌浆套筒设计的中部限位挡片或挡杆。

　　4. 当灌浆套筒为竖向连接套筒时，套筒注浆端锚固长度 L_1 为从套筒端面至挡销圆柱面深度减去调整
　　　长度 20mm；当灌浆套筒为水平连接套筒时，套筒注浆端锚固长度 L_1，为从密封圈内侧端面位置
　　　至挡销圆柱面深度减去调整长度 20mm。

135

全灌浆接头是传统的灌浆连接接头形式，套筒两端的钢筋均采用灌浆连接。半灌浆接头是一端钢筋用灌浆连接，另一端采用非灌浆方法（例如螺纹连接）连接的接头。

按照套筒的材质和加工工艺的不同，分为铸铁铸造成型、优质碳素结构钢机械加工成型等。由两个单元通过螺纹连接成整体的分体式全灌浆套筒；由相互独立的灌浆端筒体和螺纹连接单元组成的分体式半灌浆套筒（表 3.2-37）。

灌浆套筒分类表　　　　　　　　　　　　　表 3.2-37

分类方式	名称	
结构形式	全灌浆套筒	整体式全灌浆套筒
		分体式全灌浆套筒
	半灌浆套筒	整体式半灌浆套筒
		分体式半灌浆套筒
加工方式	铸造成型	—
	机械加工成型	切削加工
		压力加工（如滚压工艺，见图 3.2-6e）

半灌浆套筒可按非灌浆一端机械连接方式，分为直接滚轧直螺纹半灌浆套筒、剥肋滚轧直螺纹半灌浆套筒和锻粗直螺纹半灌浆套筒。

（2）标记

灌浆套筒型号由名称代号、分类代号、钢筋强度级别主参数代号、加工方式分类代号、钢筋直径主参数代号、特征代号和更新及变型代号组成。灌浆套筒主参数为被连接钢筋的强度级别和公称直径（图 3.2-6）。

灌浆套筒型号表示如下：

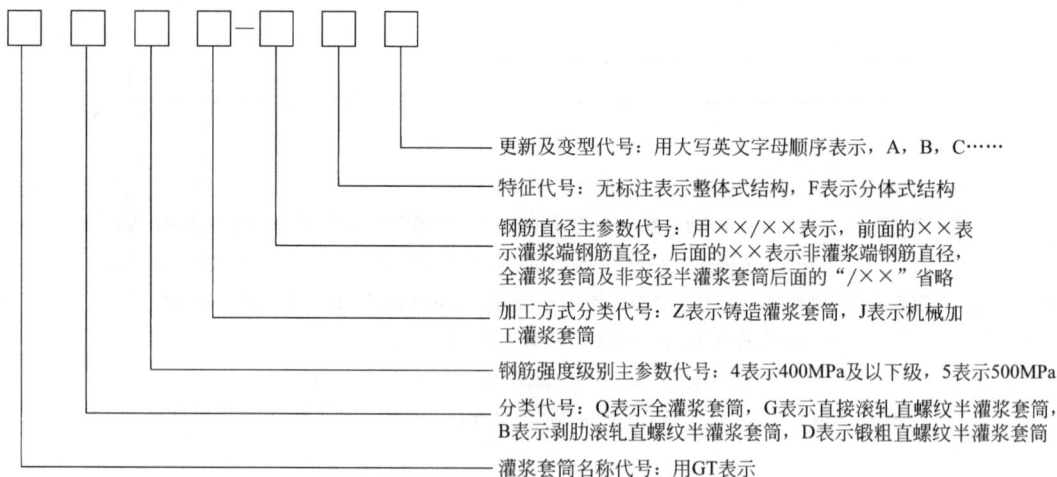

> 更新及变型代号：用大写英文字母顺序表示，A，B，C……
> 特征代号：无标注表示整体式结构，F表示分体式结构
> 钢筋直径主参数代号：用××/××表示，前面的××表示灌浆端钢筋直径，后面的××表示非灌浆端钢筋直径，全灌浆套筒及非变径半灌浆套筒后面的"/××"省略
> 加工方式分类代号：Z表示铸造灌浆套筒，J表示机械加工灌浆套筒
> 钢筋强度级别主参数代号：4表示400MPa及以下级，5表示500MPa
> 分类代号：Q表示全灌浆套筒，G表示直接滚轧直螺纹半灌浆套筒，B表示剥肋滚轧直螺纹半灌浆套筒，D表示锻粗直螺纹半灌浆套筒
> 灌浆套筒名称代号：用GT表示

图 3.2-6　灌浆套筒型号标记

示例 1：连接标准屈服强度为 400MPa，直径 40mm 钢筋，采用铸造加工的整体式全灌浆套筒表示为：GTQ4Z-40。

示例 2：连接标准屈服强度为 500MPa 钢筋，灌浆端连接直径 36mm 钢筋，非灌浆端

连接直径 32mm 钢筋，采用机械加工方式加工的剥肋滚轧直螺纹半灌浆套筒的第一次变型表示为：GTB5J-36/32A。

示例 3：连接标准屈服强度为 500MPa，直径 32mm 钢筋，采用机械加工的分体式灌浆套筒表示为：GTQ5J-32F。

4）钢筋连接用灌浆套筒的标志、包装、运输和贮存

（1）标志

产品表面应刻印清晰、持久性的标识。标识应包括标记和厂家代号、可追溯原材料性能的生产批号、铸造炉批号。厂家代号可采用字符或图案。生产批号代号可采用数字或数字与符号组合。

产品表面的标识可单排也可双排排列。当双排排列时，名称代号、特性代号、主参数代号应列为一排。

（2）包装

产品包装应采用木箱等其他可靠包装。包装物表面上应标明产品名称、灌浆套筒型号、套筒加工工艺、数量、适用钢筋规格、钢筋强度等级、制造日期、生产批号、生产厂家名称、地址、电话等。产品包装应符合《一般货物运输包装通用技术条件》GB/T 9174—2008 的规定。

产品出厂时包装内应附产品合格证，并向用户提交质量证明书，同时符合下列规定：

产品合格证应包括生产厂家名称、产品型号、生产批号、生产日期、执行标准、数量、检验合格签章、质检员签章等。

产品质量证明书应包括产品名称、灌浆套筒型号和规格、生产批号、材料牌号、数量、执行标准、检验合格签章、企业名称、通信地址和联系电话等。

（3）运输和贮存

产品在运输过程中应有防水、防雨措施；产品应贮存在防水、防雨、防潮的环境中，并按规格型号分别码放。

3. 灌浆套筒连接件

1）采用套筒灌浆连接的 PC 构件混凝土强度等级不宜低于 C30。

2）当装配式混凝土结构，采用符合《钢筋套筒灌浆连接应用技术规程》JGJ 355—2015 规定的套筒灌浆连接接头时，全部构件纵向受力钢筋可在同一截面上连接。

3）混凝土结构中，全截面受拉构件同一截面，不宜全部采用钢筋套筒灌浆连接。

（1）接头连接钢筋的强度等级，不应高于灌浆套筒规定的连接钢筋强度等级。

（2）接头连接钢筋的直径规格，不应大于灌浆套筒规定的连接钢筋直径规格，且不宜小于灌浆套筒规定的连接钢筋直径规格一级以上。

（3）构件配筋方案，应根据灌浆套筒外径、长度及灌浆施工要求确定。

3.2.5　保温材料

1）预制夹心外墙板可采用有机类保温板和无机类保温板作为夹心保温材料，其产品性能指标和要求等应符合相应的标准要求。

2）进厂检验应符合下列规定：

（1）同一厂家、同一品种且同一规格，不超过 5000m 为一批。

（2）按批抽取试样进行导热系数、密度、压缩强度、吸水率和燃烧性能试验。

（3）检验结果应符合设计要求和国家现行相关标准的有关规定。

（4）保温材料燃烧性能等级应符合现行国家标准《建筑设计防火规范（2018年版）》GB 50016—2014的规定，且不应低于现行国家标准《建筑材料及制品燃烧性能分级》GB 8624—2012中 B_1 级的要求。

（5）采用其他保温材料应符合相关标准的要求，或有有效的技术依据，并通过省部级以上建设行政管理部门的产品鉴定。

（6）当拉结件系统，需依靠中间保温层承受压力时，应符合《预制混凝土夹心保温外墙板用金属拉结件应用技术规程》T/BCMA 002—2021第5.4.3条的要求。

3）聚苯板主要性能指标应符合表3.2-38的规定，其他性能指标应符合现行国家标准《绝热用模塑聚苯乙烯泡沫塑料》GB/T 10801.1—2002和《绝热用挤塑聚苯乙烯泡沫塑料（XPS）》GB/T 10801.2—2018的规定。

聚苯板性能指标要求   表 3.2-38

项　目	单　位	性能指标		实验方法
		EPS 板	XPS 板	
表观密度	kg/m³	20~30	30~35	GB/T 6343—2009
导热系数	W/(m·K)	≤0.041	≤0.03	GB/T 10294—2008
压缩强度	MPa	≥0.10	≥0.20	GB/T 8813—2020
燃烧性能	—	不低于 B_1 级		GB 50016—2014 GB 8624—2012
尺寸稳定性	%	≤3	≤2.0	GB/T 8811—2008
吸水率(体积分数)	%	≤4	≤1.5	GB/T 8810—2005

4）聚氨酯保温板主要性能指标应符合表3.2-39的规定，其他性能指标应符合现行国家行业标准《聚氨酯硬泡复合保温板》JG/T 314—2012和《建筑绝热用硬质聚氨酯泡沫塑料》GB/T 21558—2008的有关规定。

聚氨酯保温板性能指标要求   表 3.2-39

项　目	单　位	性能指标	实验方法
表观密度	kg/m³	≥32	GB/T 6343—2009
导热系数	W/(m·K)	≤0.024	GB/T 10294—2008
压缩强度	MPa	≥0.15	GB/T 8813—2020
拉伸强度	MPa	≥0.15	GB/T 9641—1988
燃烧性能	—	不低于 B_1 级	GB 50016—2014 GB 8624—2012
尺寸稳定性	%	80℃，48h≤1.0	GB/T 8811—2008
		−30℃，48h≤1.0	—
吸水率（体积分数）	%	≤3	GB/T 8810—2005

3.2.6 连（拉）结件

当前，国内预制混凝土夹心保温墙板（三明治墙板）使用的连结件主要有纤维增强塑料连接件（Fiber-reinforced Polymer Comnector，简称 FRP）、金属拉接件两种。

1. **纤维增强塑料连接件（FRP）**

1）分类和标记

（1）FRP 连接件是以纤维为增强相，热固性树脂为基体相，通过拉挤工艺成型，用于连接预制保温墙体中内、外叶墙混凝土板，使二者协同工作的连接件。

（2）FRP 连接件按纤维种类分为：玻璃纤维增强塑料（GFRP）连接件和玄武岩纤维增强塑料（BFRP）连接件两类。

（3）FRP 连接件按横截面分为：棒状 FRP 连接件和片状 FRP 连接件，棒状连接件截面长宽比不宜大于 2，片状连接件截面长宽比宜大于 2。

（4）标记格式和内容

FRP 连接件产品上应有厂家标志、标记（图 3.2-7、图 3.2-8），出厂时应附产品说明书、产品型式检验报告和产品检验合格证。

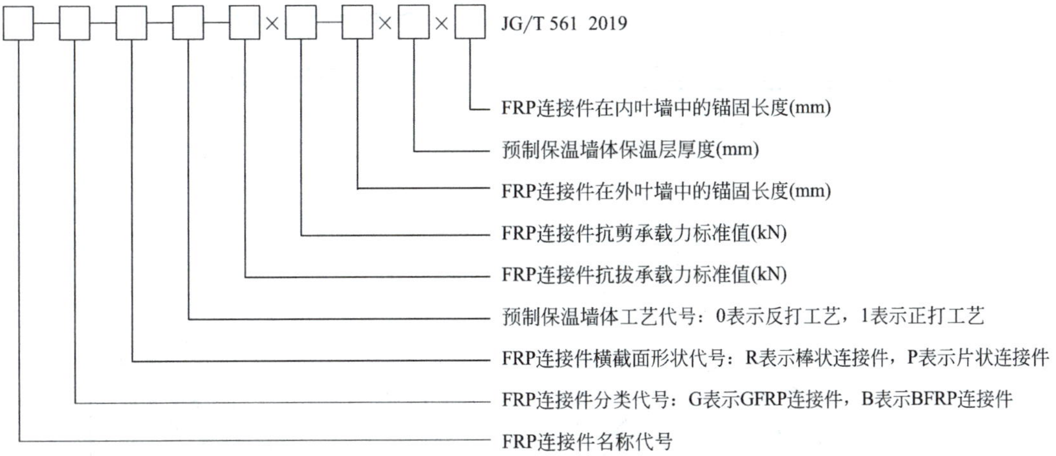

图 3.2-7 FRP 连接件标记格式

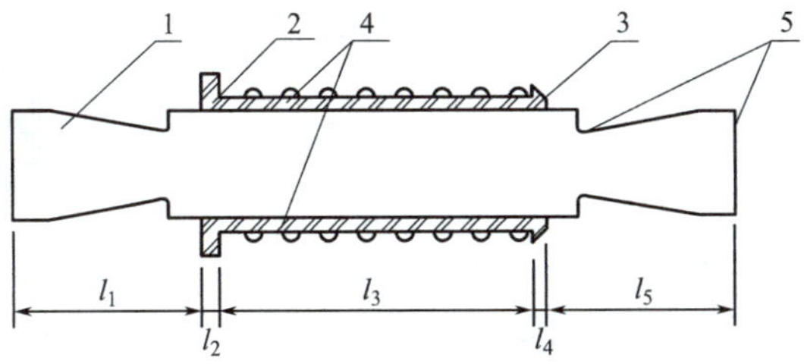

图 3.2-8 连接件示例构造示意图

1—FRP 连接杆；2—套环端板 1；3—套环端板 2；4—套环环身；5—切口；

l_1—连接件在内叶墙中的锚固长度；l_2—套环端板 1 厚度；

l_3—保温层厚度；l_4—套环端板 2 厚度；l_5—连接件在外叶墙中的锚固长度

示例：采用 GFRP 材料，横截面形状为棒状，适用于采用反打工艺制作的预制保温墙体，抗拔承载力标准值为 7.2kN、抗剪承载力标准值为 2.8kN，在内叶墙中锚固长度为 30mm、保温层厚度 50mm、在外叶墙中锚固长度为 30mm 的 FRP 连接件，标记为：FRP-G-R-O-7.2×2.8-30×50×30 JG/T 561 2019。

2）包装、运输和贮存

应采用牢固、不易变形的箱子包装运输 FRP 连接件。

FRP 连接件在运输过程中应有防雨、防潮措施，不得受剧烈撞击、抛摔和重物堆压。

FRP 连接件不得露天存放，应贮存在通风、干燥、防火、防水、防雨的库房内，远离热源、火源。避免腐蚀性介质的侵蚀，避免紫外线直射，不应与其他物品混杂。

2. 金属拉结件

目前，国内预制混凝土夹心保温墙板（三明治墙板）使用的金属拉结件产品主要有德国哈芬（Halfen）的针式拉结件（图 3.2-9）、夹式拉结件（图 3.2-10）、板式拉结件（图 3.2-11），芬兰佩克（Peikko）桁架式拉结件（图 3.2-12）。

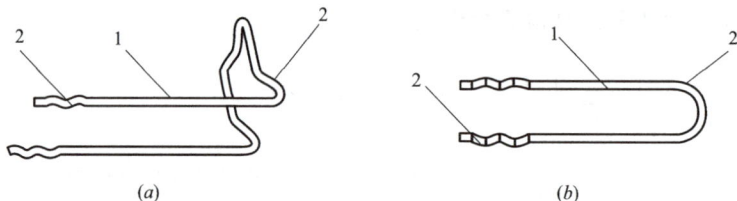

图 3.2-9　针式拉结件

1—钢棒；2—弯折部位

（a）A 型针式拉结件；（b）N 型针式拉结件

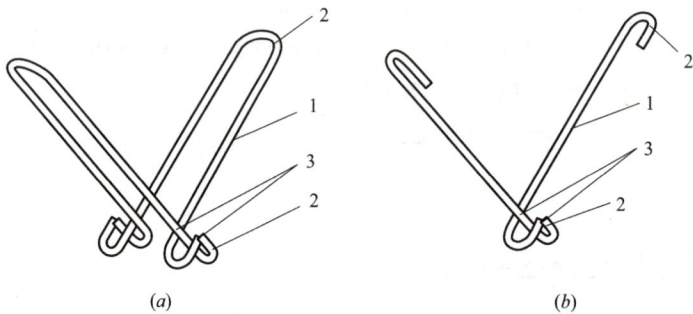

图 3.2-10　夹式拉结件

1—钢棒；2—弯折部位；3—焊接部位

（a）双肢夹式拉结件；（b）单肢夹式拉结件

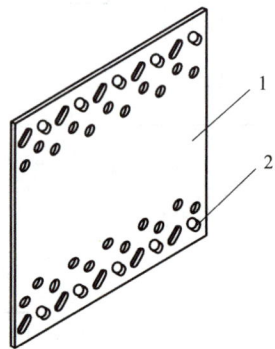

图 3.2-11　板式拉结件

1—钢板；2—开孔

1）一般规定

（1）拉结件的排布、承载力验算、变形验算，应满足本规程要求。

（2）夹心外墙板在温度作用下的受力性能，应满足本规程要求。

（3）应考虑拉结件的热桥影响并满足夹心外墙板的热工性能要求。

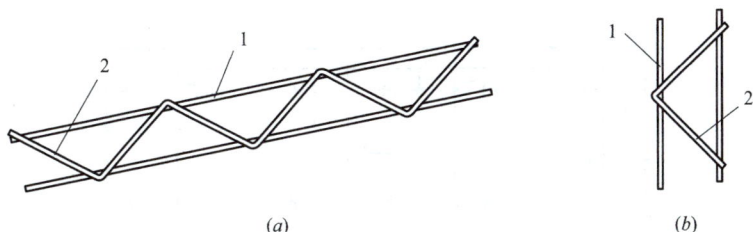

图 3.2-12 桁架式拉结件

1—钢弦杆；2—钢腹杆

（*a*）连续桁架式拉结件；（*b*）独立桁架式拉结件

（4）应满足夹心外墙板的防火性能要求。

（5）应满足夹心外墙板的设计使用年限及耐久性要求。

（6）夹心外墙板中拉结件系统，可选用板式、夹式、桁架式拉结件系统。当保温层厚度不小于 150mm 时宜采用夹式拉结件系统、桁架式拉结件系统。

（7）夹心外墙板生产企业应按《预制混凝土夹心保温外墙板用金属拉结件应用技术规程》T/BCMA 002—2021 第 7 章的有关规定，对拉结件进行进厂质量检验，检验合格后方可使用。

2）采用金属拉结件系统的夹心外墙板应符合下列规定：

（1）保温层厚度不应小于 30mm，且不宜大于 250mm。

（2）外叶墙板厚度不宜小于 60mm，内叶墙板厚度不宜小于 100mm。

（3）脱模起吊时，同条件养护的混凝土立方体试件抗压强度应满足设计要求，且不应小于 $20N/mm^2$。

（4）安装时，同条件养护的混凝土立方体试件抗压强度应满足设计要求。当设计无要求时应达到设计混凝土强度等级值的 100%。

3）产品标志、合格证及说明书

拉结件产品上应有厂家标志，出厂时应附产品合格证、产品型式检验报告及产品说明书。

（1）拉结件产品合格证应包括下列内容：

产品名称及型号、生产批号及数量、合格证编号、检验员签名或盖章（可用代号表示）、生产企业名称、联系方式等。

（2）拉结件产品说明书应包括下列内容：

材料及尺寸参数、产品承载力标准值及对应破坏形态、安装工艺、运输及贮存要求、质量检验要求等。

4）产品包装、运输及贮存

（1）拉结件产品包装应保证产品，在正常运输和保管条件下不发生变形和损坏。

（2）拉结件产品包装箱、包装袋的外表面，应标明产品名称及型号、数量、出厂日期、生产企业名称及联系方式等。

（3）拉结件产品运输过程中，应避免接触雨雪和腐蚀性物质，应避免撞击、抛摔和重物堆压，保证其不发生变形和损坏。

（4）拉结件产品不得露天存放，应贮存在通风、干燥、防火、防水、防雨雪的库房内。

5）排布设计

（1）板式拉结件系统和夹式拉结件系统的排布（图 3.2-13）应符合下列规定：

141

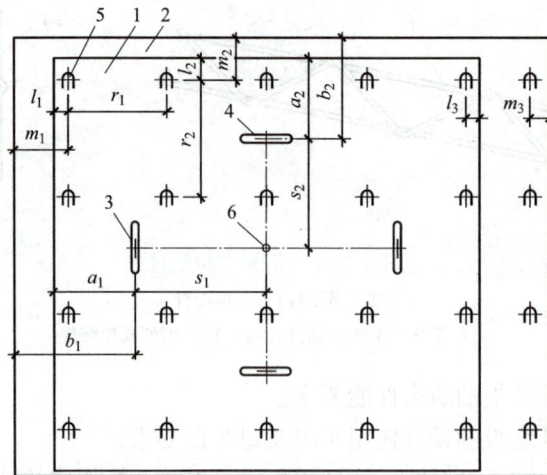

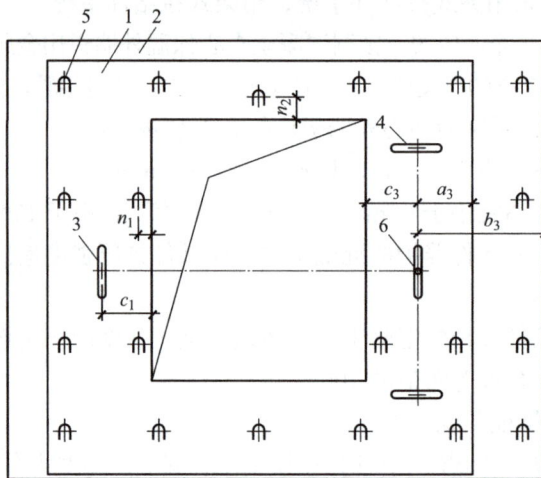

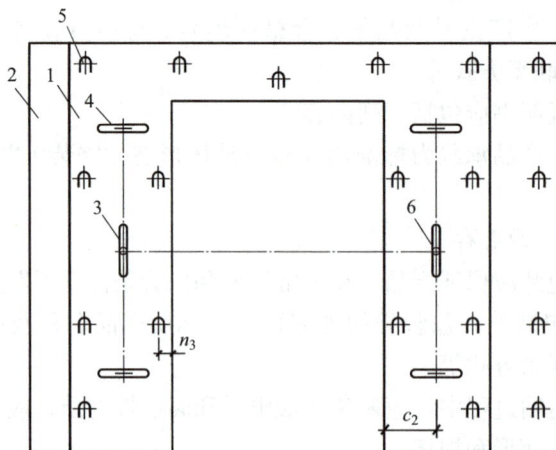

图 3.2-13　板式拉结件系统和夹式拉结件系统

1—内叶墙板；2—外叶墙板；3—竖向板式或夹式拉结件；4—水平板式或夹式拉结件；5—限位拉结件；6—支点

（a）无洞口墙板；（b）有窗洞墙板；（c）有门洞墙板

① 宜设置不少于两个竖向支承拉结件及不少于两个水平支承拉结件，同时应设置均匀排布的限位拉结件。

② 竖向支承拉结件宜沿通过外叶墙板重心的竖向轴线对称布置，水平支承拉结件宜沿通过外叶墙板重心的水平轴线对称布置。

③ 支承拉结件至支点的距离 s_1、s_2 不宜小于 500mm，至内叶墙板边缘的距离 $a_1 \sim a_3$、至外叶墙板边缘的距离 $b_1 \sim b_3$ 和至洞口边缘的距离 $c_1 \sim c_3$ 不宜小于 300mm。

④ 限位拉结件宜均匀、对称布置，间距 r_1、r_2 宜为 200～1200mm，至内叶墙板边缘的距离 $l_1 \sim l_2$ 不宜小于 100mm，至外叶墙板边缘的距离 $m_1 \sim m_3$ 和至洞口边缘的距离 $n_1 \sim n_3$ 宜为 100～300mm。

⑤ 对有门洞夹心外墙板，门洞两侧范围宜按两个无洞口墙板分别排布，且宜分别设置不少于两个水平支承拉结件。

⑥ 对尺寸不大于 400mm 的狭窄区域，限位拉结件宜按双排交错布置。

（2）桁架式拉结件系统的排布（图 3.2-14）应符合下列规定：

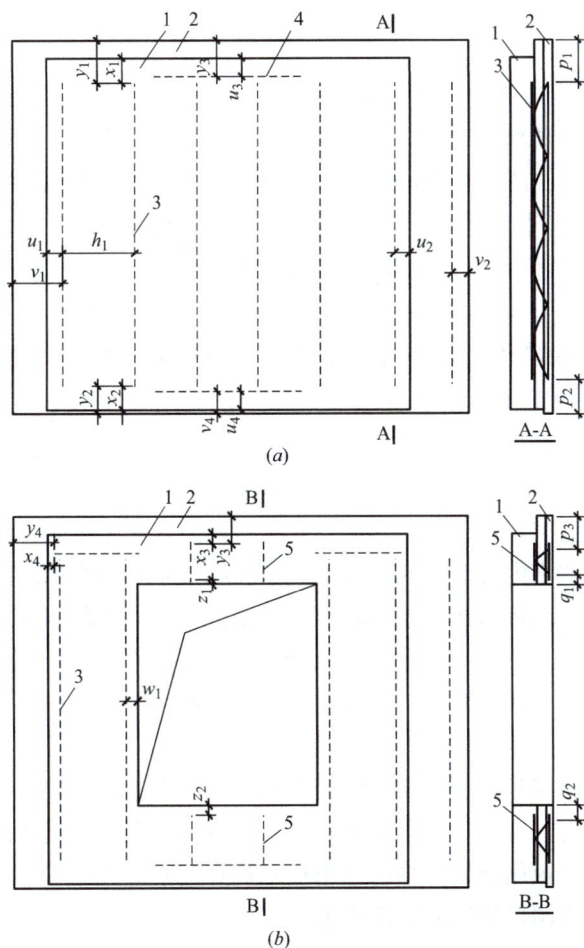

图 3.2-14 桁架式拉结件系统（一）
（a）无洞口墙板；（b）有窗洞墙板

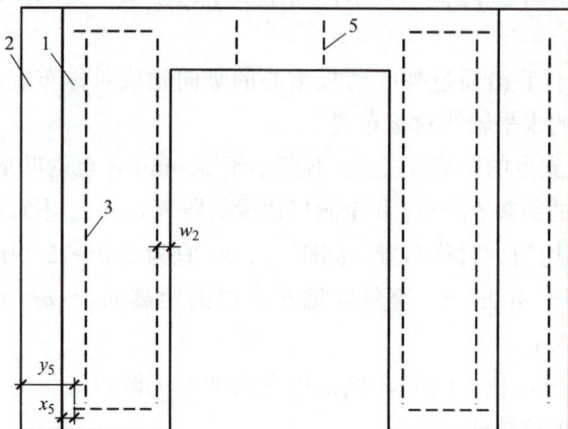

(c)

图 3.2-14　桁架式拉结件系统（二）

1—内叶墙板；2—外叶墙板；3—竖向连续桁架式拉结件；4—水平连续桁架式拉结件；5—独立桁架式拉结件

(c) 有门洞墙板

① 宜设置不少于两道竖向和水平连续桁架式拉结件，其中水平连续桁架式拉结件宜靠近夹心外墙板底部和顶部布置。

② 局部尺寸不足以布置连续桁架式拉结件时，应布置独立桁架式拉结件。

③ 竖向桁架式拉结件应均匀、对称布置，间距 h_1 宜为 200～600mm。

④ 桁架式拉结件沿长度的轴线至内叶墙板边缘的距离 $u_1 \sim u_3$ 不宜小于 100mm，至外叶墙板边缘的距离 $v_1 \sim v_3$ 和至洞口边缘的距离 w_1、w_2 宜为 100～300mm。

⑤ 对端部外侧无拉结件的桁架式拉结件，其弦杆端部至内叶墙板边缘的距离 $x_1 \sim x_5$、至外叶墙板边缘的距离 $y_1 \sim y_5$ 和至洞口边缘的距离 z_1、z_2 不宜小于 25mm；且端部腹杆与弦杆相交的节点至外叶墙板边缘的距离 $p_1 \sim p_3$ 和至洞口边缘的距离 q_1、q_2 宜为 100～300mm。

⑥ 对宽度不大于 600mm 的狭窄区域，宜布置两道竖向桁架式拉结件。

（3）当外叶墙板超出内叶墙板的尺寸不大于 400mm 时，超出范围内可不布置拉结件，当最外侧拉结件至外叶墙板边缘的距离超出《预制混凝土夹心保温外墙板用金属拉结件应用技术规程》T/BCMA 002—2021 第 5.2.1 条和第 5.2.2 条的规定时，最外侧拉结件应适当加密，并采用有限元方法验算拉结件的承载力、变形和夹心外墙板在温度作用下的受力性能。

（4）排布拉结件时应与钢筋、预埋件等互相避让。当夹心外墙板局部混凝土厚度无法满足拉结件锚固要求时，拉结件应避开该区域，且拉结件至该区域边缘的距离应符合《预制混凝土夹心保温外墙板用金属拉结件应用技术规程》T/BCMA 002—2021 第 5.2.1 条和第 5.2.2 条对拉结件至洞口边缘的距离要求。

6）安装

（1）一般规定

① 拉结件供应企业应向夹心外墙板生产企业提供拉结件安装技术说明书，并应在生

产过程中提供技术指导。

拉结件系统的设计文件包括拉结件系统排布图纸和设计计算书。

② 拉结件安装前，应按拉结件布置图核对拉结件及锚筋的类型、规格、数量等信息。

③ 外叶墙板及内叶墙板混凝土浇筑前，均应检查拉结件的位置、锚固深度、锚固及固定措施等，符合要求后方可浇筑混凝土。混凝土浇筑过程中应防止拉结件发生倒伏或移位，振捣时应避免触碰拉结件。

④ 保温板应按照排板方案铺设，铺设前应进行预处理；铺设时应减少对拉结件的扰动，拉结件发生偏移时应及时复位；保温板与拉结件之间应紧密贴合，保温板的接缝、孔洞应采用保温材料填充密实。

⑤ 保温板铺设及内叶墙板混凝土浇筑均应在外叶墙板混凝土初凝前完成。

（2）保温板预处理及铺设

① 对板式拉结件相应位置的保温板，应预先切割与拉结件尺寸相同的条形缝。

② 对双肢夹式拉结件相应位置的保温板，应预先按照拉结件的尺寸切割两条缝隙，铺设时应将两侧切割好的保温板向拉结件中间平推并靠拢（图 3.2-15）。

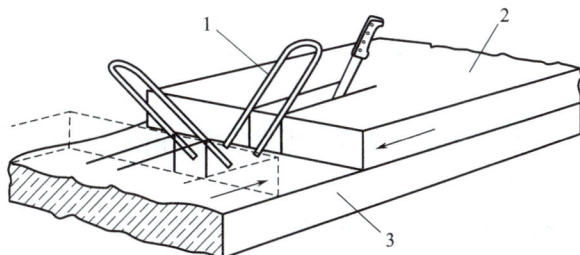

图 3.2-15　双肢夹式拉结件的保温板铺设
1—双肢夹式拉结件；2—保温板；3—外叶墙板

③ 对单肢夹式拉结件和桁架式拉结件相应位置的保温板，应按照拉结件位置预先切割成块，铺设时应使两侧保温板夹紧拉结件（图 3.2-16）。

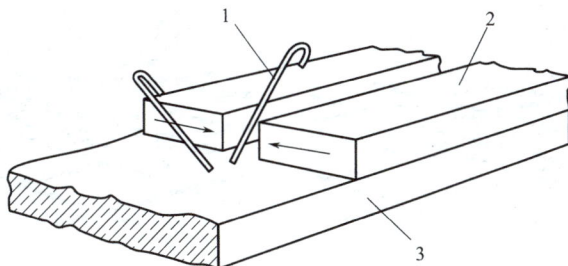

图 3.2-16　单肢夹式拉结件或桁架式拉结件的保温板铺设
1—单肢夹式拉结件或桁架式拉结件；2—保温板；3—外叶墙板

（3）拉结件安装

① 针式拉结件安装

a. 拉结件先于保温板安装时（如 A 型针式拉结件），应预先将拉结件固定于外叶墙板钢筋网片的交叉点处，且应保持垂直、稳固（图 3.2-17）。外叶墙板混凝土浇筑后，保温板应垂直穿过拉结件铺设。

b. 拉结件后于保温板安装时（如 N 型针式拉结件），应在保温板铺设后，将拉结件开口端垂直穿过保温板后插入外叶墙板混凝土中，插入深度应满足拉结件锚固深度要求，并通过轻微晃动拉结件等措施，保证插入区域混凝土密实（图 3.2-18）。

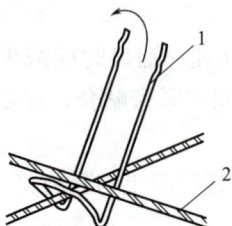

图 3.2-17　A 型针式拉结件与外叶墙板钢筋固定方法
1—针式拉结件；2—外叶墙板钢筋网片

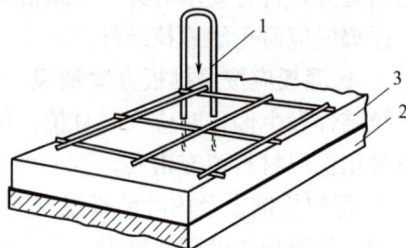

图 3.2-18　N 型针式拉结件安装
1—针式拉结件；2—外叶墙板；3—保温板

② 夹式拉结件安装

a. 锚筋应穿过拉结件的弯钩并居中设置。

b. 锚筋应位于内叶墙板或外叶墙板中，靠近拉结件的钢筋网片外侧，并与该钢筋网片绑扎固定。

c. 应采取措施将拉结件与钢筋网片固定牢靠，防止倒伏。

d. 安装方法（图 3.2-19）宜符合下列规定：

外叶墙板内：首先将拉结件的交叉端安放在外叶墙板钢筋网片的设计位置，然后将锚筋穿过拉结件的弯钩，最后将锚筋与外叶墙板钢筋网片绑扎固定。

内叶墙板内：内叶墙板钢筋安放就位后，将锚筋插入拉结件顶部弯钩内，并将锚筋与内叶墙板钢筋绑扎固定。

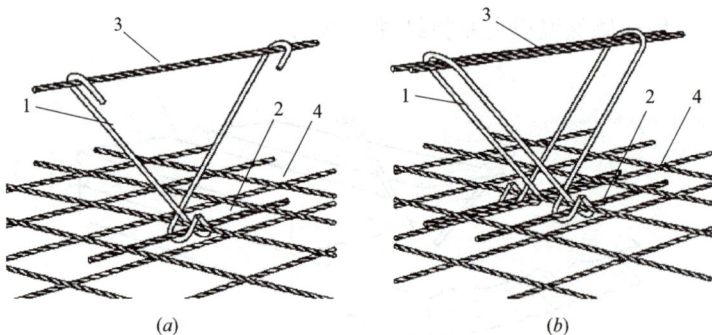

图 3.2-19　夹式拉结件安装方法
1—夹式拉结件；2—交叉端锚筋；3—非交叉端锚筋；4—外叶墙板钢筋网片
（a）单肢夹式拉结件；（b）双肢夹式拉结件

③ 板式拉结件安装

a. 锚筋应穿过拉结件上的圆孔，并居中设置。

b. 直线锚筋应位于靠近拉结件的钢筋网片外侧，并与该钢筋网片绑扎固定。

c. 在外叶墙板内，折线锚筋靠近位于拉结件的钢筋网片内侧，与该钢筋网片绑扎固定，并与直线锚筋共同将该钢筋网片夹紧。内叶墙板内，折线锚筋可根据拉结件开孔与钢筋网片的位置关系，位于靠近拉结件的钢筋网片内侧或外侧，并与该钢筋网片绑扎固定。

d. 对外叶墙板超出内叶墙板范围的拉结件，应在构件安装就位后现场设置锚筋，直线锚筋应位于后浇墙体钢筋内侧，所有锚筋均应与后浇墙体钢筋绑扎固定。

e. 安装方法宜符合下列规定：

外叶墙板内：首先将折线锚筋穿入拉结件指定孔中，然后将拉结件安放在钢筋网片上的设计位置处，再将直线锚筋穿入拉结件指定孔中，将折线锚筋向拉结件外侧旋转至水平面位置，最后将直线锚筋和折线锚筋与外叶墙板钢筋绑扎固定（图 3.2-20）。

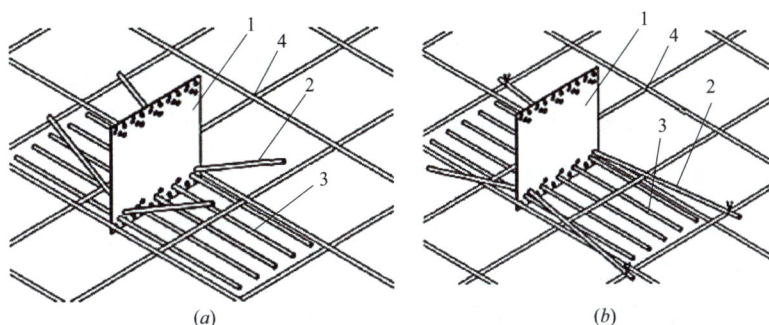

图 3.2-20　板式拉结件在外叶墙板内的安装方法
1—板式拉结件；2—折线锚筋；3—直线锚筋；4—外叶墙板钢筋网片
（a）插入锚筋；（b）绑扎锚筋

内叶墙板内：内叶墙板钢筋安放就位后，首先将折线锚筋穿入拉结件指定孔中并向拉结件外侧旋转至水平面位置。然后将直线锚筋穿入拉结件指定孔中并居中布置，最后将直线锚筋和折线锚筋与内叶墙板钢筋扎固定（图 3.2-21）。

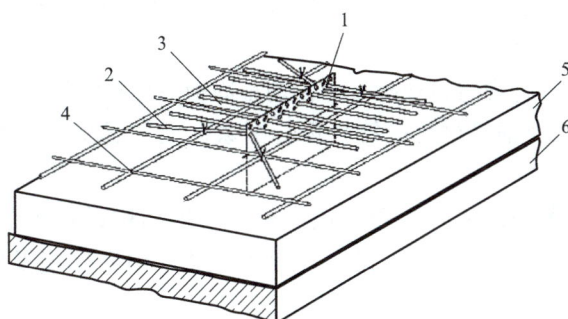

图 3.2-21　板式拉结件在内叶墙板内的安装方法
1—板式拉结件；2—折线锚筋；3—直线锚筋；4—内叶墙板钢筋网片；5—保温板；6—外叶墙板

④ 桁架式拉结件安装

a. 外叶墙板内拉结件的弦杆，宜位于外叶墙板钢筋网片的上侧，并应与外叶墙板钢筋绑扎固定（图 3.2-22）。

b. 内叶墙板内拉结件的弦杆，宜位于内叶墙板钢筋的下侧。

147

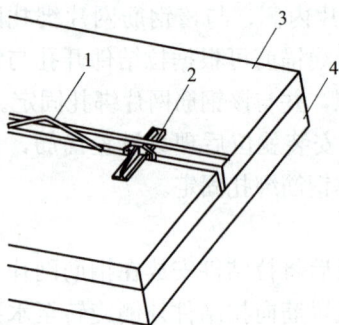

图 3.2-22　桁架式拉结件安装

1—桁架式拉结件；2—专用卡具；
3—保温板；4—外叶墙板

c. 应通过设置垫块或专用卡具，控制拉结件的锚固深度和垂直度。

3.2.7　镀锌金属波纹管

要全数检查外观质量，其外观应清洁，内外表面应无锈蚀、油污、附着物、孔洞。不应有不规则褶皱，咬口应无开裂、脱扣。

镀锌金属波纹管的钢带厚度不宜小于 0.3mm，波纹高度不应小于 2.5mm。

要进行径向刚度和抗渗漏性能检验，检查数量按进场的批次和产品的抽样检验方案确定。

用于钢筋浆锚搭接连接的镀锌金属波纹管，其规格和性能应符合《预应力混凝土用金属波纹管》JG 225—2020 的有关规定。

3.2.8　门窗、外装饰材料

门窗框的品种、规格、尺寸、性能和开启方向、型材壁厚和连接方式等应符合设计要求，质量应符合现行有关标准的规定。

石材和面砖应按设计图编号、品种、规格、尺寸、颜色等分类标识存放，应有质量保证书和型式检验报告，质量应满足现行国家有关标准的规定。

石材或面砖与混凝土间的抗拉拔力，应满足相关规范及安全使用要求。石材背面应进行防泛碱处理，石材厚度宜 25mm，并采用不锈钢卡钩锚固。瓷砖背沟深度应满足相关规范要求。

3.2.9　预埋吊件、锚固板

1）预埋吊件进厂检验，应符合下列规定：

（1）同一厂家、同一类别、同一规格预埋吊件，不超过 10000 件为一批。

（2）按批抽取试样进行外观尺寸、材料性能、抗拉拔性能等试验。

（3）检验结果应符合设计要求。

2）钢筋锚固板应符合现行行业标准《钢筋锚固板应用技术规程》JGJ 256—2011 的规定。受力预埋件的锚板及锚筋材料应符合现行国家标准《混凝土结构设计规范（2015 年版）》GB 50010—2010 的有关规定。

3）螺栓、锚栓等紧固件应符合现行国家标准《钢结构设计规范》GB 50017—2017、《钢结构焊接规范》GB 50661—2011 和现行行业标准《钢筋焊接及验收规程》JGJ 18—2012 等的规定。

3.2.10　钢纤维和有机合成纤维

钢纤维和有机合成纤维应符合设计要求，进厂检验应符合下列规定：

（1）用于同一工程的相同品种且相同规格的钢纤维，不超过 20t 为一批。按批抽取试样进行抗拉强度、弯折性能、尺寸偏差和杂质含量试验。

（2）用于同一工程的相同品种且相同规格的合成纤维，不超过 50t 为一批。按批抽取试样进行纤维抗拉强度、初始模量、断裂伸长率、耐碱性能、分散性相对误差和混凝土抗压强度比试验。增韧纤维还应进行韧性指数和抗冲击次数比试验。

（3）检验结果应符合现行行业标准《纤维混凝土应用技术规程》JGJ/T 221—2010 的有关规定。

3.2.11　隔离剂

隔离剂应符合下列规定：

① 隔离剂应无毒、无刺激性气味，不应影响混凝土性能和预制构件表面装饰效果。

② 隔离剂应按照使用品种，选用前及正常使用后每年进行一次匀质性和施工性能试验。

③ 检验结果应符合现行行业标准《混凝土制品用脱模剂》JC/T 949—2021 中的有关规定。

3.3　辅助工具、预埋预留

3.3.1　辅助工具

1. 接驳连接器、锚固件（图 3.3-1～图 3.3-5）

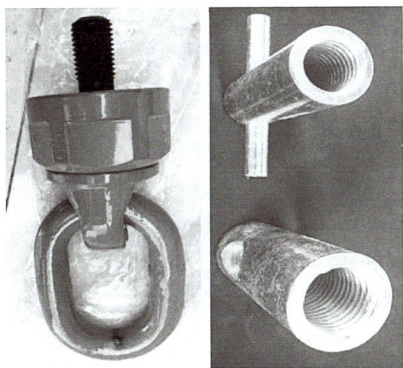

图 3.3-1　内螺纹、专用接驳器

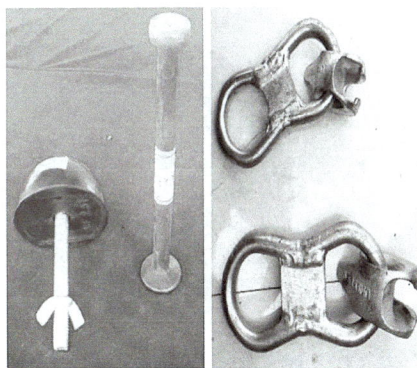

图 3.3-2　吊钉、胶波、专用接驳器

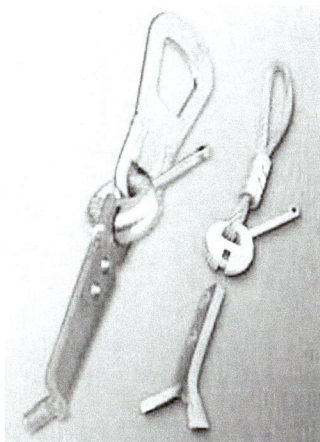

图 3.3-3　哈芬 FRIMEDA 起吊锚固系统　　图 3.3-4　螺纹绳套吊环　　图 3.3-5　插筋锚栓

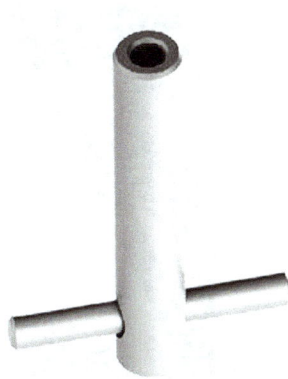

2. 平衡起重梁（图 3.3-6、图 3.3-7）

3. 磁性底座、磁性倒角（图 3.3-8、图 3.3-9）

4. 固定磁盒与磁盒撬棍（图 3.3-10、图 3.3-11）

图 3.3-6　起重框架梁

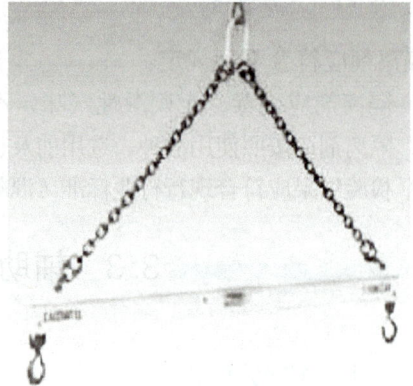

图 3.3-7　起重扁担梁

图 3.3-8　电盒固定磁性底座

图 3.3-9　螺栓预埋固定磁性底座

图 3.3-10　固定磁盒

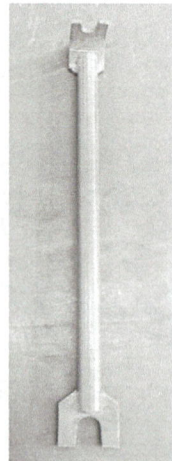

图 3.3-11　磁盒撬棍

3.3.2　预埋预留件、固定工装

1. 连接类（图 3.3-12～图 3.3-14）

构件预制生产中需要预埋灌浆套筒、波纹套管、金属和非金属拉接件、外饰面石材等。

图 3.3-12　灌浆套筒注浆管固定磁座

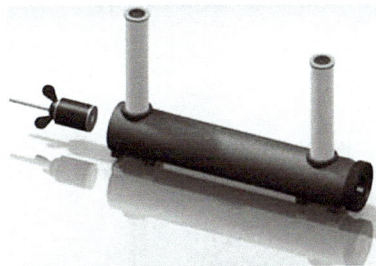

图 3.3-13　灌浆套筒与模板间固定工装

图 3.3-14　外饰面石材连接件安装

2. 安装施工辅助件

各种吊件（吊钉、螺栓等）及固定成型工装、后浇带模板固定螺栓、斜支撑固定螺栓等，如图 3.3-15～图 3.3-18 所示。

图 3.3-15　吊钉端部凹口成型器（胶波）

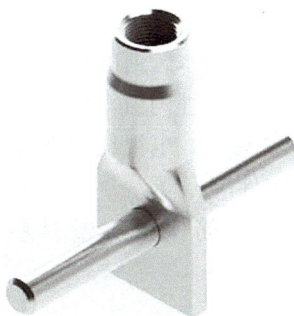

图 3.3-16　扁口锚栓

<table>
<tr><td>图 3.3-17　平板锚栓</td><td>图 3.3-18　螺纹锚栓</td></tr>
</table>

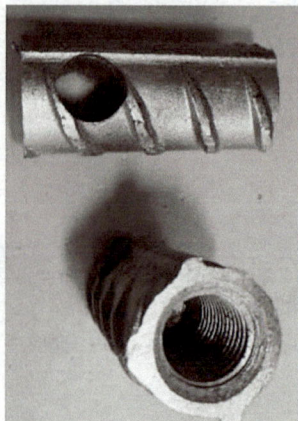

3. 电气类

开关盒、插座盒、弱电系统接线盒（消防显示器、控制器、按钮、电话、电视、对讲等）预埋及预留孔洞等，如图 3.3-19 所示。

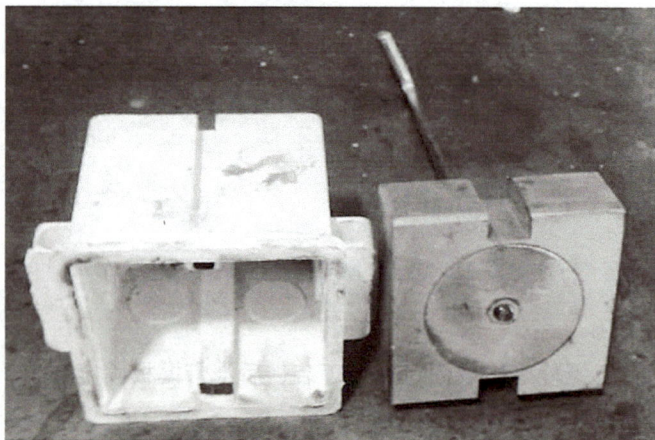

图 3.3-19　电盒预埋及固定工装

4. 水暖类：给水管道的预留洞和预埋套管；地漏、排水栓、雨水斗的预埋等。

5. 门窗类：预埋门窗木砖、门窗焊接件等。

6. 装饰装修类：电视线穿墙预埋管、灯具吊点、空调线管进入户预留洞、室内室外楼梯连接预埋件等。

7. 其他：钢筋保护层塑料垫块（图 3.3-20）、堵漏橡胶管件（图 3.3-21、图 3.3-22）等。

(a)   (b)

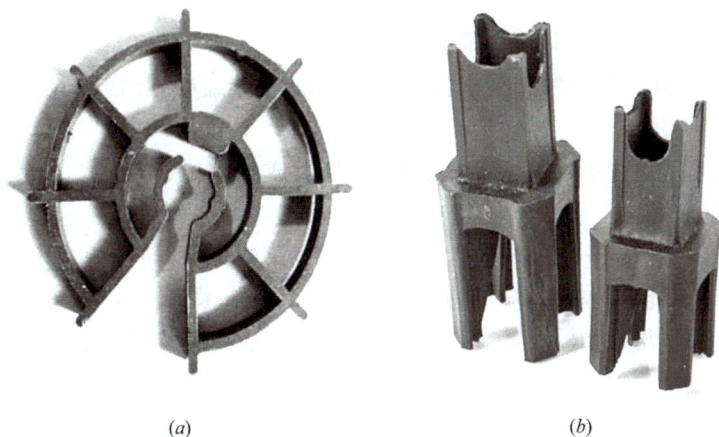

图 3.3-20 钢筋保护层塑料支架

（a）环形塑料支架；（b）马凳塑料支架

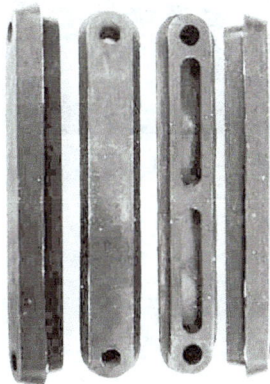

图 3.3-21 叠合板外露钢筋止漏卡件   图 3.3-22 预制梁柱外露钢筋止漏胶管

3.4 模 具

3.4.1 模具种类及组成

现在的 PC 模具可分为：独立式模具、底座式模具（即底模公用类）两大类。

独立式模具用钢量较大，适用于构件类型较单一、重复次数较多的项目。

底模式模具只需另外制作侧模，底模可重复使用。

目前常用的 PC 模具有底模平台、外墙板模具（剪力墙和非剪力墙）、内墙板模具（剪力墙和非剪力墙）、外挂墙板模具、叠合式墙板模具（普通叠合墙板、夹心保温叠合式墙板）、叠合楼板模具（普通类边模、磁力边模）、阳台板模具、飘窗模具、楼梯模具（平模、立模）、预制梁模具（整体式、叠合式）、预制柱模具、双 T 板模具、空调板模具、女儿墙模具等。

1）墙板

实心墙板可用两类模具生产，即平模和立模。

三明治夹芯墙板（外侧为混凝土保护层，中间为保温层，内侧为混凝土持力层内墙板）采用平模模具生产。

（1）平模生产也称为卧式生产，有四部分组成：侧模、端模、内模、工装与加固系统。

在自动化流水线中，一般使用模台作底模；在固定模位中，底模可采用钢模台、混凝土底座等多种形式。侧模与端模是墙的边框模板（图 3.4-1～图 3.4-3）。有窗户时，模具内要安装窗框内模。带拐角的墙板模具（图 3.4-4），要在下层侧模的内侧设置拐角侧模板。

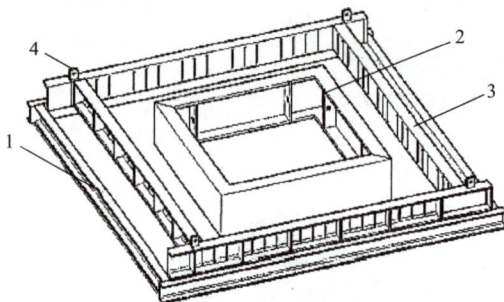

图 3.4-1　夹心保温外墙板反打工艺模具

1—外叶板模；2—窗洞内模；3—内叶板模；4—工装

图 3.4-2　夹心保留外墙板反打工艺模具

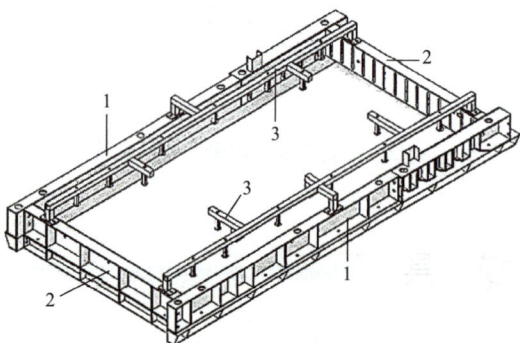

图 3.4-3　内墙板模具

1—侧模；2—端模；3—工装

图 3.4-4　带拐角墙板模具

大量的预留预埋，如墙板后浇带预埋件等则通过悬挂工装来实现。

（2）立模生产是指生产过程中构件的一个侧面垂直于地面。

墙板的另外两个侧面和两个板面与模板接触，最后一个墙板侧面外露。立模生产可以大大减少抹面的工作量，提高生产效率。

大量的 GRC 复合墙板采用立模生产，并且一般成组进行。

2）楼梯

楼梯生产有卧式、立式两种生产模式，故模具也有卧式模具、立式模具两种。

154

为增加楼梯模具的通用性，降低模具成本，还有一种可调式楼梯模具。可调式楼梯模具的踏步宽度固定，楼梯的踢面高度可调，楼梯的步数同样可做相应的调整。

目前，楼梯多数采用立模法生产。

（1）立模楼梯模具由五部分构成：底座、正面锯齿形侧模、背面侧模、工装、工作平台（图 3.4-5、图 3.4-6）。正面锯齿形模板与底座固定，背面模板可在底座上滑移以实现与锯齿形模板的开合。背面模板滑向正面锯齿形模板，并待两者靠紧后，将上部、左右两侧的丝杆卡入背面侧模上的钢架连接点的凹槽内，拧紧螺母，固定牢靠。

（2）平模楼梯模具是以锯齿形的正面模板为底模，两个侧模板和两个端面模板为边模，进行组合安装，加固而成（图 3.4-7、图 3.4-8）。

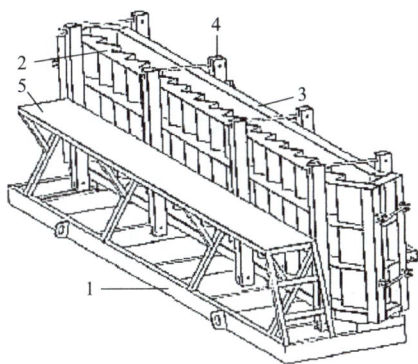

图 3.4-5　立式楼梯模具

1—底座；2—正面锯齿形侧模（含端模）；3—背面侧模
（含端模）；4—工装；5—工作平台

图 3.4-6　立式楼梯模具

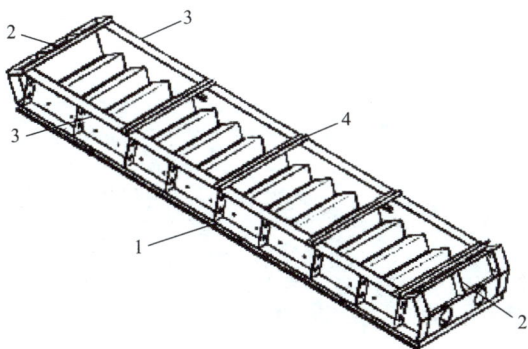

图 3.4-7　卧式楼梯模具 1

1—底座；2—端模；3—侧模；4—工装

图 3.4-8　卧式楼梯模具 2

模具组装时先把底模放平，把侧面和端部安放在底模上。用螺栓拧紧固定边模与底模，形成一个牢固的卧式楼梯模具。

底模内焊接凹凸定位钢柱或矩形块，在浇筑混凝土时以形成定位孔洞。

3）叠合板

叠合板分为单向板和双向板，单向板两端出筋，双向板两个端模和两个侧模都出筋。

叠合板生产以模台为底模，钢筋网片通过侧模或端模上侧的缺口出筋。钢制边模用专用的磁盒直接与模台吸附固定或通过工装固定，这种边模为普通碳素钢边模（图3.4-9）。

铝合金磁力边模是由铝合金边模和内嵌的磁性吸盘组成，使磁盒与模板成为一体（图3.4-10）。边模宽60mm，高度有70mm和80mm两种，长度可以做成1m、1.5m、2m、3m、3.5m不等，以组合成不同的叠合板模具。

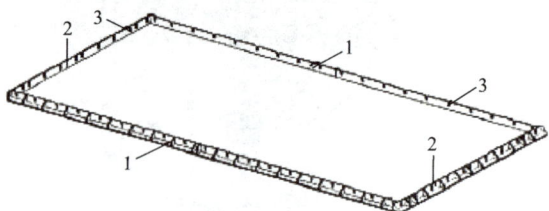

图3.4.9　叠合板模具

1—侧模；2—端模；3—出筋口

图3.4-10　叠合板磁性边模模具

4）预制柱

预制柱多用平模生产，底模采用流水线模台、钢制或混凝土底座。两边侧模和两头端模，通过螺栓相互固定（图3.4-11）。钢筋通过端部模板的预留孔出筋。也可采用并排预制柱模具，同时生产两根预制柱（图3.4-12）。

如果预制柱不是太高，可采用立模法生产。

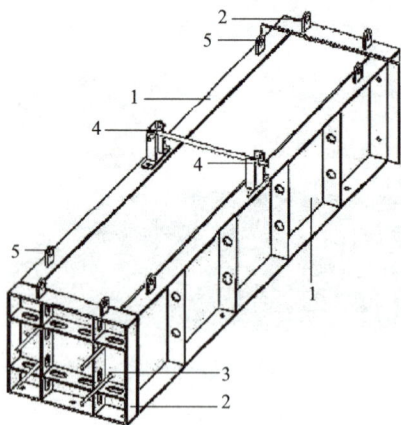

图3.4-11　预制柱模具

1—侧模；2—端模；3—出筋孔；

4—工装；5—吊件

图3.4-12　预制柱模具

5）预制梁

预制梁分为叠合梁和整体预制梁。

预制梁多用平模生产。采用流水线模台、钢制或混凝土底座做底模，两片侧模和两片端模栓接组成预制梁模具（图 3.4-13、图 3.4-14）。上部采用角钢连接加固，防止浇筑混凝土时侧面模板变形。上部叠合层钢筋外露，纵向主筋通过端模的预留孔伸出。

6）外挂墙板

外挂墙板无论是实心板还是三明治夹芯板，其模具均由两片侧模和两片端模通过螺栓连接固定组成（图 3.4-15、图 3.4-16），且不用出筋。

由于外挂墙板较薄，在钢制模台之上，模具四周采用磁盒吸附固定即可。

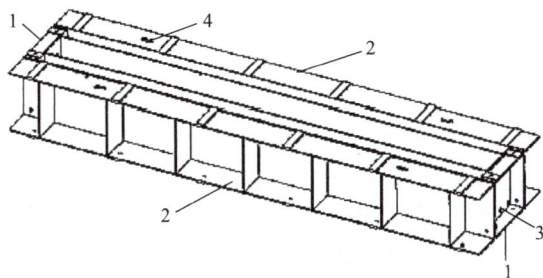

图 3.4-13　叠合梁模具

1—端模；2—侧模；3—出筋孔；4—工装安装孔

图 3.4-14　预制梁模具

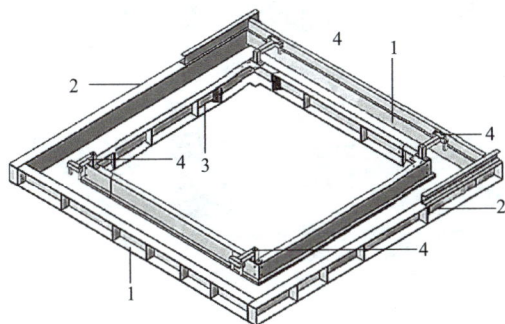

图 3.4-15　外挂墙板模具

1—端模；2—侧模；3—窗洞内模；4—挂件工装

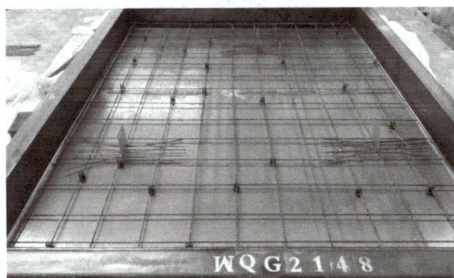

图 3.4-16　外挂墙板模具

7）飘窗

飘窗多用组合模具生产。

在固定模台上，飘窗模具根据构件的外形分为四个部分：端模、侧模、内模、工装与加固系统（图 3.4-17、图 3.4-18）。

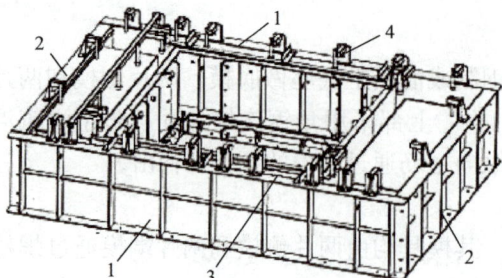

图 3.4-17　飘窗模具
1—侧模；2—端模；3—内模；4—工装

图 3.4-18　飘窗模具

组装飘窗模具时，根据模台上画好的线位图，将两片侧模摆好位置。随后两片端模就位，与侧模连接加固成一个框架。通过螺栓孔，栓接固定飘窗内模。

然后安装悬挂工装，固定内螺旋等预埋件。边测量尺寸，边调整加固模板，直至整个飘窗的几何尺寸和预埋件的位置符合规范要求为止。

8）阳台

预制阳台分为叠合阳台和整体阳台，即半预制式和全预制式阳台。

半预制阳台、全预制阳台均采用类似于飘窗模具的组合模具生产。在固定模台上，先摆放侧模，然后摆放连接两端的端模。再安装阳台上部一个侧面和两个端部的内外侧模和外栏板模板（图 3.4-19、图 3.4-20），最后连接加固，形成一个阳台的整体模具。

在内侧侧模上部开孔，预留连接钢筋的出筋孔洞。在浇筑构件混凝土时，叠合式阳台的桁架筋要高出预制板面。

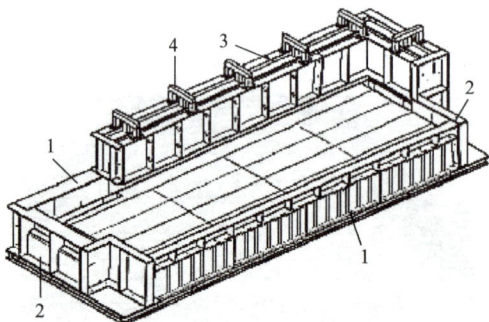

图 3.4-19　阳台模具
1—底层侧模；2—底层端模；3—上层模具；4—工装

图 3.4-20　阳台模具

9）空调板

空调板以平模生产（图 3.4-21）。其底模采用钢制模台时，侧模与端模用螺栓连接后，模板四周用磁盒固定，或在钢制模台上采用磁性边模组装模具。

10）双 T 板

双 T 板即可以单片预制，也可以成槽连片生产。

双 T 板模具一般由五大部分组成：底座支架、一片 ∏ 形内模、两片 ┐、┌ 形侧模、

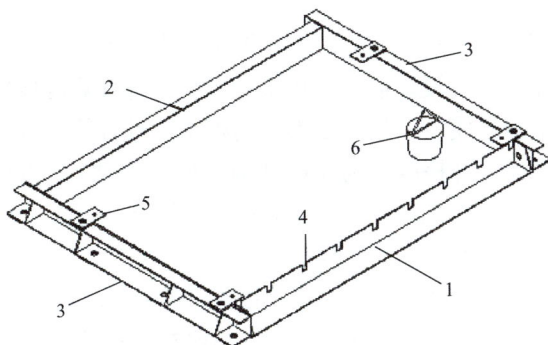

图 3.4-21　空调板模具

1—出筋侧模；2—非出筋侧模；3—端模；4—出筋口；5—工装；6—孔洞预埋件

两片端模、连接加固系统（图 3.4-22、图 3.4-23）。

　　模具安装时，先底座上安装 ⊓ 形内模，再对称安装两边 ⌐、 ⌐ 形侧模。侧模与内模合模前，安装钢筋网和预应力管道。最后安装双 T 板的端模，使预应力筋穿过端模的预留孔道。经测量、调整，并加固整个模具。

　　双 T 板模具的端模部位、受力的传力柱桁架，必须要进行受力验算，以满足预应力筋张拉时的安全要求。

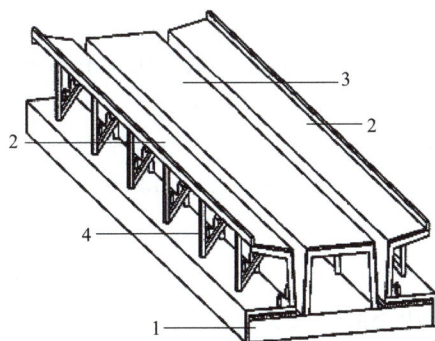

图 3.4-22　双 T 板模具

1—底座；2—侧模；3—内模；4—支架

注：端模、工装及加固系统未示

图 3.4-23　双 T 板模具

3.4.2　模具设计、制作及使用维修要求

1. 模具设计要求

1）模具设计的一般规定

PC 构件模具应以钢模为主，面板主材选用 Q235、Q345 钢板，支撑结构可选型钢或者钢板，要满足周转次数的要求，且应满足以下要求：

（1）模具应具有足够的承载力、刚度和稳定性，保证在构件生产时，能可靠地承受浇筑混凝土的重量、侧压力及工作荷载。包括振捣棒、平板振动器、振动平台工作时产生的荷载（表 3.4-1）。

当验算模板及其支架的刚度时，其最大变形值不得超出下列容许值：

① 对于结构表面外露的模板，最大变形值为模板构件计算跨度的 1/400。

② 对于结构表面隐蔽的模板，最大变形值为模板构件计算跨度的 1/250。

③ 支架的压缩变形或弹性挠度，为相应结构计算跨度的 1/1000。

（2）模具应安装、拆卸方便，且便于钢筋安装和混凝土浇筑、养护。

（3）模具的部件与部件之间应连接牢固。

（4）模具制作时，长度尺寸按－2mm、高度尺寸按＋3mm 进行加工制作。

（5）模具必须进行拼装验收，且模具厂人员必须参加模具的首次组装。

组合钢模板及部件的容许变形值 表 3.4-1

部品名称	容许变形值(mm)
钢模板面板	≤1.5
单块钢模板	≤1.5
钢楞	$L/500$ 或≤3.0
柱箍	$B/500$ 或≤3.0
桁架、钢模板结构体系	$L/1000$
支撑体系累计	≤4.0

注：L 为计算跨度，B 为柱宽。

2）底模设计要点

根据楼层高度和 PC 构件长度，宜选用整块钢板作为底模面板。一般选用 10mm 钢板作为面板。底模的长度，不宜超过 3 块构件，宽度则由建筑物的层高确定。

也可采用拼接钢板作为底模面板，在打磨处理钢板拼缝时，要确保拼缝处平顺。

选用工字钢或槽钢，作为底模支撑结构。为了防止焊接变形，底模设计成单向板形式。

底模设计要点：

① 根据 PC 构件的规格和生产工艺模式，确定大小不同的底模设计。

② 要考虑底模的周转次数。如底模要被多次转运使用，就要选择合适的固定方式。

③ 底模定位后的使用操作高度不宜超过 500mm。如果超出 500mm，应设操作平台。平台宽度不宜大于 900mm。

3）外墙板模具设计要点

北方有保温要求的建筑外墙板，一般采用三明治墙板设计，即 200mm 结构层＋50mm 保温层＋60mm 保护层。此类墙板可采用正打或反打法预制生产工艺，对应有两种不同的模具设计。

以三明治剪力外墙板正打法工艺的模具设计为例：根据预制生产工艺的顺序，模具分为两层，第一层为结构层，第二层为保温层＋保护层。第一层模具是第二层模具基础，且第一层结构层面积比第二层少，故应在第一层模具外侧和第二层模具的下方增设支撑结构，满足第二层保温层＋保护层的预制要求。

（1）外墙板构件左右侧、顶部均有出筋。数量较多的出筋口，将导致边模刚度降低。

在生产和周转中，边模易产生变形。外漏钢筋设计和处理形式，可采用侧模开口、橡胶条封堵，增设补强肋板等形式。

（2）灌浆套筒采用套筒专用固定件精确定位。进出浆管道，采用磁性底座吸附在模台面上，进行定位固定。

如采用反打法的三明治外墙板预制生产工艺，其模具设计中，最主要的是要增加或增强结构层模具在混凝土保护层＋保温层模具上的支撑。防止在浇筑结构层混凝土后，对保温层造成压迫，造成其翘曲变形。

（3）如为内外墙板均等尺寸的外挂墙板设计，一般按照先预制外墙板，后预制内墙板的顺序，进行开模。应注意外挂墙板的内墙板上四个吊点的预留和预埋。

（4）叠合墙板模具与叠合楼板模具相仿，但没有出筋设计。也可采用磁性边模进行预制生产。

4）内墙板模具设计要点

一般情况下，内墙板为钢筋混凝土实心墙体。根据国家标准图集《预制混凝土剪力墙外墙板》15G365 等，在内墙板内可增设填充 EPS 板，以减轻墙板重量。

一般内墙板厚度为 200mm，可用 20 号槽钢作边模。内墙板左右侧、顶部三面均有出筋，同样采取侧模开口、橡胶条封堵，增设补强肋板的形式。

5）叠合楼板模具设计要点

一般叠合楼板高度为 60mm，可用相应高度的角铁作为边模。

为满足叠合楼板四边倒角要求，可在角铁上缘焊接折向钢板。

因边模上部有较多出筋口，导致边模长向上刚度不足。故在进行尺寸较大的叠合楼板模具设计时，沿长向，进行分段设计，以每段边模长 1.5～2.5m 为宜。侧模上还需设加强肋板，间距为 400～600mm。

磁性边模是一种不错的现代化叠合楼板边模，能很好地与自动化程度很高的 PC 生产线契合，具有安装拆卸方便、生产效率高等优点。

6）楼梯模具设计要点

楼梯模具可分为卧式、立式两种类型。

卧式模具占用场地、楼梯背面需要压光作业面积较大、构件需多次翻转等特点。立式楼梯模具克服了以上缺点，但在进行开模设计时，应将正面锯齿形侧模与背面侧模的开合衔接部位，进行脱模斜度（1/10 左右）设计，保证背面侧模能通畅地进行合模、开模操作。

因立式楼梯模具的混凝土浇筑高度超过 500mm，所以要进行操作平台设计。因地制宜，也可以进行立式楼梯的并排模具设计，提高预制生产效率。

7）阳台板模具设计要点

阳台板为异形构件，一般情况下设计为独立式模具。

首先要解决阳台异形构件脱模的问题，要设计脱模斜度（1/10 左右）。当竖向构件高度较大时，应加密背肋，提高侧模刚度。

阳台板的预留预埋件较多，应注意预留预埋件的定位和专用工装的使用。即各种专用工装与阳台板模具之间的连接设计，要进行详细规划布置。

2. 模具制作要求

1) 制定和编制模具加工计划

根据 PC 工厂或其他预制生产单位提供的 PC 构件深化后的图纸和预制生产工艺、加工制作要求，计算统计出 PC 构件的类型和数量。

钢模具厂应结合 PC 工厂的预制生产工期要求，编排模具加工计划。报 PC 工厂同意后，签订加工制作合同。合同中应明确模具的种类、数量；付款和交货时间、方式等事项。

2) 开料单

钢模具厂生产部门接到图纸后，安排专人负责对项目名称、客户名称、项目编号、下单日期、出货日期、加工重量等信息进行逐一核实、计算，并记录。根据工厂的生产计划，安排具体的生产加工班组。

在开具的料单上，每件板均应标示清楚其尺寸、编号、规格、数量、再次加工方式等信息。根据交货的先后顺序，下开料图。

根据料单安排下料方式，面板、法兰、肋板等尺寸要求高的板料，应选择激光切割机进行下料，确保加工精度要求。在保证下料质量的前提下，其他材料也应选择适合的加工工艺方式。

3) 加工制作

根据《建筑施工模板安全技术规范》JGJ 162—2008、《建筑工程大模板技术标准》JGJ/T 74—2017 等规范规程中的要求，严格执行下板料、下型材、折卷板、开孔、组焊、加焊、校直、打磨等加工制作程序，确保加工后的模具能顺利进行总装。

模板制作允许偏差与检验方法，见表 3.4-2。

模板制作允许偏差与检验方法 表 3.4-2

项目	允许偏差（mm）	检验方法
模板高度	+3.0	卷尺量测
模板长度	0，−2	卷尺量测
面板对角线差	≤3	卷尺量测
面板平整度差	+2.0	2m 靠尺和塞尺量测
相邻面板拼缝阶差	≤0.5	平尺和塞尺量测
相邻面板拼缝间隙	≤0.8	平尺和塞尺量测

4) 总装

在拼装过程中，不得使用蛮力，更不能用千斤顶使模板变形来达到要求，不能用点焊的方法使模板保持理想状态。

模板拼装完成后，将侧模面板与法兰连接处及其他易漏水处打玻璃胶堵漏。

质检人员对组拼模板进行全面检查（表 3.4-3），没有问题后，将每块模板进行编号，最后拆开模板，转到油漆区等待喷漆。

若模板尺寸不大，可以不拆，整体发货。如暂不油漆，则按规定堆放整齐。

模板组拼允许偏差与检验方法 表 3.4-3

项目	允许偏差（mm）	检验方法
模板高度	+3,0	卷尺量测
模板长度	0，−2	卷尺量测
面板对角线差	≤3	卷尺量测
面板平整度差	+2,0	2m 靠尺和塞尺量测
相邻面板拼缝阶差	≤1	平尺和塞尺量测
相邻面板拼缝间隙	≤1	平尺和塞尺量测

5）喷漆

模板使用面等严禁喷涂的部位，使用塑料薄膜或纸板等物品，进行覆盖遮挡。

当产品喷涂后，因修改、吊装或其他原因影响喷涂质量时，应及时进行补喷。

油漆喷好后，无特殊情况，模具上要喷公司名称等信息。

应采用模板，喷制各种标记；不能以手写代替喷字，无特殊要求时，采用白色标记；标记应喷在模具的显眼部位；同种产品应喷在相同位置；标记应正确、清晰、字体大小适中。

6）打捆、包装、运输

根据加工购货合同，确定交货时间、交货方式和地点。

送货时，必须将模具分类分型号，进行包装紧固处理。大模板连接件应码放整齐，小型件应装箱、装袋或捆绑。在模具明显位置进行型号标识，便于识别（每套模具必须配置固定的标识牌，不能手写），每次送货时必须有送货明细（以套为单位，包括模具型号、附件型号及数量等信息）。

模板在运输车辆上的支点、绑扎方法，均应使模板不发生变形，不损伤表面涂层。

避免发生碰撞，模板连接件的重要连接部位不得受到破坏。

钢模具生产厂家须向使用方提供模具组装图等信息资料和技术交底，方便构件生产厂家，进行模具的组装和使用。

3. 模具使用及维修要求

1）模具验收

（1）PC 工厂在对新加工或修改模板进行检查时，应按照表 3.4-4 所列内容，由生产班组会同生产管理部进行验收，进行逐一检查和记录。验收结果要记录于钢模验收单上，并向生产厂家进行反馈。

模板进场检查项目 表 3.4-4

项目	内容
面板系统	数量、编号、型号、外形尺寸、焊缝、表面处理、吊环连接等
支撑系统	数量、连接、质量
操作平台系统	平台、栏杆、爬梯、连接、质量
对拉螺栓	数量、规格、质量

（2）根据模具组装图和设计图，对模具进行验收。检查钢材表面是否生锈，钢板材质

是否符合要求，模具尺寸、平整度、拼缝等。注意模具的止漏浆措施、端模螺栓开孔位置是否与钢筋碰撞、模具倒角是否平顺、螺栓孔预留位置与数量、脱模坡度设计是否到位、拉杆等工装尺寸是否相符等情况。

（3）模具验收完毕后，及时进行 PC 构件的试生产，进一步检验模具设计加工是否符合构件正常生产要求。如发现模具存在缺陷，无法正常使用，应及时联系生产厂家进行修复修整。

2）模具使用与修复

（1）每套模具均由不同的钢部品和工装组成，需按模具编号进行统一编号，登记到模具台账中，防止错放错用，生产班组要每日记录模具使用情况。

（2）组装模具时，边模上的连接螺栓和定位销，须依次对称、分级、紧固到位。

（3）构件脱模时，首先将边模上的螺栓和定位销，依次对称、分级、卸载拆除。严禁使用大锤暴力拆模，宜采用皮锤、羊角锤、撬棍等工具进行模具拆卸。

（4）生产结束后，要及时清理模具表面和背面、棱角凹凸处的油污、积水、密封胶等杂物，确保模具清洁。

（5）在构件预制生产过程中，要及时进行模具修复。

除生产过程中的定期模具检查，一般每套模具累计生产 20～30 次要进行一次检查。当生产出的 PC 构件出现尺寸和平整度等异常情况时，也要对模具进行检查。

检查或发现模具出现变形等问题时，生产班组要及时自行维修。如无法自行修复的，要以维修单的方式，联系工程管理部进行修复。模具的各项指标，满足规范标准要求后，方可再次投入使用。在模具台账中及时记录周转使用次数和修复情况。

（6）如模具加工厂家进厂维修后，仍达不到生产要求的，或模具存在下列情况的，要根据工厂规定和管理程序办理报废，在报废台账中登记：

① 模具严重变形、锈蚀无法使用。

② 改装、修复费用超出其使用经济指标的。

③ 特殊构件模具，无可再用机会的。

3）模具保养与存放

（1）模板在本轮 PC 构件生产结束且近期不会再使用时，应按现行国家标准《租赁模板脚手架维修保养技术规范》GB 50829—2013 的要求，对模具进行全面的清理保养、维修和补漆。

与混凝土接触的钢板面，要涂刷隔离剂进行防锈保护。

（2）维修保养后的模具，要运回仓库储存，在模具台账中及时更新模具登记状态。如露天存放，模板应分类码放覆盖，防止日晒雨淋。零、配件入库保存，并分类存放。

（3）模板叠层平放时，模板的底部及层间应加垫木。垫木应上下对齐，垫点不得使模板不产生弯曲变形。模板叠放高度不宜过高，并应稳固。

（4）模板存放的场地应平整、坚实。并应有排水措施，防止水淹生锈。

3.5　钢筋半成品加工工艺

以钢筋的工业化生产方式为例，介绍柔性钢筋网片加工、钢筋桁架焊接、自动化钢筋调直切断弯筋的生产过程。常见的简单单机加工工艺不再赘述。

3.5.1 柔性钢筋网片生产线生产加工工艺

柔性钢筋网片生产线按结构部位与功能的不同，全机可分为：电气控制部分、纵筋原料架、纵筋调直机构、纵筋布料机构、纵筋送进机构、焊接机构、横筋调直机构、横筋落料机构、拉网机构、网片输出机构、气路系统和冷却水路系统等部分。

柔性钢筋网片生产加工工艺如下（图 3.5-1）：

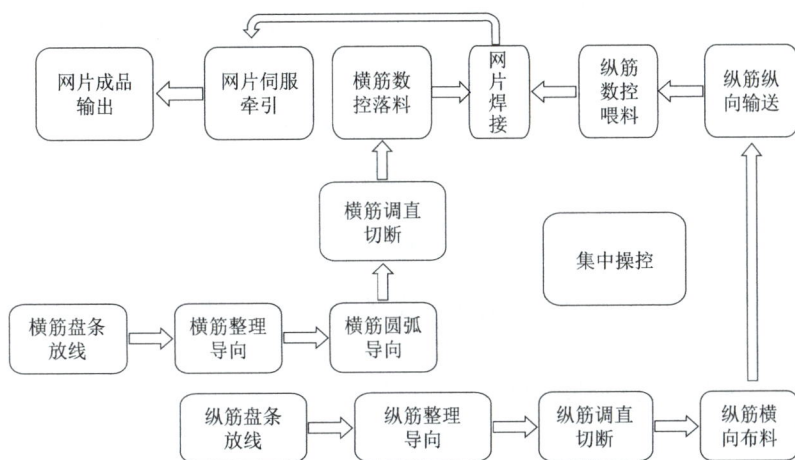

图 3.5-1 柔性钢筋网片生产线生产工艺图

（1）原料上料：将线材钢筋原料分别上料到横筋和纵筋盘条放线架。

（2）经过对应的理线框对钢筋进行整理导向。

（3）纵筋直接进入纵筋调直切断机后按网片要求生产网片纵筋。

（4）调直切断机配合横向布料系统，按照网片纵筋间距要求完成纵筋的生产和就位。

（5）成组纵筋端部打齐后，纵向输送系统抓取钢筋并向焊接主机方向输送。

（6）数控喂料系统把成组纵向钢筋按坐标要求喂送至上下电极之间，等待横筋落料。

（7）横向钢筋原料通过圆弧导向改变运动方向，垂直于纵向钢筋前进，进入横筋调直切断机。

（8）横筋调直切断机按照网片要求顺序进行生产，横筋落料系统要满足不同长度钢筋的需要。

（9）横筋落料系统配合网片伺服步进节奏，将横筋准确地布置到焊接主机上下电极之间，与纵筋 90°交叉摆放，完成焊接准备工作。

（10）焊接主机与焊点对应的焊接单元压紧通电焊接，完成单排钢筋的电阻焊。

（11）按照横筋间距要求，网片伺服牵引系统对网片进行定尺步进，在工业控制计算机的程序控制下实现整张网片的焊接成型。

（12）网片成型后通过拉网、接网、叠网及送网机构完成网片收集工作（图 3.5-2）。

柔性焊网生产线可以在设计位置完成开门窗孔洞网片的生产过程，也可以生产不含孔洞的标准网片。

图 3.5-2　钢筋网片生产线

3.5.2　自动桁架焊接生产加工工艺

自动桁架焊接成型生产设备，就是将螺纹钢盘料和圆钢盘料自动加工后焊接成截面为三角形桁架的全自动专用设备。

主要分为六部分：放料架、校直机构、焊接主机、卸料架、液压系统和电气控制柜系统。

自动桁架焊接生产加工工艺如图 3.5-3 所示。

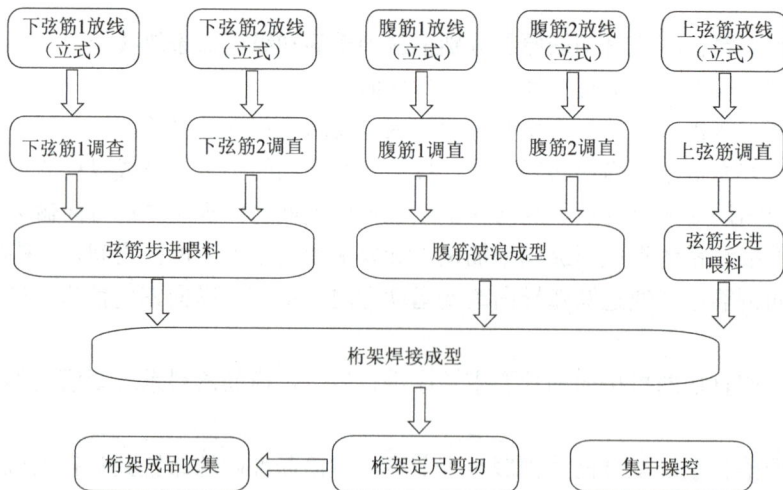

图 3.5-3　自动桁架焊接生产加工工艺图

（1）盘条钢筋直接上料到两个下弦筋放线架和一个上弦筋放线架。

（2）由冷加工成型的冷拔丝上料到两个腹筋放线架。

（3）下弦筋在弦筋步进系统的牵引下经过调直喂料到焊接主机。

（4）腹筋在波浪成型系统牵引作业下，经过调直也喂料到焊接主机。

（5）焊接系统通过高电流电阻焊完成腹筋和弦筋的焊接成型（图 3.5-4）。

（6）PC 构件所需的桁架基本是直角桁架，所以一般无需腹筋折脚就进行定尺切断。

（7）通过卸料架完成桁架成品的收集工作。

桁架焊接生产线也可兼顾桁架板筋的生产，在焊接成型后增加折脚工序，然后剪切收集。

图 3.5-4　钢筋桁架生产线

（a）钢筋桁架电阻焊加工；（b）钢筋桁架成品

3.5.3　自动化弯筋机生产加工工艺

自动化弯筋机是将盘条钢筋加工成箍筋、拉钩等不同形状成型钢筋制品的专用设备。

主要包括放线架、理线框、矫直系统、牵引系统、弯曲系统、切断系统、气动系统和电控系统等部分。

自动化弯筋机生产加工工艺如图 3.5-5 所示。

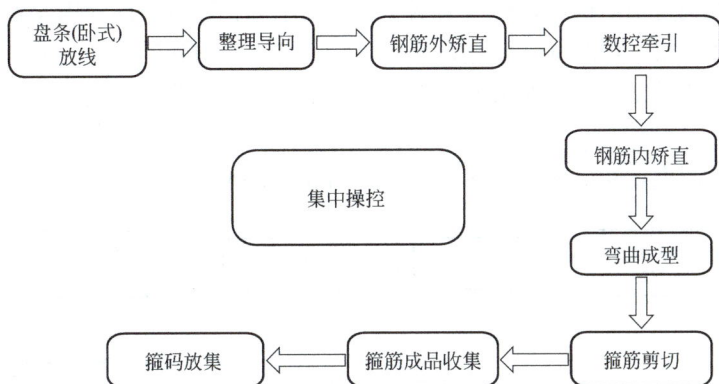

图 3.5-5　自动化弯筋机生产加工工艺图

（1）将盘条钢筋上料到卧式放线架后解捆。

（2）通过理线框整理导向，消除乱线或打结等问题（图 3.5-6）。

（3）穿料到主机的矫直和牵引系统。

（4）通过内外矫直系统消除钢筋的环向应力，保证钢筋直线度要求。

（5）配置编码器的牵引系统送进钢筋时同步计量钢筋长度，为下一步弯曲做好准备。

（6）牵引定尺送进后，弯曲系统根据对应位置的角度和方向要求完成正弯或反弯

图 3.5-6　自动化弯筋机

动作。

（7）当箍筋制品的所有边长和角度加工完成后，在最后一个边长的指定位置剪切完成。

（8）箍筋收集器将单个箍筋收集成组。

（9）成组钢筋码放成垛，完成生产。

当需要加工板筋等长钢筋制品时，一般采用多功能弯箍机，除收集系统不同外，其余工艺相同。

3.5.4　自动化钢筋调直切断机生产加工工艺

自动化钢筋调直切断机，是将盘条钢筋加工成不同长度直条的专用设备。

主要包括放线架、理线框、矫直系统、牵引系统、飞剪切断系统、对齐系统、暂存系统、收集系统、气动系统和电控系统等部分，其中调直系统分平行辊外矫直和高速调直筒矫直两部分。

自动化钢筋调直切断机的生产加工工艺如图 3.5-7 所示。

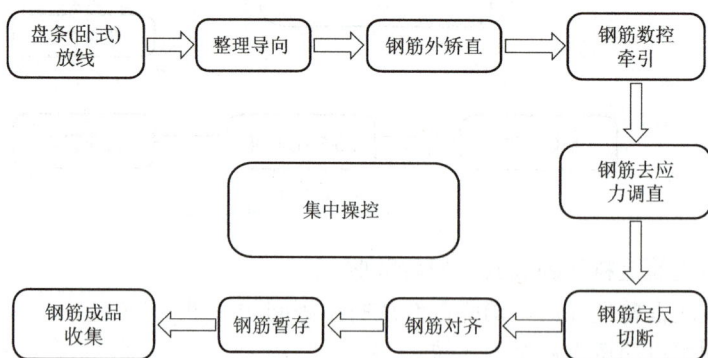

图 3.5-7　自动化钢筋调直切断机生产加工工艺图

（1）将盘条钢筋上料到卧式放线架后解捆。

（2）通过理线框整理导向，消除乱线或打结等问题。

（3）穿料到主机的矫直和牵引系统。

（4）通过内外两套矫直系统，尤其是高速调直筒调直模压紧变形量的调整，消除钢筋的环向应力，保证钢筋直线度要求。

（5）配置四组牵引轮送进钢筋，由减震编码器计量钢筋长度，为下一步飞剪剪切做好准备。

（6）牵引定尺送进到位，程序自动启动飞剪剪切系统，切刀由 0m/s 迅速加速到钢筋前进速度，完成随动剪切。

（7）高速切断后的钢筋在螺旋对齐系统的作用下成组对齐。

（8）先收集到气动暂存架上，便于收集槽内钢筋的不停机吊运。

（9）最后成组直条钢筋由暂存架落入收集槽，完成直条生产。

有些调直切断机仍在采用气动离合器、固定位置液压剪切等传统工艺，切断时钢筋由高速降为 0m/s。其除第 6 条剪切动作外，其余工艺基本相同。

3.6　产业工人管理与培训

3.6.1　产业工人组织方式

建筑产业化是在各种生产资源紧缺、人口红利消失、环境污染严重等多种因素重叠下的中国建筑业的选择与出路。

PC 工厂正需要大量的工人来进行 PC 构件的生产，这就需要把现在的农民工转变成产业工人，提高他们的技术水平，进而提高建筑业的生产效率。

根据国内的实际情况和企业自身的特点，在产业工人的使用管理上，可采取以下方式：

1）劳务公司根据 PC 工厂的要求，将农民工培训成合格的产业工人后，PC 工厂与劳务公司签订用工协议，工人进厂上岗。

2）工厂以劳务委派、企业招工的方式，招聘工人进入 PC 工厂。通过企业自身的培养手段，例如导师带徒、委托培养等，将其培养成合格的产业工人。

3.6.2　产业工人培训

1. 产业工人分类

PC 工厂中产业工人分为以下三类：技术工人、特种作业人员、普通工人，PC 生产线及钢筋生产线等岗位产业工人统计见表 3.6-1。

PC 工厂产业工人统计表　　表 3.6-1

类 别	内 容	等 级
PC 生产线	清理喷涂工位操作手、画线机工位操作手、布料振捣工位操作手、抹光工位操作手、养护翻板工位操作手、拌合站操作手、生产线操控中心操作手、混凝土工、组装拆卸模板工、木工、精细木工、叉车司机、装载机司机等	中级、高级
钢筋生产线	钢筋工、钢筋桁架生产线操作手、钢筋网片生产线操作手、钢筋调直切断机操作手、钢筋弯筋机操作手、叉车司机等	中级、高级

续表

类别	内　容	等级
模板加工整修	钳工、车工、铣工、磨工、电焊工等	中级、高级
蒸汽锅炉	司炉工、锅炉检修工（主机、辅机）、管道检漏工等	中级、高级
其他类	电工、电机检修工、电气检修工、试验工、测量放线工、桥式起重机司机、堆放搬运装卸工、架子工等	中级、高级

2. 特种设备管理

1）PC 工厂中的特种设备见表 3.6-2。

PC 工厂特种设备目录　　　　　　　　　　　　　　　　表 3.6-2

种类	类别	品　种	PC 工厂内特种设备
锅炉	承压蒸汽锅炉		蒸汽锅炉
压力容器	固定式压力容器	超高压容器、第三类压力容器、第二类压力容器、第一类压力容器	PC 生产线、钢筋生产线设备用储气罐
	气瓶	无缝气瓶、焊接气瓶、特种气瓶（内装填料气瓶、纤维缠绕气瓶、低温绝热气瓶）	氧气瓶、乙炔气瓶
压力管道	公用管道	燃气管道、热力管道	燃气管道、热力管道
	工业管道	工艺管道、动力管道、制冷管道	PC 生产线、钢筋生产线用气管道
压力管道元件	压力管道管子	无缝钢管、焊接钢管、有色金属管、球墨铸铁管、复合管、非金属材料管	锅炉房与 PC 生产车间蒸汽管道管子；PC 生产线、钢筋生产线用气管道的管子
	压力管道管件	非焊接管件（无缝管件）、焊接管件（有缝管件）、锻制管件、复合管件、非金属管件	同上
	压力管道阀门	金属阀门、非金属阀门、特种阀门	同上
	压力管道法兰	钢制锻造法兰、非金属法兰	同上
	补偿器	金属波纹膨胀节、旋转补偿器、非金属膨胀节	同上
	压力管道密封元件	金属密封元件、非金属密封元件	同上
	压力管道特种元件	防腐管道元件、元件组合装置	同上
起重机械	桥式起重机	通用桥式起重机	车间内 PC 生产线、钢筋生产线桥式吊
	门式起重机	通用门式起重机	PC 构件堆场内门吊
	流动式起重机	轮胎起重机、履带起重机	堆场内轮胎汽车吊
特种车辆	机动工业车辆	叉车	车间内、堆场使用的叉车
	非公路用旅游观光车辆	电瓶观光车	PC 工厂内电瓶车

种类	类　别	品　　种	PC 工厂内特种设备
安全附件		安全阀、爆破片装置、紧急切断阀、气瓶阀门	车间内气割、焊接用安全阀门等；PC 生产线和钢筋生产线上的安全阀门等

注：1. 压力容器，是指盛装气体或者液体，承载一定压力的密闭设备，其范围规定为最高工作压力大于或者等于 0.1MPa（表压）的气体、液化气体和最高工作温度高于或者等于标准沸点的液体、容积大于或者等于 30L 且内直径（非圆形截面指截面内边界最大几何尺寸）大于或者等于 150mm 的固定式容器和移动式容器；盛装公称工作压力大于或者等于 0.2MPa（表压），且压力与容积的乘积大于或者等于 1.0MPa·L 的气体、液化气体和标准沸点等于或者低于 60℃ 液体的气瓶；氧舱。

2. 压力管道，是指利用一定的压力，用于输送气体或者液体的管状设备，其范围规定为最高工作压力大于或者等于 0.1MPa（表压），介质为气体、液化气体、蒸汽或者可燃、易爆、有毒、有腐蚀性、最高工作温度高于或者等于标准沸点的液体，且公称直径大于或者等于 50mm 的管道。公称直径小于 150mm，且其最高工作压力小于 1.6MPa（表压）的输送无毒、不可燃、无腐蚀性气体的管道和设备本体所属管道除外。

3. 起重机械，是指用于垂直升降或者垂直升降并水平移动重物的机电设备，其范围规定为额定起重量大于或者等于 0.5t 的升降机；额定起重量大于或者等于 3t（或额定起重力矩大于或者等于 40t·m 的塔式起重机，或生产率大于或者等于 300t/h 的装卸桥），且提升高度大于或者等于 2m 的起重机；层数大于或者等于 2 层的机械式停车设备。

4. 场（厂）内专用机动车辆，是指除道路交通、农用车辆以外仅在工厂厂区、旅游景区、游乐场所等特定区域使用的专用机动车辆。

2）PC 工厂特种作业人员

PC 工厂的特种作业人员有起重工（车间、堆场）、电工、电焊工、锅炉工、管道工、叉车司机等。

3. 产业工人培训

1）从事这些职业（工种）的人员必须达到相应的职业技能要求，其中的特殊工种必须取得当地安监局和技术监督局考核颁发相应的职业资格证书。

PC 工厂在与劳动者签订劳动合同时，把从事特殊工种的人员是否持有职业资格证书作为建立劳动关系的一项前提内容。

2）签订正式用工合同前，组织相关专业管理人员对入厂工人进行实际技能的考核。考核合格者签订劳务用工合同，不合格者退回原单位。

3）对进场工人进行工作之前的培训。

根据相应的职业要求，对工人进行系统培训，使工人掌握相应技工的技术理论知识和操作技能。全面了解 PC 生产线的生产知识，掌握安全操作要点和车间内的危险源。

根据工人特长及兴趣，合理安排岗位，明确岗位职责。

4）PC 生产线培训人员及培训要点

（1）PC 生产线上各岗位人员：混凝土工、模板工、木工、测量工、电工、电机检修工、电气检修工、生产线各工位操作手等。

（2）PC 生产线上各岗位培训要点：

了解整个车间内各条生产线的布局、车间管理办法。

掌握 PC 生产线的工艺流程、生产要素，各个生产工位的操作要点。

掌握自己所在生产工位、生产岗位的全部职责和全部工作要求。

掌握自己所在生产工位、生产岗位的危险源管控、安全工作要点。

5）钢筋生产线培训人员及培训要点

（1）钢筋生产线上的各岗位人员：电工、电机检修工、电气检修工、钢筋自动加工流水线操作手等。

（2）钢筋生产线上各岗位培训要点：

了解整个车间内各条生产线的布局、车间管理办法。

掌握钢筋生产线的工艺流程、生产要素，各钢筋生产线和钢筋加工设备的操作要点。

掌握自己生产岗位的全部职责和全部工作要求。

掌握自己生产岗位的危险源管控、安全工作要点。

6）混凝土拌合站培训人员及培训要点

（1）混凝土拌合站各岗位人员：装载机司机、电工、试验工、拌合站操作室操作手等。

（2）混凝土拌合站各岗位培训要点：

了解PC生产线与拌合站之间的布局关系和生产运输线路的走向、拌合站管理办法。

了解PC生产线的工艺流程、生产要素，与混凝土施工有关的各生产工位（一次浇筑混凝土、振捣混凝土、二次浇筑混凝土等）的操作要点。

掌握拌合站拌合混凝土的工艺流程、生产要素，配料机、水泥仓、输送带、混凝土输送料斗等各个生产单元的操作要点。

掌握自己所在混凝土拌合站生产单元、生产岗位的全部职责和全部工作要求。

掌握自己所在混凝土拌合站生产单元、生产岗位的危险源管控、安全工作要点。

7）锅炉房培训人员及要点

（1）锅炉房各岗位人员：司炉工、锅炉检修工、管道检修工等。

（2）锅炉房各岗位培训要点：

了解PC生产线与锅炉房之间的布局关系和蒸汽管道的走向、锅炉房管理办法。

了解PC生产线的工艺流程、生产要素，与混凝土蒸养有关的各生产工位（预养窑、蒸养窑、养护池等）的操作要点。

掌握锅炉房生产高压蒸汽的工艺流程、生产要素，掌握主机、辅机、管道、法兰和阀门等各个组成单元的操作检查要点。

掌握自己所在锅炉房组成单元、生产岗位的全部职责和全部工作要求。

掌握自己所在锅炉房组成单元、生产岗位的危险源管控、安全工作要点。

8）构件起吊运输培训人员及培训要点

（1）构件起吊运输各岗位人员：堆放搬运装卸工、起重工、叉车司机、平板车司机等。

（2）构件起吊运输各岗位培训要点：

了解整个车间内各条生产线的布局、车间管理办法。

掌握PC生产线的工艺流程、生产要素，与构件起吊运输相关的设备和生产工位（翻板机、构件检查、堆场门吊起吊等）的操作要点。

掌握翻板机、桥吊、门吊的操作工作流程，掌握扁担梁、接驳器、钢丝绳和吊装带、桥吊和门吊各部位等各个辅助工器具和设备组成单元的检查要点。

掌握自己所在生产工位、生产岗位的全部职责和全部工作要求。

掌握自己所在生产工位、生产岗位的危险源管控、安全工作要点。

3.7　思考与练习

一、填空题

1. 水泥的主要物理指标有_____、_____、_____。

2. 预制构件的生产一般应选用_____外加剂。

3. 套筒灌浆料应采用防潮袋（筒）包装。每袋（筒）净质量宜为_____，且不应小于标志质量的_____。

4. 由两个灌浆端筒体单元通过螺纹连接成整体的分体式灌浆套筒，称为_____。

二、单选题

1. 常温型套筒灌浆料使用时，施工及养护过程中 24h 内灌浆部位所处的环境温度不应低于（　　）。

A. 20℃　　　　　　　　　　　　　　B. 5℃

C. 0℃　　　　　　　　　　　　　　D. −5℃

2. 采用金属拉结件系统的夹心外墙板，其外叶墙板和内叶墙板的厚度分别不宜小于（　　）。

A. 50mm，80mm　　　　　　　　　B. 60mm，80mm

C. 50mm，100mm　　　　　　　　D. 60mm，100mm

3. 俗称"胶波"的预制构件安装施工辅助件，主要作用是（　　）。

A. 固定边模板　　　　　　　　　　B. 辅助吊钉端部凹口成型

C. 固定灌浆套筒　　　　　　　　　D. 架立钢筋

4. FRP 连接件（　　）露天存放。

A. 不得　　　　　　　　　　　　　B. 应

C. 可　　　　　　　　　　　　　　D. 必须

三、简答题

1. 简述预制构件模具的制作流程。

2. 简述灌浆套筒连接件应满足的制作要求。

3.7 思考与练习答案

教学单元4
构件生产工艺及流程

Chapter 04

教学目标

1. 了解 PC 构件生产工艺常见方法。
2. 掌握三明治外墙板生产工艺。
3. 掌握夹心保温叠合墙板、叠合墙板生产工艺。
4. 掌握叠合楼板固定模位法生产工艺。
5. 掌握楼梯立式、卧式固定模位法生产工艺。
6. 了解先张预应力长线台座法生产工艺。
7. 了解复合墙板立式生产工艺。

育人目标

1. 树立吃苦耐劳、踏实肯干的工作作风。
2. 培养严谨认真、乐观向善的积极态度。
3. 培养实操能力，并通过实训实操强化岗位认同感。

思维导图

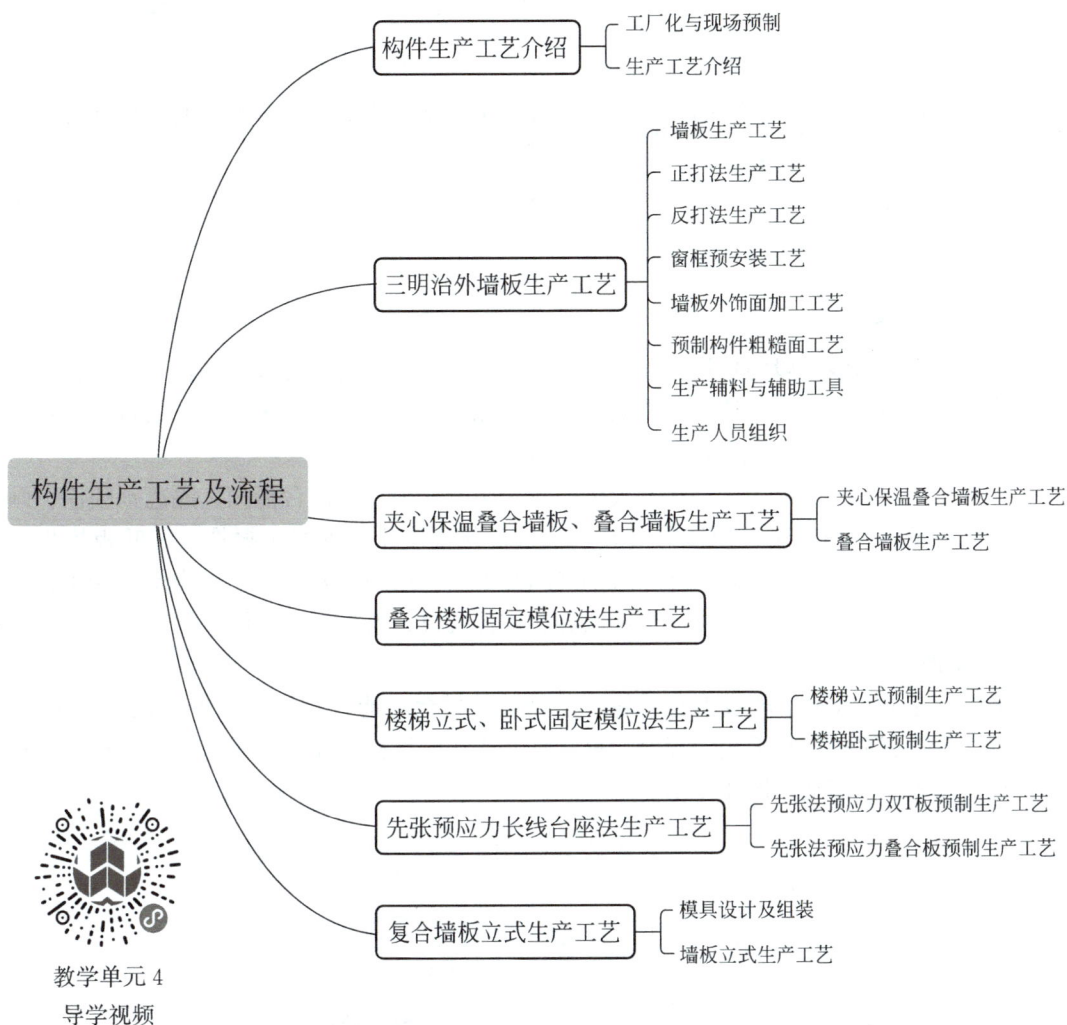

教学单元4
导学视频

4.1 构件生产工艺介绍

4.1.1 工厂化与现场预制

（1）PC构件的生产分游牧式工厂预制（现场预制）和固定式工厂预制二种形式。其中现场预制分为露天预制、简易棚架预制。工厂预制也有露天预制与室内预制之分。

近些年，随着机械化程度的提高和标准化的要求，工厂化预制逐渐增多。目前大部分PC构件为工厂化室内预制。

无论何种预制方式，均应根据预制工程量的多少、构件的尺寸及重量、运输距离、经济效益等因素，理性进行选择，最终达到保证构件的预制质量和经济效益的目的。

（2）平模工艺是目前PC构件的主流生产工艺。

根据模台的运动与否，PC预制构件生产工艺主要分为平模传送流水线法、固定模位

PC构件预制生产工艺 ┬ 平模传送流水线法 ┬ 环形平模传送流水线
　　　　　　　　　　　　　　　　　　└ 柔性平模传送流水线
　　　　　　　　　├ 固定模位法 ┬ 固定模台 ┬ 平模法
　　　　　　　　　　　　　　　　　　　　　　└ 竖模法
　　　　　　　　　　　　　　　└ 长线台座
　　　　　　　　　└ 机组流水法

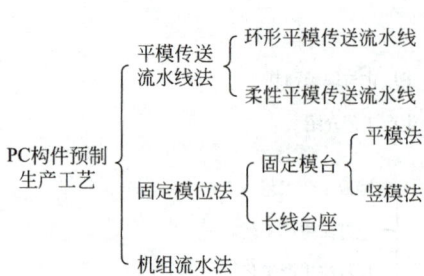

图 4.1-1　PC 构件生产工艺分类

法、机组流水法等（图 4.1-1）。本书只就目前 PC 生产中常用的前两种预制工艺进行介绍。

4.1.2　生产工艺介绍

PC 生产系统由 PC 生产线、钢筋生产线、混凝土拌合运输、蒸汽生产输送、车间门吊起运五大生产系统组成。其中 PC 生产线为主线，钢筋生产线、混凝土拌合运输、蒸汽生产输送和门吊起运系统为辅助。

1. 环形平模传送流水线

平模传送流水线一般为环形布置，适用于构件几何尺寸规整的板类构件，例如：三明治外墙板、内墙板、叠合板等。具有效率高、能耗低的优势，但一次性投入的资金大，是目前国内普遍采用的 PC 构件生产流水线方式。

以生产三明治外墙板为例，在平模传送流水生产线中，有模台清扫、隔离剂喷涂、画线、内叶板模板钢筋安装、预埋件安装、一次浇筑混凝土、混凝土振捣、外叶板模板安装、保温板安放、连接件安装、外叶板钢筋网片安装、预埋件安装、二次浇筑混凝土、振捣刮平、构件预养护、构件抹光、构件蒸养、构件脱模、墙板吊运、修复检查、清洗打码共 21 道生产工序。

平模传送 PC 流水生产线由驱动轮、从动轮、模台、清扫喷涂机、画线机、布料机、振动台、振捣刮平机、拉毛机、预养护窑、抹光机、码垛机、立体蒸养窑、翻板机、平移车等机械设备共同组成（图 4.1-2）。

图 4.1-2　环形平模传送流水线车间实景

2. 柔性平模传送流水线

柔性平模传送流水线是在近些年在传统平模传送流水线只能生产单一产品，兼容性差，不能很好地释放生产线产能的情况下，受机械、电子制造业的柔性生产线启发而产生的一种最大程度释放生产线产能，提高经济效益的新型 PC 流水生产线（图 4.1-3）。

它具有适应性强、灵活性高的特点，在同一条生产线上，能同时生产多种不同规格的 PC 构件。极大地提高了生产线的产能，发挥出机械化优势，快速摊薄生产线的投入成本，缩短成本回收周期。

图 4.1-3　柔性平模传送流水线实景图

目前，国内的柔性平模传送流水线已开始应用于 PC 构件生产。柔性生产线与传统平模传送流水线相比，具有以下特点：

1）针对不同 PC 构件混凝土强度等级的不同和混凝土配合比的差异，柔性生产线会增加拌合站料仓的个数，安装多台混凝土搅拌设备，为拓宽 PC 产品的外延性提供硬件支持。

2）在模具的设计上，以最大构件的模具为控制尺寸。在一张流转模台上，最大尺寸的 PC 构件只预制 1～2 件。而中、小尺寸的 PC 构件则以组合模具的模块化形式，一次生产诸多件。达到在一条生产线上共同循环生产的目的。同时提高养护窑的利用率。

3）在规划柔性生产线时，针对不同体量、不同配合比的 PC 构件，要对养护窑进行分仓设计。能分仓供热、各个仓室有独立的温度监控系统。

4）根据不同 PC 构件存在不同流水节拍的特点，在某个工位进行"到发线"或"蓄水池"式设计。即将大于整个流水节拍时间的复杂工位进行横向移动设计，让模台能横移至"到发线"工位后，进行相对复杂的安装生产作业。

待本工位的工作完成后，再复位到流水线中，进入下一工位。

开拓并利用车间内各种工位上下左右的立体空间，采用全方位立体交叉的生产工艺设计。例如在预养窑顶部设计立体通过性的工位，让 PC 构件在预养窑顶部的工位上，进行与下部 PC 构件不同生产工艺的构件生产过程。

5）针对使构件混凝土密实的技术要求，可以采取使用自密型混凝土进行差异化补偿的措施，也可以根据不同 PC 构件的不同工艺路线，设置梯度分明、层次合理的混凝土振捣工位，满足不同 PC 构件预制生产需要。

3. 固定模位法

固定模位法适用于构件几何尺寸不规整，超长、超宽、超重的异形 PC 构件。例如楼梯、阳台、飘窗、PCF 板等。

固定模台生产线即可设置在车间内，也可设置在施工现场。此种工艺具有投资少、操作简便的优点，但也有效率低、能耗高、速度慢等缺点。

在建筑工地一隅开辟出预制场地，进行大型构件的现场生产，可以减轻 PC 构件运输的压力，同时大大降低工程成本。

根据模板的水平与否，固定模位法分为平模法、立模法两种（图 4.1-4、图 4.1-5）。

图 4.1-4　固定模位平模机组流水法生产

图 4.1-5　固定模位立模法生产

4. 长线台座法

对于板式预应力构件，如普通预应力楼板，一般采用挤压拉模工艺进行预制生产。

对于预应力叠合楼板，通常采用长线预制台座进行成批次预制生产。每个台位的预应力筋张拉到设计值后，浇筑混凝土并振捣（图 4.1-6）。亦适用于预应力梁、柱的生产。

非预应力叠合板、梁柱也可采用长线台座法预制生产（图 4.1-7）。

实际此类工艺亦属于固定模位法。

图 4.1-6　叠合板长线台座生产线实景图

图 4.1-7　预制柱长线台座法生产实景图

4.2　三明治外墙板生产工艺

4.2.1　墙板生产工艺

（1）墙板生产共有三大生产工艺：立模、挤出、平模。

立模有单组模腔、双组模腔（靠模）、多组模腔等工艺。常见的挤出工艺有挤压成型机、振动拉模法等。平模工艺是目前 PC 构件的主流生产工艺。

（2）其中平模预制生产三明治外墙的方式分为正打法（图 4.2-1）、反打法（图 4.2-2）。

所谓正打法，首先进行内叶板混凝土的浇筑生产，然后组装外叶板模板、安装保温层、拉结件、外叶板钢筋后，浇筑外叶板混凝土。反之，则是反打法。

正打法的优点是浇筑内墙板时，可通过吸附式磁铁工装将各种预留预埋进行固定，方

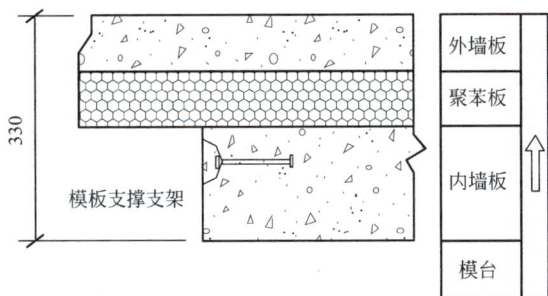

(a) 正打法生产顺序

(b) 正打法墙板生产实景图

图 4.2-1 正打法

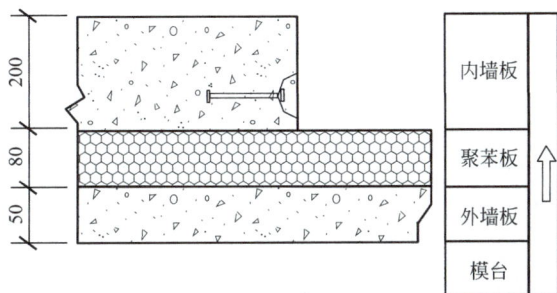

注：模板未示，箭头表示浇筑方向，单位mm。

(a) 反打法生产顺序

(b) 反打法墙板生产实景图

图 4.2-2 反打法

便、快捷、简单、规整。但相对加大了外叶板抹面收光的工作量，外叶板抹面收光后的平整度和光洁度会相对较差。

反打法优点是外叶板的平整度和光洁度高。缺点是在浇筑内叶板混凝土时，会对已浇筑的外叶板混凝土和刚刚安装的保温层造成很大的压力，造成保温层四周的翘曲。

由于内叶板面存在较多的预留预埋，不利于振动赶平机的作业，同时振动赶平机对于20cm厚的内叶板的振捣质量，与5cm厚的外叶板相比较差，要采用人工辅助振捣。

相对而言，从有效发挥生产线效能，充分利用生产线如振动赶平机、抹光机等设备，更好地保证三明治外墙板质量，正打法更适合于自动化流水线生产。

4.2.2 正打法生产工艺

以应用 FRP 连接件为例，介绍三明治 PC 外墙板正打法预制生产的各道工序（图 4.2-3）。

实心墙板的预制生产与之相比，缺少一次模板组装、混凝土浇筑和保温板安放的工序。

179

清理模台 ← 脱模冲洗

组装内叶板模板 ← 模板修整 ← 拆除模板

钢筋加工绑扎成型 → 安装内叶板钢筋笼 ← 蒸养

安装预留、预埋件 ← 抹光

不合格

一次浇筑混凝土前检查 → 成品检查 —不合格→ 构件修补

合格 / 合格

浇筑内叶板混凝土、振捣 ← 预养护 → 打号入库 ←

组装外叶板模板 ←不合格← 振动、赶平

安放保温板 ← 浇筑外叶板混凝土

合格

二次浇筑混凝土前检查

安装连接件 → 安装外叶板钢筋网 ← 钢筋加工绑扎成型

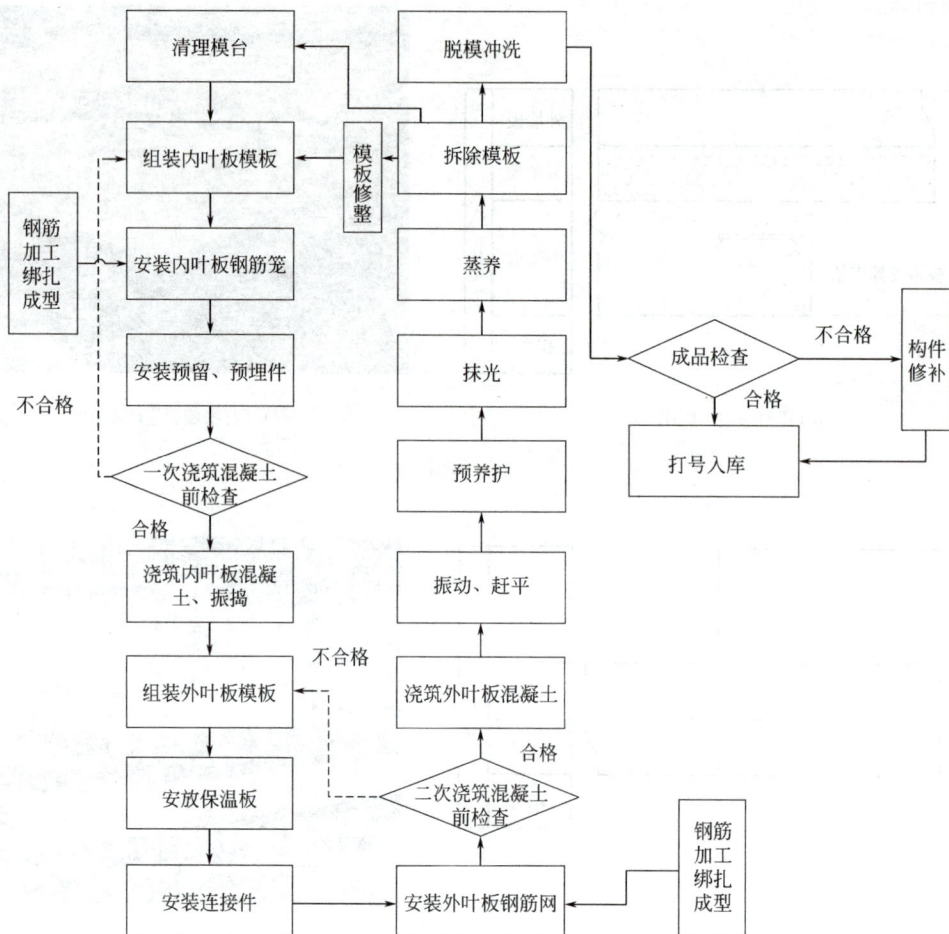

图 4.2-3　正打法流程图

注：如果应用金属连接件，则在安装内叶板钢筋笼后，即安装金属连接件。

1）模台面清理

模台在翻板机位侧向竖起 80°，桁吊将 PC 构件吊起运走。翻板机放平后，模台前行至清扫机位（图 4.2-4）。清扫机将台面上零星混凝土碎块、砂浆等杂物，自动归纳进废料收集斗。同时，滚刷进行模台表面光洁度的刷洗处理，清扫过程中产生的粉尘被收集到除尘器。

如果模台通过清扫机后的清扫效果不佳，需人工手持角磨机，进行二次清除和打磨。

应定期清理清扫机中的废料箱、除尘器收集箱和滤筒，保证机器的正常使用。

2）喷涂、画线

模台清扫打磨干净后，运行至喷涂机位前（图 4.2-5）。

随着模台端部进入到喷涂机，喷油嘴开始自动进行隔离剂的雾化喷涂作业。可通过调整作业喷嘴的数量、喷涂的角度和时间来调整模台面隔离剂喷涂的厚度、宽度、长度。

喷涂完毕，模台运行至画线工位（图 4.2-6）。画线机识别读取数据库内输入的构件加工图和生产数量，在模台面进行单个或多个构件的轮廓线（模板边线）、预埋件安装位置的喷绘。有门窗洞口的墙板，应绘制出门洞、窗口的轮廓线。

图 4.2-4　清扫机作业

图 4.2-5　模台喷涂作业

图 4.2-6　画线机作业

要定期清理喷涂机和画线机的喷嘴，确保机器工作正常。

储料斗要定期检查，油料不足时应及时添加。

特殊情况时，可将生产线切换到人工模式。根据预制构件的生产数量、构件的几何尺寸，人工在模台面上绘制定位轴线，进而绘制出每个构件的内、外侧模板线。

3）组装内叶板模板、安装钢筋笼

喷涂画线工作结束后，模台输送到内叶板组模和钢筋安装工位。

清理干净内叶模板后，工人按照已画好的组装边线，进行内叶板模板的安装。按照边线尺寸先安放内叶模板的侧板，再安装另外两块端模，拧紧侧模与端模之间的连接螺栓（图 4.2-7）。螺栓连接后，模板外侧用磁盒加固。

将绑扎好的内叶板钢筋网笼吊入模板（图 4.2-8），并安装好垫块。

在模板表面涂刷隔离剂。涂刷要均匀，不漏刷，不流淌。一般涂刷两遍。

4）安装预留、预埋件

组模和钢筋安装完成后，模台运转到预埋件安装工位。开始安装钢筋连接灌浆套筒（图 4.2-9）、浆锚搭接管（图 4.2-10）、支撑点内螺旋、构件吊点、模板加固内螺旋、电线盒、穿线管等各种预埋件和预留工装。

图 4.2-7　内叶板模具组装

图 4.2-8　内叶板钢筋安放

（1）钢筋连接灌浆套筒

目前国内具有代表性的套筒是现代营造的球墨铸铁半灌浆套筒，思达建茂的碳素结构钢切削加工的半灌浆套筒和全灌浆套筒。

在正打法预制生产中，与套筒进出浆孔相连的波纹软管的另一端被固定磁座向下吸附于模台面上。反打法中采用 PVC 硬质塑料注浆管，下端与套筒进出浆孔相连固定，上端口伸出浇筑混凝土表面，并封闭，防止浆液进入堵塞注浆孔。钢筋连接灌浆套筒固定工装的橡胶塞一端，塞入套筒口内，另一端螺栓穿过模板上的开孔。逐渐拧紧固定螺丝，橡胶塞被压缩膨胀后，与套筒口紧密结合，于是整个钢筋连接灌浆套筒就固定于模板开孔的位置。目前，国内还有浆锚钢筋搭接的连接方式，例如中南 NPC（图 4.2-10）。

图 4.2-9　正打法半灌浆套筒安装

图 4.2-10　中南 NPC 浆锚钢筋搭接

（2）构件安装支撑点内螺栓连接件、模板加固内螺旋

外墙板的安装支撑点、现浇段模板连接固定点，均可采用磁性底座，将内螺旋连接件吸附固定于模台之上（图 4.2-11）。

（3）构件吊点

外墙板的吊点可采用与构件重量相对应的吊钉（图 4.2-12），也可用钢筋自行加工 U 形吊环。每块墙板两个吊点或吊环，预埋在内叶板顶部。

图 4.2-11　内螺旋连接件安装

图 4.2-12　吊钉安装

（4）电线盒和穿线管

采用方形、八角形磁性底座将电线盒吸附固定在模台上。穿线管与电盒连接后，用扎丝绑扎固定在邻近的钢筋上（图 4.2-13）。

图 4.2-13　电线盒、穿线管安装

（5）预留孔洞

后浇段加固模板采用穿心式设计。在外墙板预制时预留穿墙孔洞，通过穿墙螺杆加固模板。

在外墙板底部用圆形磁性底座固定 PVC 管，预留出空调连接管路进出的通道。

（6）窗口木砖

如果采用后装法安装窗户，则需要在预制墙板时，提前将木砖安装固定妥当。

5）一次浇筑、振捣内叶板混凝土

模板、钢筋和预留、预埋件安装完毕后，模台运行至一次混凝土浇筑工位。再次对模板、钢筋，预留、预埋件进行检查。符合验收要求后，抬升模台并锁定在振动台上，根据构件混凝土厚度、混凝土方量调整振动频率和时间，确保混凝土振捣密实。

输送料斗通过上悬式轨道，从搅拌站将拌合好的混凝土输送至车间内布料机的上方，进行卸料作业。布料机往内叶板内自动布料时，需要根据构件浇筑宽度、有无开口、混凝土坍落度等参数设置浇筑程序，调整布料机自动分段和开口参数。也可以手动布料（图4.2-14）。

图 4.2-14　浇筑内叶板混凝土

内叶板混凝土浇筑振捣完成后，用木抹将混凝土表面抹平，确保表面平整。

每次工作完毕后，要及时清理和清洗混凝土输料斗、布料斗。清理出的废料、废水要转运至垃圾站处理。

振动完成后，振动台下降到模台底与导向轮、支撑轮接触，模台流转到下一个工位。

6）组装外叶板模板、安装保温板

工人在桁吊辅助下，安装上层的外叶板模板，上下层模板采用螺栓连接固定牢固。在模板表面涂刷隔离剂。

在内叶板混凝土未初凝前，将加工拼装好的保温板逐块在外叶模板内安放铺装，使保温板与混凝土面充分接触，保温板整体表面要平整。

保温板要提前按照构件形状，设计切割成型，并在模台外完成试拼。

7）安装连接件和外叶板钢筋

（1）采用 FRP 连接件时（图 4.2-15），FRP 连接件在预制保温墙体中的立面布置形式如图 4.2-16 所示（以正打法为例）。

对于预制保温外挂墙体，FRP 连接件在内、外叶墙板中采用相同的锚固构造。

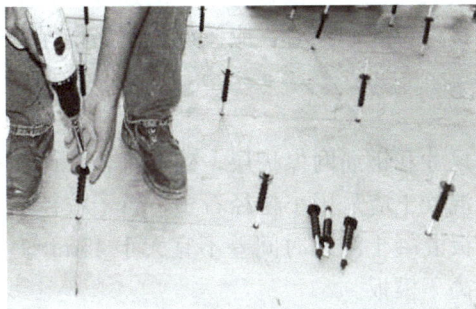

图 4.2-15 安装玻璃纤维连接件

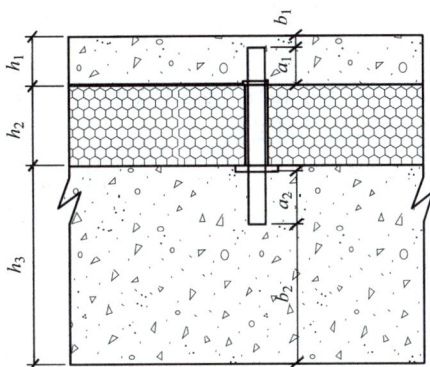

图 4.2-16 连接件在预制保温墙体中定位示意图

其中：

h_1——墙体外叶混凝土板厚度；

h_2——保温层厚度；

h_3——墙体内叶混凝土板厚度；

a_1——外叶混凝土板中连接件锚固长度；

a_2——内叶混凝土板中连接件锚固长度；

b_1——外叶混凝土板中连接件端部距墙板表面距离；

b_2——内叶混凝土板中连接件端部距墙板表面距离。

在铺设好的保温板上，连接件一般按照设计图中的矩形或梅花形进行开孔布置。连接件间距按设计要求确定，一般为 400～600mm，连接件距墙体边缘的距离一般为 100～200mm。当有可靠受力验算依据时，可采用经过实际计算间距进行布置。

将连接件穿过孔洞，插入内叶板混凝土，将连接件旋转 90°后固定。连接件套环的长度应与墙体中保温层的厚度保持一致。FRP 连接件插入混凝土的最小锚固长度（a_1、a_2）为 30mm，最小保护层厚度（b_1、b_2）为 25mm。

采用套筒式、平板式、别针式、桁架式的钢制连接件（图 4.2-17），则根据需要，用裁纸刀在挤塑板上开缝，或将整块保温板裁剪成块，围绕连接件逐块铺设。

图 4.2-17 安装外叶板钢筋网片

185

必须按照厂家提供的连接件布置图，进行连接件的布置安装，且经过受力验算合格。在保温板安装完毕后，用胶枪将板缝、连接件安装留下的圆形孔洞注胶封闭。

（2）桁吊将加工好的钢筋网片铺设到保温板上的外叶板模板内，安装垫块，保证保护层厚度。不得碰撞已安装好的连接件。对在钢筋安装过程中，被触碰移位的连接件，要重新就位。当外叶混凝土板内纵横向钢筋设置与连接件位置冲突时，应微调边钢筋以保证连接件埋入位置的准确性。

8）二次浇筑、刮平振捣外叶板混凝土

（1）在二次浇筑工位，检查校核外叶板模板尺寸和钢筋网保护层，确保符合设计和施工规范要求后进行外叶板混凝土的浇筑。外叶板混凝土应采用小粒径石子，石子粒径不大于 20mm，并适当加大混凝土坍落度。内、外叶板混凝土浇筑时间差不宜大于 45min。浇筑混凝土时，人工辅助整平，使混凝土的高度略高于模板。

（2）进入振捣刮平工位后，振捣刮平梁对混凝土表面，边振捣边刮平，直到混凝土表面出浆平整为止（图 4.2-18）。根据外叶板混凝土的厚度，调整振捣刮平梁的振频，确保混凝土振捣密实。可局部人工再次刮平修整。

图 4.2-18　振捣赶平外叶板混凝土

9）构件预养护、板面抹光

（1）构件外叶板完成表面振捣刮平后，进入预养护窑内（图 4.2-19），对构件混凝土进行短时间的养护。

通过干蒸，利用蒸汽管道散发的热量维持预养窑内的温度。窑内温度控制 30～35℃之间，最高温度不得超过 40℃。

（2）在预养窑内的 PC 构件完成初凝，达到一定强度后，出预养窑，进入抹光工位（图 4.2-20）。抹光机对构件外叶板面层进行搓平抹光。如果构件表面平整度、光洁度不符合规范要求，要再次作业。

10）构件养护

构件抹光作业结束后，进入蒸养工位，码垛机将 PC 构件连同模台一起送入立体蒸养窑蒸养（图 4.2-21）。

图 4.2-19　构件预养护作业

图 4.2-20　构件抹光作业

图 4.2-21　码垛机作业

立体蒸养采取湿蒸的养护方式，自动控制窑内的温度、湿度。最高温度不超过 60℃，升温速度不大于 15℃/h，降温速度不大于 20℃/h，恒温温度不大于 60℃。

PC 构件在蒸养窑内恒温蒸养 8~10h，混凝土强度达到脱模、吊装要求后，码垛机将模台和构件从蒸养窑内取出，进入到下一工位。

11）构件拆模、起运、清洗、修补

（1）拆模前，用专用撬棍松动固定磁盒，解除锁定。再用扳手松开去除模板上的螺栓后，桁吊配合拆除起运模板。模板清理干净后转运到下一模板组装工位。

（2）已拆除模具后的构件在模台上（图 4.2-22），运行至墙板起吊工位。安装快速接驳器和吊具，翻板机将墙板倾斜状竖起后起吊，将 PC 构件吊至清洗修补工位。

（3）根据拆模起运后构件的表观质量，清洗构件，对破损的部位进行适当修补。然后运至指定位置堆放，并牢固固定构件。

4.2.3　反打法生产工艺

以应用 FRP 连接件为例，三明治外墙板反打法预制生产工艺流程如图 4.2-23 所示。

三明治外墙板反打法中的各道工序，除内、外墙板生产的先后顺序不同外，各工序中的工作内容与正打法一致，此处不再赘述。

187

图 4.2-22　正打法外墙板脱模

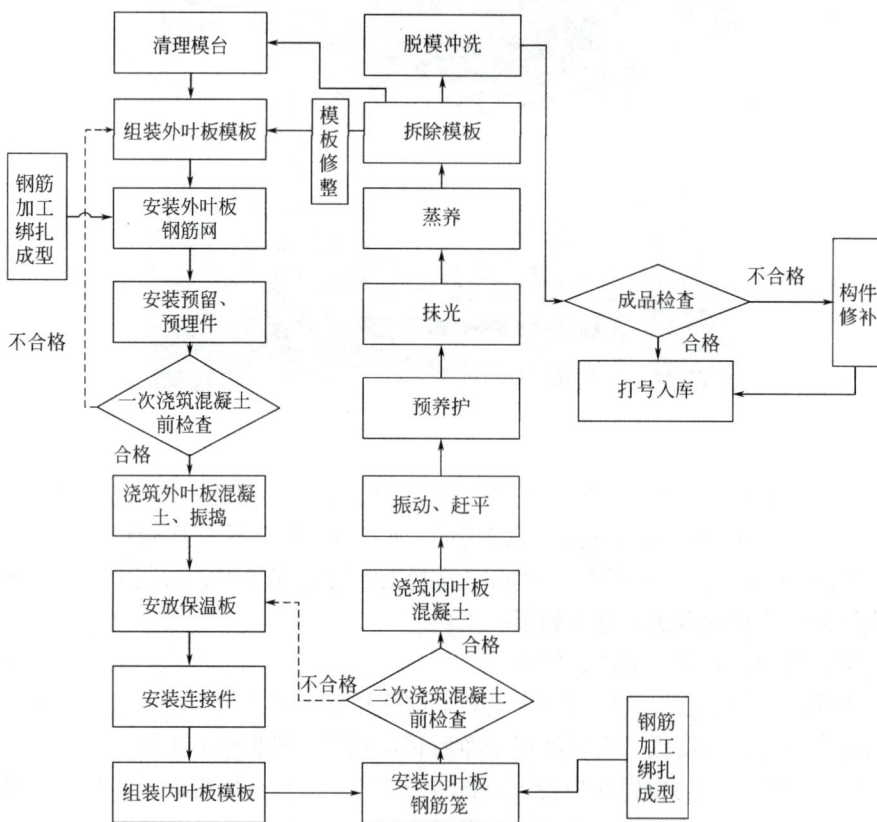

图 4.2-23　三明治外墙板反打法预制生产工艺流程

当采用钢制拉结件时，安装拉结件的工艺会调整至一次浇筑混凝土之前的安装预留、预埋件环节进行。

4.2.4　窗框预安装工艺

1. 预埋法

在工厂预制生产构件时，将窗框预埋在墙体中。

先做一个限位框，大小同窗框内径。安装窗框前，采用限位框把窗框固定牢靠。在内叶板模板安装后，将固定好的窗框放入墙板内模。其下面为窗洞钢模，以固定窗框的上下位置。确保窗框位于内叶板靠室外一侧5cm的位置。

吊装安放内叶板钢筋笼后，安装窗框与内叶板混凝土连接的拉结件。拉结件在内叶板内的尾端安装拉筋。窗框与模板接触面采用双面胶密封。门窗装入洞口后应横平竖直，外框与洞口连接牢固，不得直接埋入墙体。门窗框安装固定后，框与墙体间应间隔均匀，用密封材料填充至饱满密实。

检查各个部件的固定情况，确定位置准确，固定牢靠后，浇筑内叶板混凝土。

2. 预留洞口法

在生产外墙板时，按图纸设计预留门窗洞口。

待构件预制完成后，在车间内将门窗框安装到洞口处。同样避免了在工地安装门窗质量不稳定的情况，提高了安装效率。

4.2.5　墙板外饰面加工工艺

外墙板面采用装饰一体化的设计时，一般采用反向预铺瓷砖，水平浇筑混凝土一次成型反打工艺，或者是塑胶定型整体浇筑成型这两种生产加工工艺。这正好与反打法外墙板生产工艺相适应。

也可在外墙构件预制完成后，在室内直接进行外饰面的装修作业（图4.2-24）。这与正打法外墙板生产工艺相适应。相对传统室外高空作业，室内装修作业具有施工容易、固定牢靠、安全方便的特点。

图4.2-24　外饰面室内贴装

1. 墙板外饰面反打工艺

1）外装饰面砖的图案、分隔、色彩、尺寸需要和设计要求一致，做饰面大样图。

2）面砖铺贴前，先按照外装饰敷设大样图中的编号分类摆放，并对模具进行清理。

3）按照图纸中的每块面砖的位置尺寸和标高，在模具底模的分区内，逐个将背面有鱼尾槽或连接钩的瓷砖敷设进去（图4.2-25、图4.2-26），并固定和校正面砖位置。

4）面砖敷设后表面要平整，接缝应顺直，接缝的宽度和深度应符合设计要求。

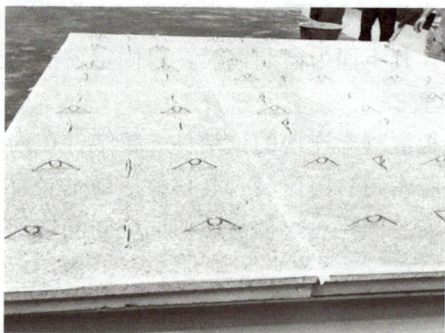

图 4.2-25　外饰面反打施工 1

图 4.2-26　外饰面反打施工 2

2. 墙板外饰面塑胶定型工艺

如果采用现浇混凝土塑造墙板的外饰面，就要采用塑胶定型的工艺。

1）根据墙板的外饰面设计，对瓷砖、大理石，或者有纹理、有文字的装饰材料进行塑胶定型后提取出带图案和造型的塑胶模型（图 4.2-27）。

2）将带有装饰面凹凸或图案的塑胶底模铺设到模具内（图 4.2-28），固定牢靠后浇筑混凝土，拆模去掉定型塑胶即可得到表面有特定造型的混凝土外墙板。

图 4.2-27　塑胶定型

图 4.2-28　塑胶定型

4.2.6　预制构件粗糙面工艺

构件与后浇混凝土、坐底砂浆、灌浆料结合处进行粗糙面处理，可以采用人工凿毛法、机械凿毛法（图 4.2-29）、化学缓凝水冲法（图 4.2-30），达到需要的表面效果。

图 4.2-29　机械凿毛法　　　　图 4.2-30　化学缓凝水冲法

化学缓凝水冲法是指将高效缓凝剂涂抹在与混凝土面接触的模板内侧。浇筑构件混凝土后，与涂刷缓凝剂的模板面相接触的 3～5mm 厚范围内的混凝土，在缓凝剂的作用下，尚未凝固。用高压水冲洗构件表层，使碎石外露而形成粗糙表面。

化学缓凝法具有操作简单、效率快、粗糙面处理质量高的优点。但是缓凝剂会对环境造成污染，需要对冲洗后的废水进行集中处理，水质符合国家相关部门要求后方可排放。

4.2.7　生产辅料与辅助工具

预制生产中所需的生产辅材与辅助工具，见表 4.2-1。

生产辅材与辅助工具　　　　表 4.2-1

类别	序号	分类	内　容
生产辅材	1	钢筋加工安装	机油、液压油、焊条、氧气、乙炔、扎丝、连接套筒、马凳
	2	模板处理	薄片砂轮、橡胶砂轮、锯片、钢丝轮、洗衣粉、隔离剂、滑石笔、划粉
	3	预留预埋	钢筋连接灌浆套筒、波纹软管、PVC 管、内螺旋连接件、吊钉、吊环、电盒、波纹硬管、外挂墙板连接件、玻璃纤维连接件、钢制连接件、保温板、木砖
	4	其他	混凝土减水剂、混凝土缓凝剂、混凝土早强剂、混凝土养护剂
辅助工具	5	清理打磨	铲刀、刮刀、角磨机、电动砂轮机、刷子、扫帚、抹布
	6	模板安装拆卸	空压机、电动式旋转锤钻、钻床、各类扳手、磁性底座、胶波、固定磁盒、专用磁铁撬棍、铁锤、橡胶锤、线绳、墨斗、电圆锯、木工机床、手提皮桶
	7	钢筋加工安装	套丝机、电焊机、扎丝钩、电动钢筋捆扎机、堵漏塑料卡条、堵漏塑胶卡环
	8	挤塑板安装	裁纸刀、打孔器、电钻、胶枪、皮锤
	9	混凝土施工	插入式振捣器、平板振捣器、料斗、木抹、铁抹、铁锹、铁皮、刮板、铝质靠尺、拉毛笆子、喷壶、温度计、手提桶
	10	构件堆放	木方、构件堆放架、构件存放架

续表

类别	序号	分类	内　　容
辅助工具	11	检查测量	三角尺、三米直尺（塞尺）、钢卷尺、拐尺、精密水准仪、塔尺、水平管、线绳、锤球
	12	试验检测	坍落度仪、回弹仪、钢尺
	13	指挥工具	对讲机、哨子、旗子
	14	起重	5~10t桁机、扁担梁、吊索、卡环、快速接驳器、钢丝绳、吊装带、倒链
	15	运输	构件运输车、平板转运车、叉车、装载机

4.2.8　生产人员组织

三明治外墙板流水线（以正打工艺为例）所需工种及人数，见表4.2-2。

正打法流水线生产人员　　　　　表4.2-2

序号	岗位名称	单班定员	单班工种及人数
1	班长	1	—
2	中控室	2	—
3	拆模（喷号）	3	模板工2人、桁吊司机1人
4	翻板（装车）	3	辅助工2人、桁吊司机1人
5	清模	2	辅助工1人、操作手1人
6	喷油		
7	画线		
8	安装内叶板边模	6	模板工2人、桁吊司机1人
9	吊装内叶板钢筋		钢筋工2人、桁吊司机1人
10	安装预埋件	3	辅助工3人
11	一次浇筑振捣收面	3	混凝土工1人、辅助工1人、操作手1人
12	安装外叶板边模	3	模板工2人、桁吊司机1人
13	挤塑板安装（含连接件）	2	辅助工2人
14	装外叶板钢筋	3	钢筋工2人、桁吊司机1人
15	二次浇筑	3	辅助工2人、操作手1人
16	振捣刮平	2	辅助工1人、操作手1人
17	抹光	2	辅助工1人、操作手1人
		38人	考虑临近工位共用一个桁吊司机，共需38人

注：1. 不含钢筋生产线工人和生产线管理人员。
2. 以桁吊为工具，进行模板和钢筋吊装，人工辅助。
3. 一个桁吊司机服务模板与钢筋吊装两个工位。
4. 工人可酌情考虑兼顾临近的工位。

4.3　夹心保温叠合墙板、叠合墙板生产工艺

4.3.1　夹心保温叠合墙板生产工艺

以应用 FRP 连接件为例，夹心保温叠合墙板的预制生产工艺流程如图 4.3-1 所示。

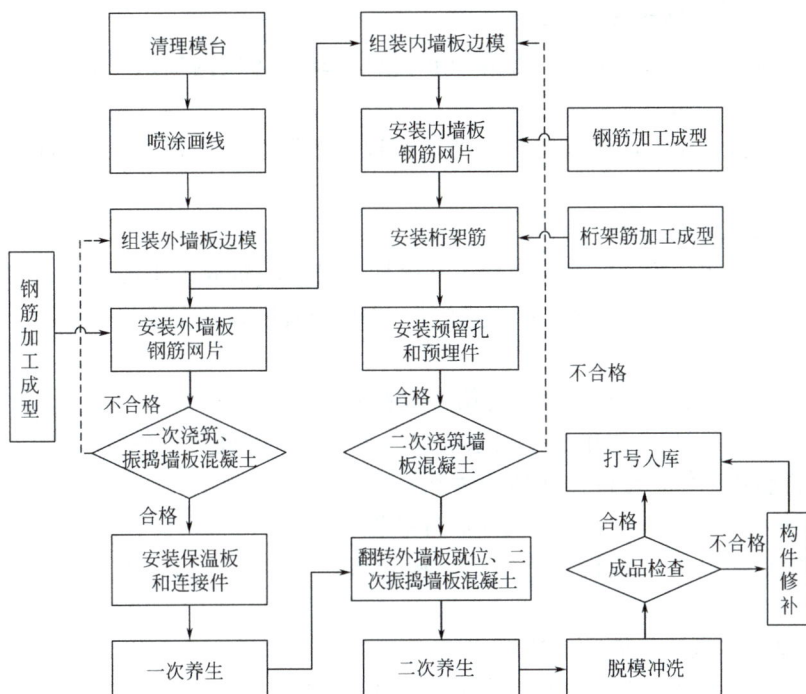

图 4.3-1　夹心保温叠合墙板生产工艺流程图

1. 清理模台

在叠合墙板生产流程中，模台表面清扫后的清洁度、光洁度，对提高预制构件的外表质量具有重要作用，特别是能保证磁性边模在模台上的吸附力。

经检查，模台清扫干净后，进入下一道喷涂作业工序。

2. 喷涂、画线

在模台运行过程中，喷涂装置的喷嘴，自动向模台表面喷洒隔离剂，形成均匀的薄膜。

画线机作业详见"4.2.2　正打法生产工艺"中的工作内容。有的机械手同时可用作画线器，在模台平面按照 1∶1 的比例，绘制边模和各种预留预埋件的位置。

3. 组装外墙板模具、安装钢筋网片

1）组装边模

在边模组装工位，根据中央控制系统中的指令和数据，机械手准确地抓取模具库中的磁性边模，在几十秒的时间内，把磁性边模放置在模台面的标线上，并开启边模内磁铁，以固定磁性边模。

利用机械手组装磁性边模的误差为±2mm，满足验收要求。

2）安装外墙板钢筋网片

模台行驶至钢筋安装工位后，机械手抓取钢筋网片，移动至边模上方，下行至钢筋网片设计位置，进行安放。在网片下垫好垫块或事先在网片钢筋上安装保护层垫块，保证钢筋网片保护层厚度。

再次检查，确保钢筋网片、门和窗的安装定位误差符合设计和规范要求。

4. 一次浇筑、振捣外墙板混凝土

模台运行至混凝土喂料工位，混凝土布料机自动往边模内依次布料，并避开门窗位置。也可以通过人工操控来实现布料。

在混凝土振捣工位上，通过高频振动来实现墙板混凝土的密实。根据构件种类的不同，采取不同的振动频率。

5. 安装保温板和连接件

墙板混凝土一次浇筑、振捣完成后，在磁性边模已浇筑混凝土的上部，安装保温层。并按照连接件设计图，依次插入FRP连接件，确保位置准确和安装牢固。

6. 一次养护

由码垛机将模台送进养护窑，进行第一次养护。

经过8～10h养护后，由中央控制系统发出指令，码垛机从养护窑内取出装有构件的模台，送往翻转机工位，等待构件翻转命令。

7. 组装内墙板模具、安装钢筋网片和桁架筋

在前面完成组装外墙板模具工序后，模台流往下一工序后，即可进行此道工序的工作。

1）组装内墙板边模、安装钢筋网片

工作内容与"3.组装外墙板模具、安装钢筋网片"一致。

2）安装桁架筋

在模台工位上，将事先加工好的钢筋桁架，用机械手或者人工摆放至布置好的钢筋网片上，再进行绑扎固定。钢筋桁架的高度，取决于内墙板、后浇混凝土的厚度。

8. 安装预留孔和预埋件

如果内墙板上有门和窗，也应与外墙板对应预留门窗空间，满足后装门窗要求。

安装摆放各种水、电的预埋件、管道等，并采用专用工装固定牢靠。

9. 二次浇筑墙板混凝土

待内墙板边模、钢筋网片和桁架筋，各种预留预埋安装并加固，经检查无误后，通过布料机，浇筑内墙板混凝土，满足振捣后墙板的厚度要求。

10. 翻转外墙板、二次振捣

通过叠合墙板翻转机（图4.3-2），将翻转机工位上已经加固稳定的外墙板进行180°翻转。对准在翻转工位下方，模台上的内墙板后，翻转机带动外墙板下行，直至将外墙板FRP连接件扣压到新浇筑的内墙板混凝土中。

再次进行振捣，待内墙板混凝土密实，依次撤出固定装置后，翻转机升起，翻转复位。码垛机将两块已压好的叠合墙板，再次送入养护窑，进行蒸汽养生。

同时，翻转机复位后，空白模台被再次送入生产线。进行拆模、模台清扫等新的一轮

生产工艺流程。

磁性边模的拆卸，可以人工拆除，也可通过机械手操作完成。

机械手首先对模台平面进行激光扫描，确定边模位置。然后机械手运行，解除边模磁力后，依次取下边模，并根据长度顺序，摆放在模具库里。

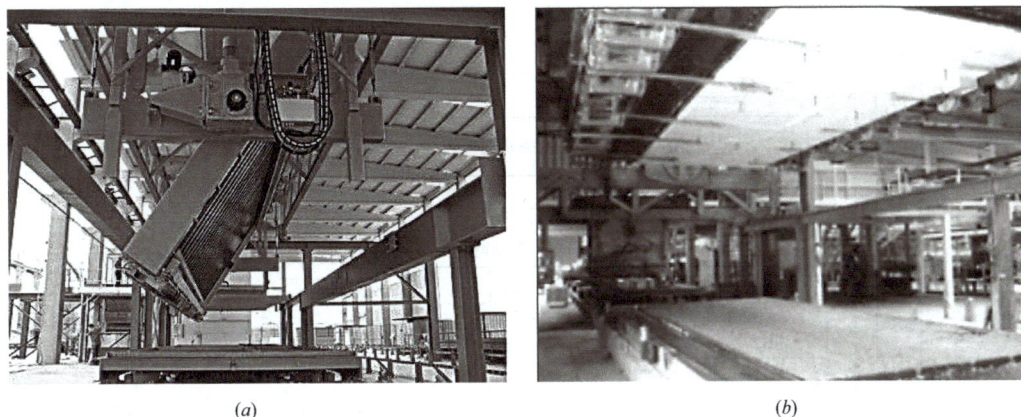

(a)　　　　　　　　　　　　　　　　(b)

图 4.3-2　叠合墙板翻转机

11. 二次养护

经 8～10h 的二次养生后，在中央控制系统的指令下，由堆垛机从养护窑内取出模台。

12. 脱模、启运、清洗、修补

模台运行至脱模工位。脱模后，依次完成构件启运、清洗、修补和外运工作。

1）模台慢慢被竖起倾斜，车间桁车下放吊钩，叠合墙板被慢慢吊离模台。

2）在清洗修补工位，对叠合墙板进行检查并适当修补。墙板被再次起吊，放在构件外运格架或构件运输车内，运输至堆场或指定位置进行集中堆放。

3）模台继续驶向下面的工位，开始新一轮的生产工艺流程。

4.3.2　叠合墙板生产工艺

双面叠合墙板的预制生产工艺比夹心保温叠合墙板的预制生产工艺要相对简单，无保温板、FRP 连接件的安装工艺，以常见的桁架筋作为内外叠合墙板的拉结件。

一次浇筑内墙板混凝土，一次养生成型后，模台将内墙板运至二次浇筑工位旁边待命。

二次浇筑外墙板混凝土后，翻转机将内墙板进行 180°翻转，移至二次浇筑外墙板工位之上，翻转机带动内墙板下行，将内墙板的桁架筋三角端部钢筋压入外墙板中，进行二次振捣、二次养生成型。

双面叠合墙板的预制生产工艺流程如图 4.3-3 所示。

单面叠合墙板的预制生产工艺比双面叠合墙板的预制生产工艺要相对简单，少一层墙板生产工艺。

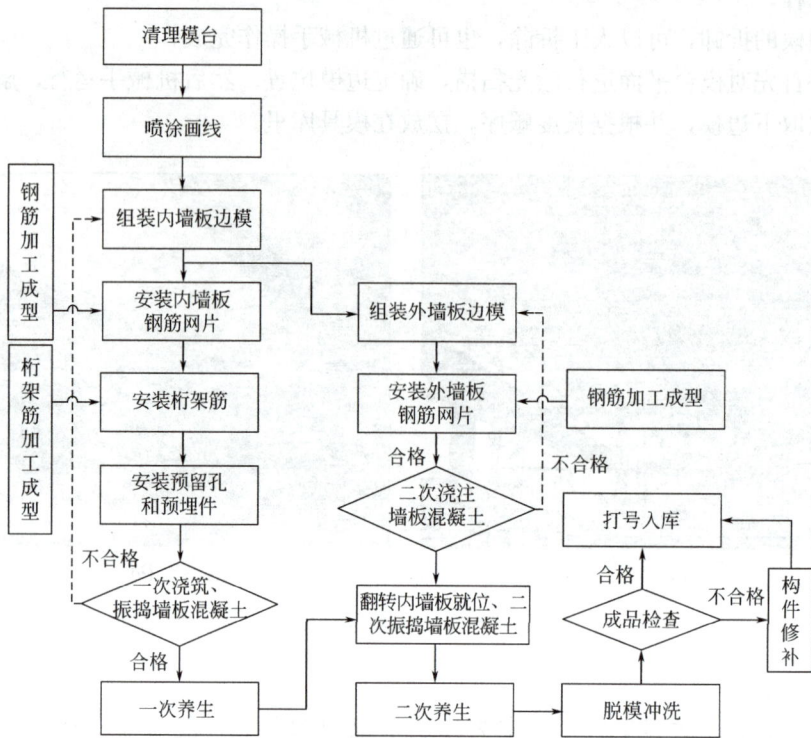

图 4.3-3　双面叠合墙板生产工艺流程

4.4　叠合楼板固定模位法生产工艺

叠合楼板预制非常适合于平模传送流水线法，具有生产效率高，产量大的特点。也可在车间内的固定模台上生产，采取叉车端运、桁吊吊运、桁吊与混凝土搅拌运输车配合运输混凝土等多种预制生产方式。

在游牧式预制厂中，同样可采取多种灵活的设备组合方式。龙门吊与混凝土搅拌运输车组合时，龙门吊可浇筑混凝土，也吊运构件。其余还有汽车吊与混凝土搅拌运输车；汽车吊与叉车；龙门吊与叉车等多种机械组合模式。

以固定模位法介绍叠合楼板的预制生产过程（图 4.4-1）。

1. 模台清理

检查固定模台的稳固性能和水平高差，确保模台牢固和水平。对模台表面进行打磨处理，确保模台面无锈迹。

2. 模具组拼

将钢模清理干净，无残留砂浆。

在吊机配合下，人工辅助进行模板侧模和端模拼装，用紧固螺栓将其固定，保证模具侧模的拼装尺寸及垂直度。

3. 涂刷隔离剂

在将成型钢筋吊装入模之前，在模板侧面和模台上涂刷隔离剂，防止将隔离剂涂刷到

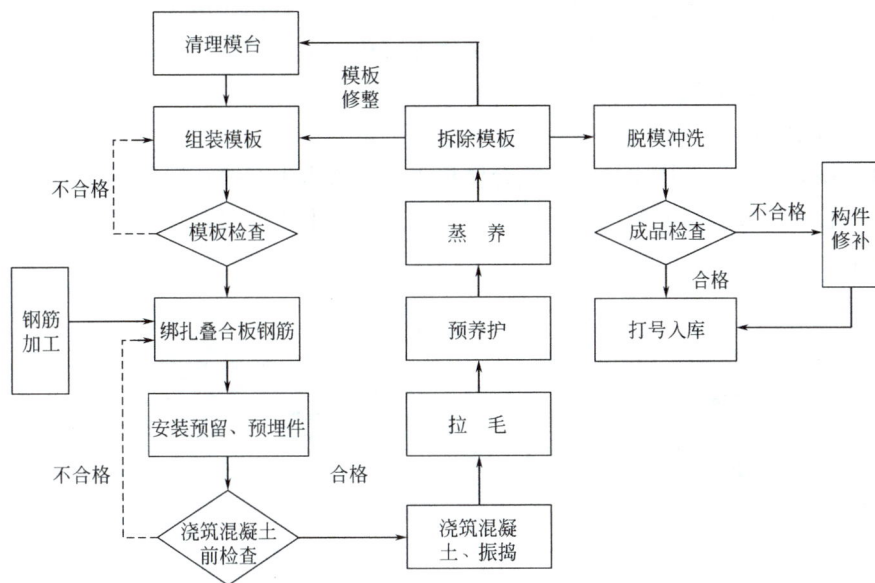

图 4.4-1 叠合板固定模位法流程

钢筋上。用抹布或海绵吸附清理过多已流淌的隔离剂。

4. 钢筋骨架绑扎安装

在钢筋网绑扎台位，将叠合楼板钢筋网片绑扎成型。使用门式起重机或汽车起重机将钢筋网骨架吊放入模具，梅花状布置垫块，确保保护层厚度。

5. 安装预埋件、预留孔洞

安装构件加工图所示，进行预埋件的安装和预留孔洞工装的布设。叠合板预埋件主要是电盒（图 4.4-2）、吊环。一般的预留孔洞为上下水套管、叠合楼板设计缺口（图 4.4-3）等。

图 4.4-2 叠合板电盒安装

图 4.4-3 叠合板预留孔洞

6. 浇筑混凝土

露天进行固定模台预制叠合楼板时，可用吊车吊运料斗浇筑混凝土，也用叉车端送混凝土料斗，龙门吊布料浇筑。车间内混凝土的运输多采用悬挂式输送料斗。

如果模台下未安装振动器，振捣时可采用振捣棒或平板振动器。振捣标准为混凝土表面泛浆，不再下沉，无气泡溢出。

7. 混凝土抹面、拉毛

混凝土振捣密实后，用木抹抹平叠合楼板表面。流水生产线一般采用拉毛机进行机械拉毛，加大叠合楼板顶面混凝土的粗糙度。在固定模台上生产时，一般采用人工拖拽拉毛器进行拉毛（图4.4-4）。

图4.4-4　人工拉毛作业

8. 养护

在固定模台浇筑完PC构件后，可采用移动式拱形棚架、拉链棚架将构件连同模台一起封闭，通蒸汽养生（图4.4-5）的方式，也可采用覆盖塑料薄膜自然养生，或覆盖草苫洒水养生的方法。

应根据现场条件、气候和天气等因素，综合考虑选取。

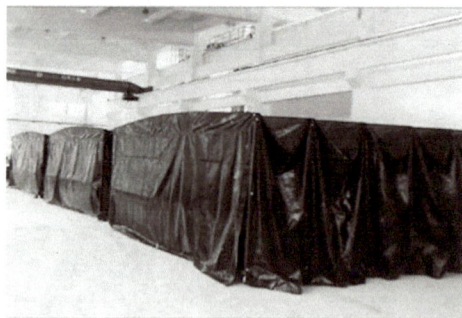

（a）　　　　　　　　　　　　　　　　　　（b）

图4.4-5　叠合板蒸汽养生
（a）覆盖养护棚架；（b）通蒸汽养生

4.5　楼梯立式、卧式固定模位法生产工艺

目前，楼梯预制有二种生产工艺，即立模浇筑法、卧模浇筑法。

4.5.1 楼梯立式预制生产工艺

楼梯立式预制生产工艺，具有生产速度快、抹面和收光工作量小的优点。

1. 模具清理、喷涂刷油

打开模具丝杠连接，将立式楼梯模具活动一侧滑出。检查楼梯模具的稳固性能及几何尺寸的误差、平整度。对楼梯模具的表面，进行抛光打磨，确保模具光洁、无锈迹。

2. 钢筋加工绑扎

在地面绑扎工位，在支架上按照设计图纸要求绑扎楼梯钢筋，并绑扎垫块。

3. 楼梯钢筋入模就位、预埋件安装

使用桥式门吊将绑好的楼梯钢筋骨架吊入楼梯模具内（图 4.5-1），调整垫块保证混凝土保护层厚度。预埋件采用螺栓，穿过模具预留孔安装固定好。

4. 合模、加固

使用密封胶条，在模具周边的密封。将移动一侧的模板滑回，与固定一侧模板合在一起，关闭模具，用连接杆将模具固定，并紧固螺栓。

5. 浇筑、振捣混凝土

桥式门吊吊运装满混凝土的料斗至楼梯模具上，打开布料口卸料（图 4.5-2）。按照分层、对称、均匀的原则，每 20～30cm 一层浇筑混凝土。振动棒应快插慢拔，每次振捣时间 20～30s。以混凝土停止下沉、表面泛浆，不冒气泡为止。也可以通过楼梯模具外侧的附着式振动器，进行楼梯混凝土的振捣密实。

图 4.5-1 安装楼梯钢筋

图 4.5-2 浇筑楼梯混凝土

6. 楼梯侧面抹面、收光

浇筑至模具的顶面后，进行抹面。静置 1h 后，进行抹光。

7. 养护

楼梯混凝土外露面抹光，罩上养护棚架，静置 2h 后，开始升温养护。楼梯混凝土的蒸养，按照相关技术规范及要求进行。

8. 拆模、吊运

拆模顺序是先松开预埋件螺栓的紧固螺丝，再解除二块侧模之间的拉杆连接，然后再横移滑出一侧的模板。用撬棍轻轻移动楼梯构件，穿入吊钩后慢慢起吊（图 4.5-3），门吊吊运楼梯构件至车间内临时堆放场地，进行检查清洗打号。

图 4.5-3　成组楼梯构件起吊

4.5.2　楼梯卧式预制生产工艺

卧式楼梯的生产与立式楼梯的预制生产工艺除组模以外，其他过程基本一致，就是抹面收光的工作量大。

卧式楼梯模具的组模，先安放底模（锯齿状模板），再安装两侧的侧模和端模，然后用螺栓紧固，拆模则相反（图 4.5-4）。

(a)　　　　　　　　　　　　　　　　(b)

图 4.5-4　楼梯卧式生产

（a）楼梯混凝土浇筑；（b）楼梯构件拆除侧模

4.6　先张预应力长线台座法生产工艺

（1）20 世纪 70 年代中期，在挤压机和拉模机的助推下，长线台座工艺得到了进一步发展。挤压机的类型很多，主要用于生产空心楼板、梁、柱等构件。

　　挤压机安放在预应力钢丝上，以每分钟 1～2m 的速度沿台座纵向行进，边滑行边灌筑边振动加压，形成一条混凝土板带，然后按构件要求的长度切割成材。这种工艺具有投资少、设备简单、生产效率高等优点。拉模装配简易，在国内也已广泛采用。

　　（2）目前，采用预应力长线台座，生产长条形构件比较常见。例如：叠合楼板、空心楼板、预应力梁（图 4.6-1）、双 T 板（图 4.6-2）等。桩、柱预制也可采用长线台座进行生产。

　　长线台座一般长度为 100～180m。

图 4.6-1　预应力梁长线台座　　　　　图 4.6-2　双 T 板长线台座

　　长线预应力模位法与叠合板环形流水模位法的区别之处，在于模台的不移动。增加了预应力筋的安装、张拉、放张和切割环节。混凝土运输、振捣、养护方式也不同。

　　预应力双 T 板的生产有长线钢筋混凝土台座和特制钢模台座两种方式。

　　根据构件的大小、吨位、预应力筋的拉力大小，选择不同的张拉台座。吨位较低的小型构件一般选择墩式台座；张拉吨位大的大型构件选择槽式台座。设计时必须根据张拉吨位进行台座的安全验算，防止在张拉预应力筋的过程中，台座被压裂损坏，发生安全事故。

4.6.1　先张法预应力双 T 板预制生产工艺（图 4.6-3）

　　1. 双 T 板台座的设计

　　1）双 T 板长线台座设计

　　先张法双 T 板台座采用墩式台座，由传力台柱、座板、横梁组成。采取传力柱、横系梁共同受力的形式，以平衡预应力筋的张拉力。

　　台座的设计计算主要有：台座的抗倾覆验算、抗滑移验算、传力台墩的配筋计算、钢横梁的选取验算和混凝土台面水平承载力计算。

　　2）双 T 板特制钢模台座

　　原理同墩式台座设计，以钢桁架为整体式钢制台座，以平衡预应力筋的张拉力。

　　2. 台座的施工与安装

　　1）预制场基底处理

　　预制场在台座开始施工前，先清除场地台座范围内松散的表土，用碎石回填，使台座的基础比四周的原地面稍高，用压路机碾压密实。在距台座的周边挖好排水沟。

　　2）台座施工

台座设计与计算

张拉端及底模设计制作 → 台座施工

钢筋下料加工 → 安装绑扎双T板钢筋

钢绞线下料 → 钢绞线穿束、张拉

安装双T板侧模

浇筑混凝土前检查 合格 / 不合格

浇筑双T板混凝土

养护 → 拆除双T板侧模

放张钢绞线 ← 混凝土强度检测

起吊双T板

成品检查 合格 / 不合格 → 构件修补

打号入库

成品堆放

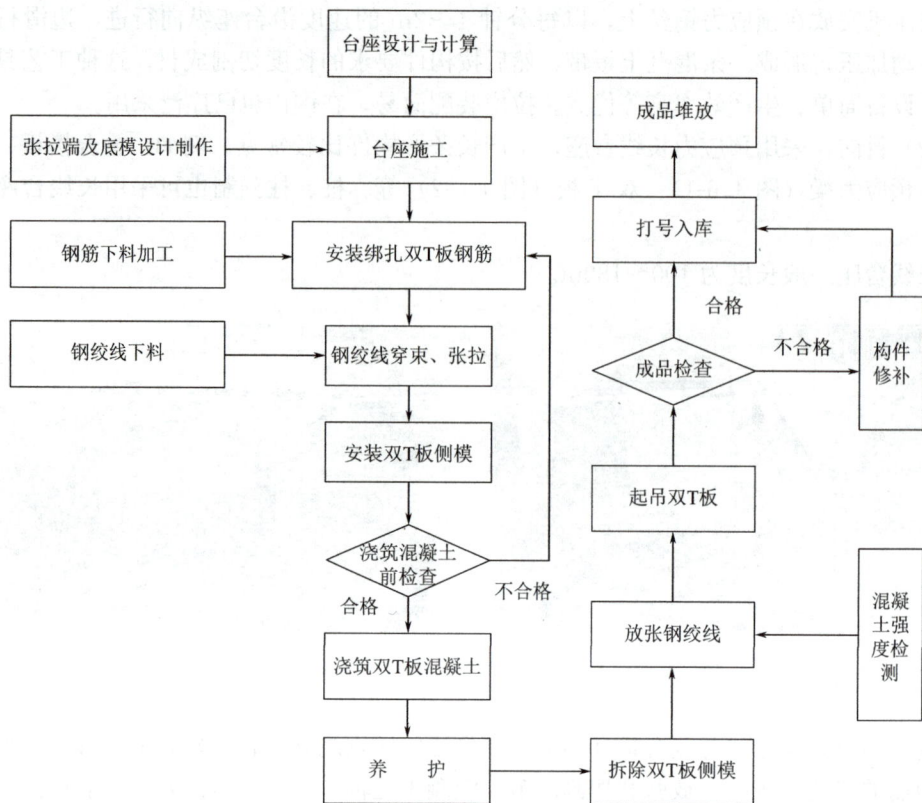

图 4.6-3　先张法预应力双 T 板预制生产流程

（1）台座混凝土施工

由台座中部向两端同时进行施工。先浇筑传力柱梁和横系梁的混凝土，再进行两端重力墩的施工。台座混凝土采用强度等级 C30 及以上的钢筋混凝土。

台座的张拉端、锚固端的台座混凝土需一次浇筑成型。施工中要保持左右两柱在安装横梁的一面处于同一条直线上，并使两墩受力面的连线垂直于台座轴线，以免传力柱承受扭矩造成应力集中而破坏传力柱。

（2）台座底板施工

台座底板是台座中的非受力部位，主要承受板的重量。施工时，使用水平仪观测控制台座底板的平整度。

（3）端部横梁安装

在端部横梁与传力柱端部的接触面处设置厚 2cm 钢板，防止受力不均压坏传力柱的端部混凝土。安装端部模板时要保证模板位置尺寸准确、支撑牢固，灌注混凝土时要振捣密实。预埋钢板上的焊接连接钢筋要伸入端部台座混凝土内。

张拉、锚固横梁截面采用 2 根 H45 型钢，通过 2cm 厚缀板连结。

钢横梁在张拉台座张拉端、锚固端横向通长布置，焊接在传力台墩的预埋钢板上。

3. 预制生产工艺

在台座混凝土强度达到 100% 后，才可进行双 T 板的预制生产。

1）先张法预应力双 T 板预制生产工艺

先张法预应力双 T 板生产工艺如图 4.6-3 所示。

2）先张法预应力双 T 板预制生产方法

（1）安装模板和钢筋

安装双 T 板内模后，依次安装二肋板的钢筋和预应力筋，将二次边模与内模合模后，绑扎面板钢筋和吊装环筋。在模板和钢筋安装过程中，一定确保双 T 板的保护层厚度符合规范要求（图 4.6-4、图 4.6-5）。

图 4.6-4　双 T 板模板安装

图 4.6-5　双 T 板钢筋安装

（2）张拉预应力筋

根据设计和现场实际，分别选择单根张拉或整体张拉。无论哪种形式，均应左右对称进行。为保证台座张拉时，受力对称均匀，张拉力合力与台座的轴心在一条直线上，采取逐根、对称、分级张拉。

（3）浇筑混凝土

混凝土浇筑时采用分层浇筑，且从一端向另一端的顺序下料，一次成型。

双 T 板构件的下部、肋板 1/2 以上至表面混凝土采用插入式振动器进行振捣，肋板 1/2 以下由平板式振捣器进行振捣，边角处用插入式振动器振捣时要面面俱到、不可漏振，振捣效果以混凝土表面产生混凝土浆无气泡为适度，并用木抹子将表面抹平即可。

振捣过程中为避免埋件等位置应注意检查模板，锚固端钢板及支座预埋件，保证其位置及尺寸符合设计要求，并在同时做到每榀板抽取混凝土试件一组。

（4）预应力筋放张

混凝土强度达到设计强度的 85％ 以上时进行钢绞线放张，放张时要左右对称进行。

根据构件的受力体系确定放张次序。

轴心受压构件，应同时放张；偏心受预压的构件，应先放张预压力小的区域的预应力筋，再同时放张预应力大的区域的预应力筋。但都应分阶段、对称、交错放张。防止构件产生扭曲、裂纹、预应力筋的断裂。并且均应缓慢释放，防止对构件造成冲击。放张时，应拆除侧模，使构件能自由变形。

（5）台座监测

为便于对台座各部分的受力情况进行分析，在每个台座的传力柱、横系梁上设置观测点，张拉端及锚固端横向也设立观测点，每个观测点用钢筋头埋入混凝土内，并做好标记。

当台座预应力筋张拉到位后，测量人员对传力柱、横系梁上的预埋点进行持续观测和记录，并计算起拱度、轴线变形及位移量。

当观测值超出底座设计受力验算结果时，应立即停止生产，并释放已张拉的预应力筋。检查底座受力情况，并在采取补强措施后，方可恢复生产。

4.6.2　先张法预应力叠合板预制生产工艺

预应力叠合板生产工艺同双 T 板生产工艺基本一致（图 4.6-6、图 4.6-7）。

由于预应力楼板（叠合板等）所采用钢丝的张拉力远远小于双 T 板的钢绞线受力，所以其传力柱、横梁设计标准要远低于双 T 板的台座设计。

图 4.6-6　叠合板长线台座预应力筋布设

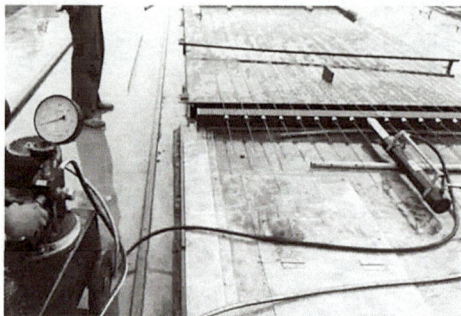

图 4.6-7　叠合板长线台座预应力筋张拉

4.7　复合墙板立式生产工艺

墙板立式预制法的优点在于只有一个侧面需要抹面、收光；用工量少，生产迅速，效率高；构件外形平整、美观。另一个优点是设备占地空间小，以成组立模的形式来批量生产。

墙板立式生产预制的历史较为悠久，从单一的单组模腔到双组模腔，即"靠模"。后来发展为多组模腔。目前，成组立模的模腔数多为 8、10、12、16、20 组。

目前，成组立模的结构种类有半拆式立模、全拆式立模、悬挂式立模、芯模固定等形式，且多用于生产复合材料的内外墙板。例如：复合夹芯板：聚苯颗粒水泥夹芯板、泡沫石膏夹芯板等；轻质混凝土条板、石膏类条板。

4.7.1　模具设计及组装

成组立模模具通常由底模（底座）、侧模隔板、端模堵板、加固系统组成，其中底模是与底座连为一起的整体钢制底模。

侧模隔板侧立于底模上，组成成组的空腔，每个模组空腔即为一片墙板。端模堵板安装在成组空腔的两端，被侧模隔板紧固卡在设计位置，保证预制墙体的尺寸符合设计要求。

组装定位后，将连接系统紧固在成组立模周边，使每一片侧模与底模和端模紧密接触。再将钢筋网片或成排的芯管插入模腔中定位（图 4.7-1a），即可浇筑水泥复合墙体材料。

(a) 　　　　　　　　　　　　　　　　　(b)

图 4.7-1　成组立模墙板生产

(a) 墙板成组立模组模；(b) 墙板成形后起吊

4.7.2　墙板立式生产工艺

1. 搅拌机搅拌混合料，完成一组成组立模浇筑墙板用料的搅拌。

2. 将成组立模打开，逐个清理模腔内杂物，并涂上隔离剂。

3. 安装钢筋网片并定位后，合上立模，并加固成组立模。

4. 在抽芯机工位，穿入成组芯管，检查芯管位置。

5. 成组立模在布料工位，成组立模在倾模机带动下，转换姿态，进入布料状态。

6. 混凝土输送泵将混合料送到布料机，布料机将混合料均匀注入各个模腔里。

7. 完成浇筑混合料的立模，在初养工位养护，待浇筑的混合料达到一定强度后，进入抽芯工位。抽芯机抽出芯管。

8. 芯管抽出的立模进入正式养护工位。

9. 完成养护的立模进入拆模工位。开模后，取出墙板（图 4.7-1b）。同时，清理模腔、涂上隔离剂，成组立模进入下一次生产循环。

10. 用叉车将墙板运至成品堆场堆放并进行二次养护。

4.8　思考与练习

一、填空题

1. PC 预制构件生产工艺主要分为_____、_____和机组流水法等。

2. 叠合楼板制作工艺中，需在浇筑混凝土前，在模板侧面涂刷_____，在模台上涂刷_____。

3. 立体蒸养采取湿养的养护方式，自动控制窑内温度和湿度。养护窑内降温速度不得大于_____。

二、单选题

1. 三明治外墙板制作过程中，需要进行（　　）次混凝土浇筑。

A. 1　　　　　　　　　　　　　　　　B. 2

C. 3　　　　　　　　　　　　　　　　D. 4

2. 三明治外墙板中，FRP 连接件布置间距一般为（　　　）。

A. 400～600mm　　　　　　　　　　B. 300～500mm

C. 200～400mm　　　　　　　　　　D. 100～300mm

3. 预制楼梯的生产工艺，现阶段以（　　）方法为主。

A. 反打工艺　　　　　　　　　　　B. 卧模浇筑法

C. 立模浇筑法　　　　　　　　　　D. 以上所有

三、简答题

1. 简述三明治外墙板正打法、反打法的制作工艺。

2. 简述墙板外饰面反打工艺要点。

3. 简述化学缓凝水冲法处理预制构件粗糙面的工艺及优点。

4.8 思考与练习答案

Chapter 05

教学单元5
成品构件标识、存放、运输

教学目标

1. 了解预制构件产品标识的制作要求。
2. 掌握预制构件存放的技术要点。
3. 掌握预制构件运输的工作内容和技术要点。

思政目标

1. 通过指导学生编写构件运输方案，培养学生行业实操的能力。
2. 培养主动发现问题并寻求解决方案的能力。
3. 培养认真负责的工作态度。

思维导图

成品构件标识、存放、运输

产品标识
- 标识样式
- 埋设芯片与张贴二维码
- 标识读取

构件存放
- 车间内临时存放
- 车间外(堆场)存放

构件运输
- 踏勘和规划运输线路
- 车辆组织
- 运输方式
- 构件运输应急预案

构件运输具体案例
- 编制依据
- 编制目的
- 工程概况
- 运输方案
- 准备工作
- 构件运输基本要求和注意事项

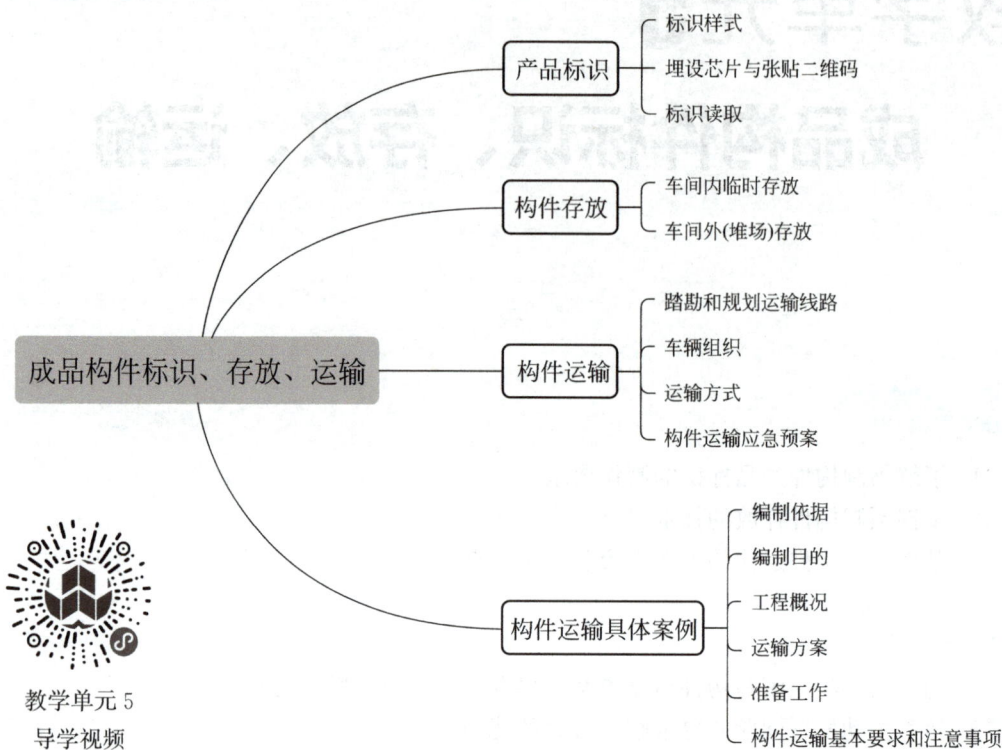

教学单元 5
导学视频

5.1　产品标识

5.1.1　标识样式

入库后和出厂前，PC构件必须进行产品标识，标明产品的各种具体信息。

标识中应包括工程名称（含楼号）、构件编号（包含层号）、构件重量、生产日期、检验人以及构件安装方向等信息（图 5.1-1）。

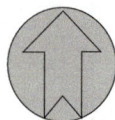

工程名称		生产日期	
构件编号		检验日期	
构件重量		检验人	
构件规格			

图 5.1-1　产品标识图

5.1.2　埋设芯片与张贴二维码

为了在预制构件生产、运输存放、装配施工等环节，保证构件信息跨阶段的无损传递，实现精细化管理和产品的可追溯性，就要为每个 PC 构件编制唯一的"身份证"——

ID 识别码（二维码或芯片）。并在生产构件时，在同一类构件的同一固定位置，置入射频识别（RFID）电子芯片或粘贴二维码（图 5.1-2）。这也是物联网技术应用的基础。

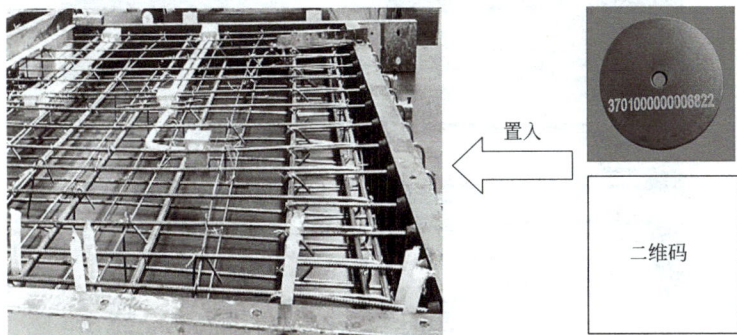

图 5.1-2　二维码、芯片预埋置入

　　竖向构件埋设在相对楼层建筑高度 1.5m 处，叠合楼板、梁等水平放置构件统一埋设在构件中央位置。芯片置入深度 3～5cm，且不宜过深。

　　二维码粘贴简单，相对成本低，但易丢失；芯片成本高，埋设位置安全，不宜丢失。

5.1.3　标识读取

　　构件芯片（二维码）编码要与构件编号一一对应。

　　为方便在存储、运输、吊装过程中对构件进行系统管理，有利于安排下一步工序，构件编码信息录入要全面，应包括：原材料检测、模板安装检查、钢筋安装检查、混凝土配合比、混凝土浇筑、混凝土抗压报告、入库存放等信息。

　　获取产品信息，可用微信扫描读取二维码，用 RFID 扫描枪扫描 RFID 电子芯片等方式，即可查询到产品数据。

5.2　构件存放

5.2.1　车间内临时存放

　　1. 在车间构件内设置专门的构件存放区

　　存放区内主要存放出窑后需要检查、修复和临时存放的构件。特别是蒸养构件出窑后，应静止一段时间后，方可转移到室外堆放。

　　车间内存放区内根据立式、平式存放构件，划分出不同的存放区域。存放区内设置构件存放专用支架、专用托架。

　　车间内构件临时存放区与生产区之间要画出并标明明显的分隔界限。

　　同一跨车间内主要使用门吊进行短距离的构件输送。跨车间或长距离运送时，采用构件运输车运输（图 5.2-1）、叉车端送等方式。

　　2. 不同预制构件存放方式有所不同

　　构件在车间内选择不同的堆放的姿态时，首先保证构件的结构安全，其次考虑运输的方便和构件存放、吊装时的便捷。

图 5.2-1　构件运输车

在车间堆放同类型构件时，应按照不同工程项目、楼号、楼层进行分类存放。构件底部应放置两根通长方木，以防止构件与硬化地面接触造成构件缺棱掉角。同时两个相邻构件之间也应设置木方，防止构件起吊时对相邻构件造成损坏。

（1）叠合板堆放严格按照标准图集要求，叠合板下部放置通长 10cm×10cm 方木，垫木放置在桁架两侧（图 5.2-2）。每根方木与构件端部的距离、堆放的层数不得超过有关规范要求。不同板号要分类堆放。

叠合板构件较薄，必须放置在转运架上后才可用叉车叉运。防止在运输过程中，叠合板发生断裂现象。同时也方便快捷运输。

图 5.2-2　车间内叠合板堆放

（2）民建墙板在临时存放区设专用竖向墙体存放支架内立式存放（图 5.2-3），而工建的外挂墙板，受生产车间门高度的限制，需要侧立存放。

（3）楼梯采用平向存放，楼梯底部与地面以及楼梯与楼梯之间支垫方木（图 5.2-4）。

（4）预制柱和预制梁均采用平式存放，底部与地面以及层与层之间支垫方木（图 5.2-5、图 5.2-6）。

图 5.2-3　车间内墙板堆放

图 5.2-4　车间内楼梯堆放

图 5.2-5　车间内预制柱堆放

图 5.2-6　车间内预制梁堆放

5.2.2　车间外（堆场）存放

1. 预制构件在发货前一般堆放在露天堆场内。

在车间内检查合格，并静止一段时间后，用专用构件转运车和随车起重运输车、改装的平板车运至室外堆场分类进行存放。

2. 在堆场内的每条存放单元内划分成不同的存放区，用于存放不同的预制构件。

根据堆场每跨宽度，在堆场内呈线型设置墙板存放钢结构架，每跨可设 2~3 排存放架，存放架距离龙门吊轨道 4~5m。在钢结构存放架上，每隔 40cm 设置一个可穿过钢管的孔道，上下两排，错开布置。根据墙板厚度选择上下临近孔道，插入无缝钢管，卡住墙板（图 5.2-7）。

因立放墙板的重心高，故存放时必须考虑紧固措施（一般楔形木加固），防止在存放过程中因外力（风或震动）造成墙板倾倒而使预制构件破坏。

叠合板采用叠放存储，每层间加放垫木（图 5.2-8）。

图 5.2-7　堆场墙板堆放

图 5.2-8　堆场叠合板堆放

5.3　构件运输

5.3.1　踏勘和规划运输线路

先在百度、高德等地图上进行运输线路的模拟规划，再派车辆沿规划路线，逐条进行实地勘察验证。对每条运输路线所经过的桥梁、涵洞、隧道等结构物的限高、限宽等要求，进行详细调查记录，要确保构件运输车辆无障碍通过。

最后合理选择 2~3 条线路，构件运输车选择其中的一条作为常用的运输路线，其余的 1~2 条，可作为备用方案。

运输构件的车辆经过城区道路时，应遵守国家和地方的《道路交通管理规定》。要在与地方交通、交警协商确认的通过时间内通过，不扰民，不影响沿线居民的休息。

5.3.2　车辆组织

大量的 PC 构件可借用社会物流运输力量，以招标的形式，确定构件运输车队。少量的构件，可自行组织车辆运输。

发货前，应对承运单位的技术力量和车辆、机具进行审验，并报请交通主管部门批准，必要时要组织模拟运输。

在运输过程中要对预制构件进行规范的保护，最大限度地消除和避免构件在运输过程中的污染和损坏。做好构件成品的防碰撞措施，采用木方支垫、阳角护角、包装板、包装棉毯围裹进行保护。

5.3.3　运输方式

预制构件主要采用公路汽车运输的方式。

叠合板采用随车起重运输车（随车吊）运输，墙板和楼梯等构件采用专用构件专用运输车（图 5.3-1a）和改装后的平板车进行运输。对常规运输货车进行改装时，要在车厢内设置构件专用固定支架，并固定牢靠后方可投入使用。

预制叠合板、阳台、楼梯、梁、柱、双 T 板等 PC 构件宜采用平放运输（图 5.3-1b、图 5.3-1c、图 5.3-1d、图 5.3-1e），预制墙板宜在专用支架框内竖向靠放的方式运输（图 5.3-1f），或采用"A"形专用支架斜向靠放运输，即在运输架上向内倾斜对称放置两块预制墙板（图 5.3-1g）。

(a)

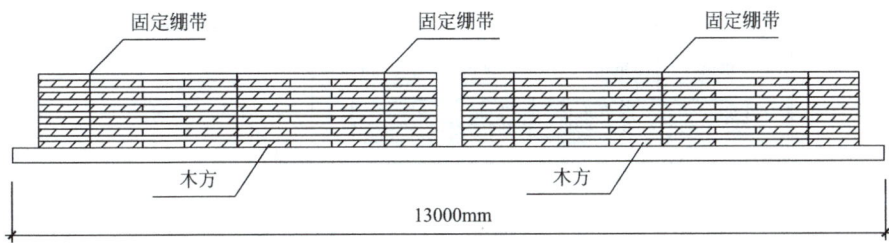

(b)

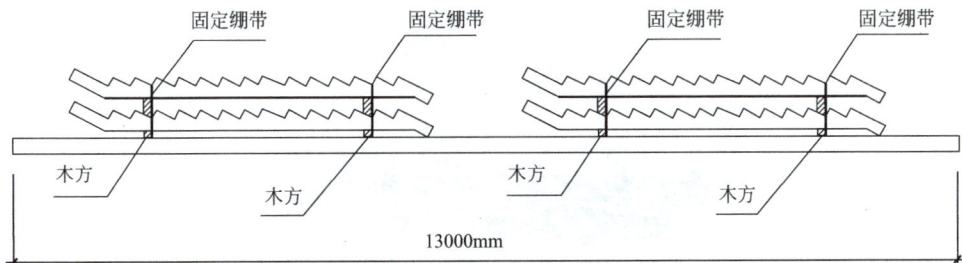

(c)

图 5.3-1　堆场构件运输（一）

（a）构件专用运输车；（b）叠合板装车图；（c）预制楼梯装车图

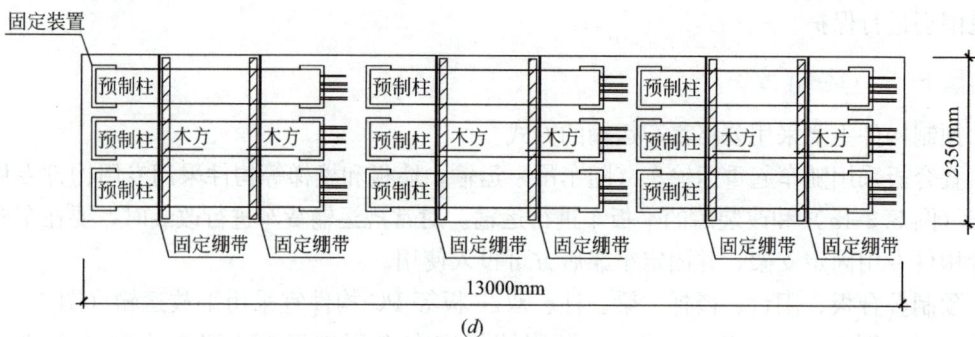

（d）

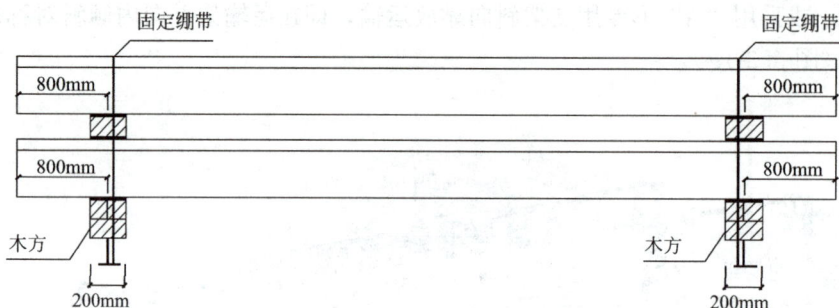

（e-1）

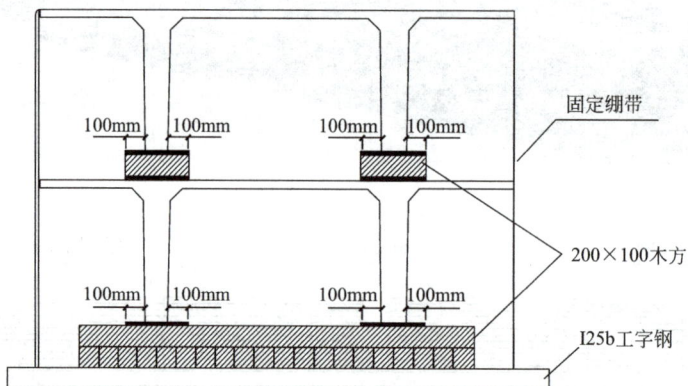

（e-2）

（f）

图 5.3-1　堆场构件运输（二）

（d）预制柱装车图；（e-1）双 T 板装车（一）；（e-2）双 T 板装车（二）；（f）平板改装车

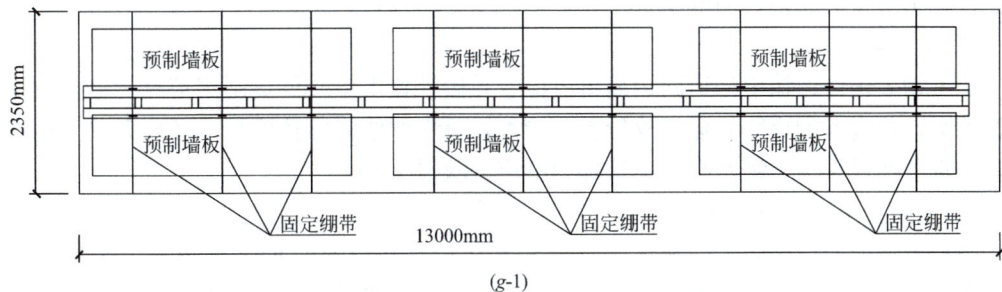

(g-1)

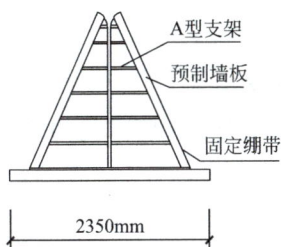

(g-2)

(g-3)

图 5.3-1　堆场构件运输（三）

（g-1）预制墙板装车（一）；（g-2）预制墙板装车（二）；（g-3）平板改装车

5.3.4　构件运输应急预案

应针对构件运输时可能出现突发事件，制定构件运输应急预案。

1. 应急预案制定原则

坚持科学规划、全面防范、快速反应、统一指挥的原则。

应急预案制定应贯彻"安全第一、预防为主、综合治理"的工作方针，妥善处理道路运输安全生产环节中的事故及险情，做好道路运输安全生产工作。

建立健全重大道路运输事故应急处置机制，一旦发生重大道路运输事故，要快速反应，全力抢救，妥善处理，最大限度地减少人员伤亡和财产损失。

2. 使用范围及工作目标

本预案适用于重大道路运输事故、突发道路运输事故、雨雪冰冻灾害以及汛期暴雨天气。

1）以人为本，减少损失。在处置道路运输事故时，坚持以人为本，把保护人民群众生命、财产安全放在首位，把事故损失降到最低限度。

2）预防为主，常备不懈。坚持事故处置与预防工作相结合，落实预防道路运输事故的各项措施，坚持科学规划、全面防范。

3）快速反应，处置得当。建立应对道路运输事故的快速反应机制，快速得当处置。

3. 应急预案领导小组

1）领导小组

成立构件运输应急救援领导小组，具体负责组织实施应急救援工作。按照"统一指挥、分级负责"的原则，明确职责与任务。设1名组长，2名副组长，组员若干名。

2）工作职责

统一领导构件运输中的道路运输事故应急救援处置工作。负责制定道路运输事故应急救援预案，负责参加道路运输事故抢救和调查，负责评估应急救援行动及应急预案的有效性。负责落实及贯彻上级及交通主管部门的应急救援事项。

3）预防为主，常备不懈

坚持事故处置与预防工作相结合，落实预防道路运输事故的各项措施，坚持科学规划、全面防范。快速反应，处置得当。建立应对突发道路运输事故的快速反应机制，快速反应，快速得当处置。

4. 应急预案具体内容

1）道路堵塞等意外状况

对选定的运货路线，在构件起运前一天再次确认道路状况。

但在构件运输过程中，遭遇交通堵塞等情况，应服从交通主管部门的协调指挥。可临时改变运输路线，保证构件的及时送达。

2）车辆故障

在车辆投入运输之前，应检查车辆状况。

如途中构件运输车辆出现故障，随车人员应立即通知维修人员赶到事故现场，进行检查维修。如确定暂时无法维修，应及时调用备用车辆，采取紧急措施，保证在约定的时间内，将构件运抵指定地点。

3）交通事故

如构件运输车辆，在途中发生交通事故，随车人员应及时报警，保护事故现场。并上报PC工厂领导、安装工地管理人员及保险公司，说明事故情况。积极配合交警主管部门、保险公司业务人员，依法依规地进行处置。

如暂时无法及时处理完结，也应及时调用备用车辆，保证在约定的时间内，将构件运抵指定地点。

4）机械故障

在工地现场装卸构件时，如吊车等作业机械或吊具出现故障，应立即进行抢修或更换吊具。如果不具备维修条件或短时间内无法恢复正常作业，应及时调配备用机械和吊具，满足构件卸货需求。

5）构件松动

随车人员在构件运输过程中，发现构件固定绷带或钢丝绳发生松动时，应立即通知司机靠边停车或在确保不发生构件脱落的情况下，慢行至服务区。

由随车人员认真检车分析绷带松动的原因，重新进行构件加固后，方可继续行进。

6）天气突变

在构件运输过程间，如遇突降暴雨、大风、下雪路滑等意外恶劣天气。要及时采取对货物进行遮盖、车辆减速并对车辆轮胎穿戴防滑链等应对措施，保证货物安全运抵指定地点。

如天气和道路状况已超出车辆安全行驶的要求，应及时寻找临时停靠站点，等待天气恢复正常后，再启动车辆行进。

7）不可抗力

在构件运输过程中发生地震等不可抗力的事件时，首先将运输车辆和构件，安置在安全的地方，进行妥善保管。

通过各种通信工具和方式，将事件及时通知对方。如果暂时无法通知对方，应做好相关记录和设备、构件的保管工作，直到与对方取得联系或者不可抗力事件解除。

如不可抗力的影响消除，且具备继续运输条件，应在确保构件以及运输人员安全的前提下，继续执行并实施原运输计划。

5.4　构件运输具体案例

通过一个具体构件运输案例，说明构件运输的具体过程及注意事项。

××项目××号楼××PC构件运输方案（简述）。

5.4.1　编制依据

1．××项目××号楼××PC构件采购招标文件、投标文件、采购合同书及补充协议等。

2．××项目××号楼××施工进度计划。

3．××PC构件厂××项目××号楼××PC构件预制生产计划。

4．××项目××号楼××PC构件预制与运输实施性施工组织设计。

5．与××市××区交警大队、城管大队、路政部门签订的协议书或备忘录。

5.4.2　编制目的

1．保证PC构件顺利安全到达施工场地，按期完成××项目××号楼、××号楼××的构件运输安装任务。

2．确保PC构件运输与现场安装的协调进行，保证现场构件安装有序、连续施工，减少场地内构件的二次转运，同时做到现场构件存量略有富余。

3．做好在运输过程中PC构件的成品保护工作，保证构件无结构性的损坏。

5.4.3　工程概况

本项目为××市××区××新城项目，该住宅小区共××栋住宅楼（××号、××号等），为装配整体式剪力墙结构高层住宅，总建筑面积约为××m^2。其中××号楼每层预制墙板××块、预制梁××架、空调板××个、叠合板××块，共计×××××层；××号楼每层预制墙板××块、预制梁××架、空调板××个、叠合板××块，共计××××××层……该项目共需预制墙板××块、预制梁××架、空调板××个、叠合板××块，共计PC构件××块。

5.4.4　运输方案

1．××号楼最大的板形尺寸为××m×××m，最小的板形尺寸为××m×××m，墙板宽度在××m左右，构件最重××t。××号楼最大板形尺寸为××m×××m，最小的板形尺寸××m×××m，构件最重××t。

根据构件尺寸型号、重量，选择装卸构件的起重机械和运输车辆。

2. 构件来源：××PC 构件厂。

3. 运输车辆：采用××PC 构件厂自有随车吊××台、专用构件运输车××台；××物流公司改装货车××台。

4. 叠合板、空调板、叠合梁等构件采用平式运输，墙板采用立式运输。叠合板采用随车吊运输；墙板、楼板、预制梁、空调板、女儿墙等构件采用专用构件运输车运输；当车辆不足，不能满足现场构件需求时，采用改装货车增加运能。

5. 辅助工器具、物料：根据构件的重量和外形尺寸，设计并制作各种类型构件的运输支架，并准备各种工器具：××个接驳器、××根扁担梁、××米固定绷带、××根钢丝绳、××米紧固绳、××个构件支架、××根方木、××个护角。

6. 人员组织：司机××车××人、送货（押货）××人、调度员（后方联系人）××人、吊车司机、转运工、修补工人等。

7. 构件运输时间：××××年×月×日至×月×日投入×辆车，×月×日至×月×日投入×辆车，×月×日至×月×日投入×辆车。

5.4.5 准备工作

1. 选择察看运输路线

运构件输前，派专人去勘察多条路线，路线须满足以下要求：路程短，路况好，道路转弯曲线、桥梁允许荷载、桥涵净空高度（限高）和宽度（限宽）满足运输车辆的通行需要。

2. 确定构件运输路线

第一路线：××厂→××路→××路→××路（××国道）→××路→××路→下穿××高速（限高 5m）→××路→××路→××项目工地。总里程××km，行程××min，运输车速控制在××km/h（图 5.4-1）。

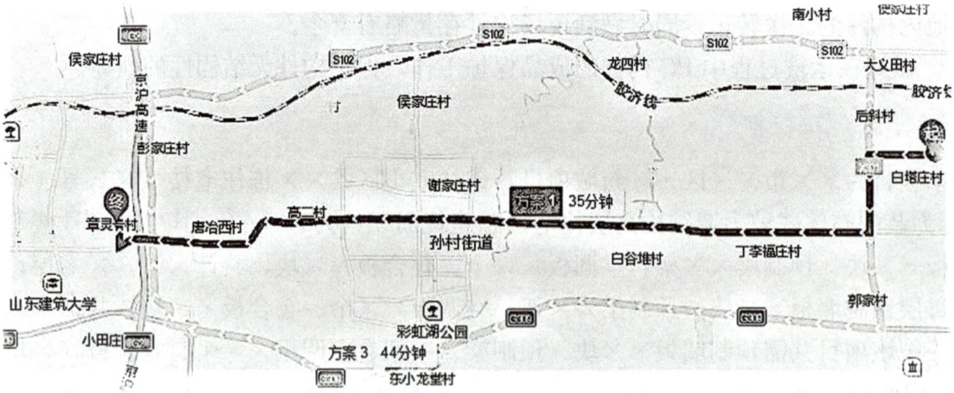

图 5.4-1　构件运输路线图

第二路线：××厂→××路→××路→××路（××省道）→××收费站→××路→下穿××铁路桥梁（限高 4.5m）→××路→下穿××高速（限高 5m）→××路→××路→××项目工地。总里程××km，行程××min，运输车速递控制在××km/h（图 5.4-2）。

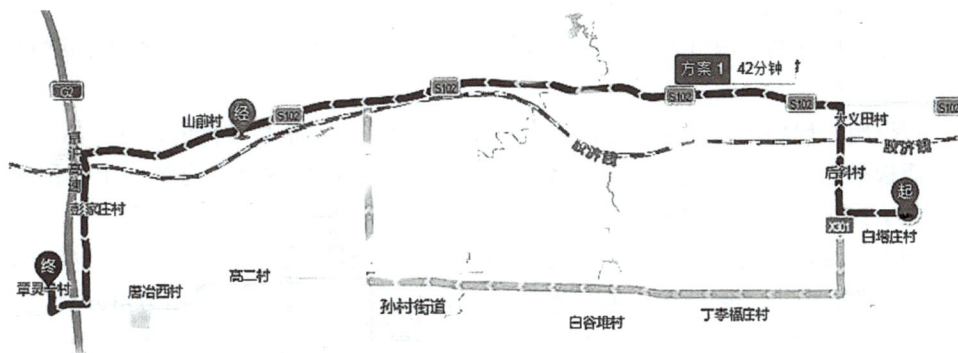

图 5.4-2　构件运输路线图

3. 验算构件强度

根据所确定运输方案和构件装货方式、堆放层数，验算 PC 构件在最不利受力状态下的截面抗裂度，避免构件在运输中出现裂缝。

4. 清查构件

清查需要运输构件的型号、质量和数量。

根据楼层构件布置图，核对将要装运构件的数量及编号是否正确，资料是否齐全，有无合格标志和出厂合格证书等。

5.4.6　构件运输基本要求和注意事项

1. 准备工器具和物料

检查各种工具、吊具、接驳器、固定绷带、钢丝绳、吊装带是否完好、齐全。

运输叠合板时，叠合板与车厢底盘间需要用长 10cm×10cm 方木支垫；叠合板与叠合板之间采用 8cm×8cm，长 10cm 小木方垫实；运送楼梯需要 100cm 长，20cm×20cm 大方木进行支垫间隔。

2. 叠合板运输

叠合板装车时将长的叠合板（长度大于 3.7m）顺车方向装在车辆最前端，其他叠合板横向依次装在车厢后端。

叠合板叠放层数 6～8 层，不同宽度叠合板不能相互叠放。第一块叠合板下须垫两根通长方木，方木与叠合板长度方向相同。叠合板与叠合板间用小木方进行垫实。

运输叠合板等平放构件时，所有构件支承点的位置在同一竖直线上。木方的厚度要一样，要保证构件的平稳，避免构件在运输中摇晃。

3. 墙板运输

装车后挂车司机用钢丝绳把墙板和车体连接牢固。钢丝绳与墙板接触面应垫上护角（如胶皮等），避免损坏墙板角。运输竖向靠放等易倾覆的墙板构件时，两侧必须用斜撑支撑牢固或用木方塞紧加固。严禁外八字放置进行墙板运输。

4. 楼梯运输

为方便现场安装，采用水平叠放的方式运输楼梯。装车时楼梯与拖车板以及楼梯与楼梯之间均采用 20cm×20cm 的方木支垫。楼梯叠放层数 4 层为宜，不能超过 6 层。层与层间方木须在上下同一位置。

5. 运输时构件的混凝土强度，不应低于设计强度等级的 85％，薄壁构件强度应达到 100％。

6. 根据施工现场吊装顺序，先运输先装配的构件，后运输后装配的构件。

7. 墙板吊起时检查墙板套筒内、楼梯预留孔、各预埋件内是否有混凝土残留物。如有，要清理干净后再装车运输。

8. 装车前对构件型号进行查看，是否有型号错喷漏喷现象（包括标志、生产日期、墙板型号、墙板楼号、板重等）。在装车过程中如有磕碰现象，需修补后方可发货。

9. 发货过程中，转运人员应积极配合调度，确保高质、高效地完成运输工作。

10. 运输已安装门窗、反打瓷砖外饰面构件，应使构件与支撑架，保持柔性接触，用棉毡等物品包裹构件或门窗边角。

11. 要求墙体表面为清水混凝土时，要用薄膜覆盖保护墙体清水面，避免污染。

12. 运输超长、超宽、超高构件，必须选用经过培训且有丰富经验的驾驶人员，负责运送。押运人员负责指挥协调，同时在车辆上设置标记。

不许将构件一端，搁置在驾驶室的顶面。

13. 运输车辆和构件四周要贴反光带，悬挂三角旗。途中运输车辆需要暂时停车时，在车辆后方的道路上，按照规定的距离和位置，放置安全警示标志，安排人员疏导过往车辆。

14. 装车时应两面对称装车，保证挂车的平衡性，确保车辆运输安全。

无论装车或卸车，均应在设计吊点进行起吊。叠放在车上或堆放在现场上的构件，构件之间的垫木要在同一条垂直线上，且两侧垫木的厚度要相等。

构件在运输前要固定牢靠，防止在运输时倾倒。对于重心高、底部支承面窄的构件，要用支架辅助固定。

为防止运输过程中，车辆颠簸对构件造成损伤，支架上应捆裹橡胶垫等柔性材料，并用钢丝绳把构件和车体连接牢固。设紧线器，防止构件滑动移动和倾倒。

紧固构件时，在绳索与构件接触处安装弧形高强塑胶垫块，防止构件与绳索间摩擦造成构件掉角或绳索破损。

构件长距离运输途中应注意检查紧线器的牢固状况，发现松动必须停车紧固，确认牢固后方可继续运行。

15. 出运 PC 构件需开具出库交接单、合格证，并按工厂要求认真填写，不错填、不漏填。

调度把出库交接单、合格证发放给货车司机，并调派吊车工、转运工进行装车。

16. 根据路面情况掌握行车速度，车辆行驶速度以 15km/h 为宜，在转弯路口须减慢行驶速度，按道路交通要求限速行驶通过。

构件运输所经道路要平整坚实，路面宽度和转弯半径能满足运输车辆的性能及通过要求。运输构件时的车辆装载高度不应超过 5m。

17. 为保证人员、车辆和构件的绝对安全，运输过程中，严禁急刹车、急加速。通过桥梁时，要匀速前进，不准加速，不准换挡，不准停车，减少对桥梁的冲击载荷。

18. 对又重又长的构件，应根据其安装方向确定装车方位，以利于车辆就位卸货。进场应按构件吊装平面布置图所示位置堆放，以免二次倒运。

19. 在车辆运构件至工地时，在工地内合适的位置设置会车点。拖车的转弯半径不小于 15m。

20. 采用吊车装卸构件时，要注意空中电线、邻近塔式起重机和门式起重机的布置和运行情况，防止发生碰撞和触电事件。

21. 严禁野蛮装卸。构件要轻起轻放，严格按照作业指导书进行作业。

5.5　思考与练习

一、填空题

1. 竖向构件埋设芯片与张贴二维码宜埋设在相对楼层建筑高度_____处，芯片置入深度_____，且不宜过深。

2. 叠合板采用叠放存储，每层间加放垫木，最边缘垫木与叠合板边缘的距离以_____为宜。

二、单选题

1. 在预制构件上埋设芯片或张贴二维码，可实现预制构件的（　　）。

A. 稳定性　　　　　　　　　　B. 耐久性

C. 环保性　　　　　　　　　　D. 可追溯性

2. 以下关于预制构件在车间内临时存放的做法要求，错误的是（　　）。

A. 叠合板必须放置在转运架上后才可用叉车叉运

B. 民建墙板在临时存放区设专用存放支架，立式存放

C. 楼梯采用平向存放，楼梯底部与地面以及楼梯与楼梯之间支垫方木

D. 预制柱宜立式存放，预制梁宜平式存放，底部与地面以及层与层之间支垫方木

3. 预制构件运输的应急预案应考虑到的意外状况，不包括（　　）。

A. 车辆超载　　　　　　　　　B. 车辆故障

C. 交通事故　　　　　　　　　D. 天气突变

三、简答题

1. 预制构件标识应包括哪些内容？

2. 简述预制构件运输应急预案的制定原则。

5.5思考与练习答案

Chapter 06

教学单元**6**

质量检查与验收

教学目标

1. 了解预制构件生产质量管理体系建设要点。
2. 掌握预制混凝土构件过程检查验收的标准和方法。
3. 掌握预制混凝土构件成品检查验收的标准和方法。
4. 掌握预制混凝土构件成品缺陷的修补方法。
5. 了解构件生产及交付资料的内容。

思政目标

1. 培养学生的产品质量安全意识，树立一丝不苟的工作态度。
2. 培养学生的团队意识，树立团结协作、互帮互助的工作作风。
3. 培养学生的岗位认同感和责任感。

思维导图

```
                                        ┌─ 组织结构
                                        ├─ 人员
                                        ├─ 程序文件和质量手册
                                        ├─ 生产方案、工艺和方法
                                        ├─ 生产设备
                            质量管理体系 ┤─ 办公、仓储、生产工作环境
                                        ├─ 试验检测
                                        ├─ 纠正和预防
                                        ├─ 统计分析和持续改进
                                        └─ 记录

                                        ┌─ 模板检查与验收
                                        ├─ 钢筋及钢筋接头检查与验收
 质量检查与验收                         ├─ 混凝土制备检测
                            过程检查与验收┤─ 预埋件与预埋洞口检查与验收
                                        ├─ 装饰装修材料检查与验收
                                        └─ 门窗框安装检查与验收

                            构件成品检查验收与修补 ┌─ 构件成品检查验收
                                                  └─ 构件成品缺陷修补

                            构件生产及交付资料 ┌─ 构件生产资料
                                              └─ 构件交付资料
```

教学单元 6
导学视频

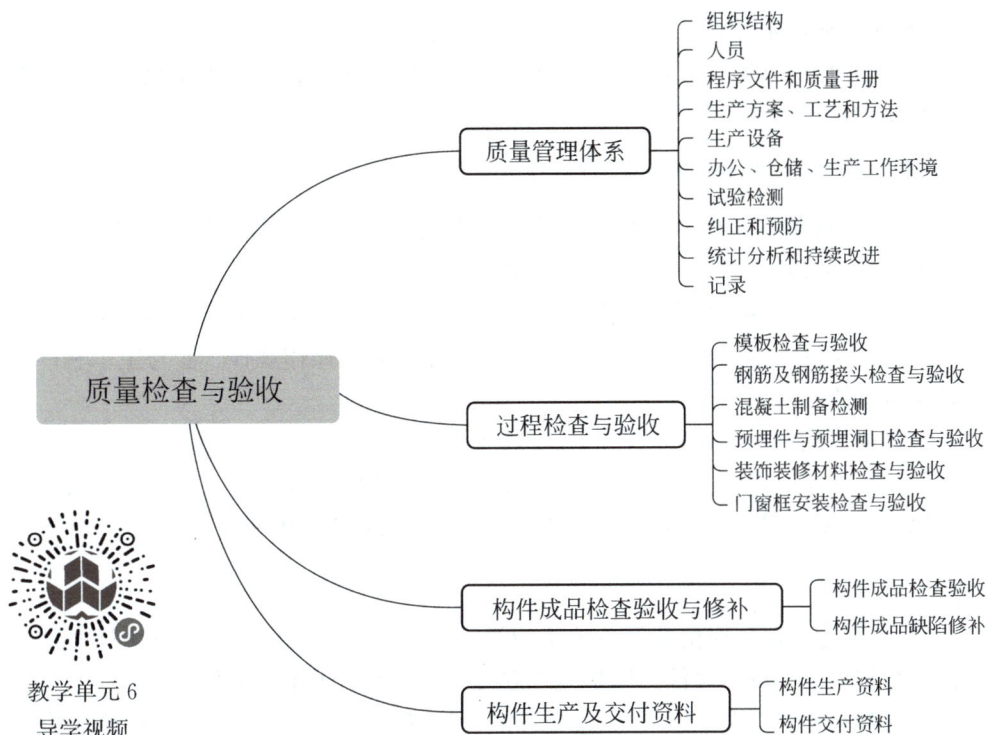

6.1　质量管理体系

PC 工厂应建立质量保证体系和质量可追溯的信息化管理系统，取得第三方的认证，并应确保质量保证体系有效运行。

6.1.1　组织结构

（1）PC 工厂要建立能够满足正常生产、质量管理要求的组织结构。

（2）明确组织结构中各部门的职能和要求、各部门之间的关系。

6.1.2　人员

（1）PC 工厂应明确技术负责人和质量负责人的职责和权利。

（2）由技术负责人对技术和质量工作负总责。

（3）PC 工厂技术负责人应具有 10 年以上从事工程施工技术或管理工作经历，具有工程序列高级职称或一级注册建造师执业资格。

（4）PC 工厂质量负责人应具有 5 年以上从事工程施工质量管理工作经历，具有工程序列高级职称或注册监理工程师执业资格。

（5）PC 工厂具有工程序列中级以上职称人数应不少于 5 人，专业应包括深化设计、生产、试验、物流、安装等。

223

（6）PC工厂应对主要技术人员、管理人员和重要岗位的工作人员应进行任职资格确认，有上岗要求的应持证上岗。

（7）PC工厂应制定教育、培训计划，对工厂员工进行教育和培训。

（8）PC工厂应建立工厂管理人员和产业工人人员档案，内容包括任职、教育、职称证书和教育培训记录等。

6.1.3 程序文件和质量手册

（1）PC工厂应编制、建立文件形成和控制的程序。包括文件的编制、审核、批准、变更、发放和保存等，应对文件的有效性和适应性进行评审、标记。

文件应包括：①行政法规和规范性文件。②技术标准。③质量手册、程序文件和规章制度等质量体系文件。④图集和图纸等。⑤生产技术规程、操作规程。⑥与生产和产品有关的设计文件和资料。

（2）文件应有受控标识，并应按照规定发放和保存。

（3）与生产和质量管理有关的人员，应使用相应文件的有效版本，并应有效执行。

（4）PC工厂要及时收回无效或作废文件，不使用无效或作废文件。

6.1.4 生产方案、工艺和方法

（1）PC构件生产前，应由建设单位组织设计、生产、施工单位，进行设计文件交底和会审。并根据批准的设计文件，编制生产方案、工艺和方法和运输方案。

生产方案包括生产计划及生产工艺和方法、模具计划、技术质量控制措施、成品存放、构件运输和保护措施等。

（2）PC构件生产宜建立首件验收制度。

（3）PC构件生产中，如采用新技术、新工艺、新材料、新设备，生产单位应制定专门的生产方案。有必要进行样品试制，经检验合格后实施。

（4）工厂的检测、试验、张拉、起吊、计量等设备和仪器仪表，均应检定合格，并在有效期内。

（5）PC构件经检查合格后，应进行标识。构件和部品出厂时，应出具质量证明文件。

6.1.5 生产设备

（1）生产设备、设施和机具的数量及其性能，应符合工厂的生产规模、PC构件生产特点和质量要求，并应符合环境保护和安全生产要求。

（2）生产设备、设施和机具，应维护良好，运行可靠。

（3）PC工厂应对直接影响生产和PC构件质量的设备进行有效管理，包括：①建立并保存设备操作规程、使用记录；②建立设备维修保养计划和日常检查保养制度；③建立并保存设备使用说明书等档案。

（4）计量设备应按有关标准规定，进行计量检定或校准，并应采用适宜的方法，标明其计量检定或校准状态。

6.1.6 办公、仓储、生产工作环境

（1）工厂总体布局应合理、环境整洁、道路平整。

（2）各类储仓应维护良好、运行可靠、无明显的锈蚀和污损。

（3）各类堆场应平整、分隔清晰。堆场宜采用硬地坪，并应有可靠的排水系统，各类堆场不应有积水和扬尘。

（4）工厂应通过环境评价审核，生产时产生的噪声、粉尘和污水、废弃物等应有回收利用或处置的措施。

6.1.7 试验检测

（1）PC构件的原材料质量、钢筋加工和连接的力学性能、混凝土强度、构件结构性能、装饰材料、保温材料及连（拉）结件的质量等，均应根据国家现行有关标准，进行检查和检验，并应具有相应的生产操作规程和质量检验记录。

（2）PC构件生产的质量检验，应分模具、钢筋、混凝土、预应力、PC构件等类别进行检验。根据钢筋、混凝土、预应力、PC构件的试验、检验资料等项目，进行PC构件的质量评定。当上述各检验项目的质量均合格时，方可评定为合格产品。

（3）PC工厂应有与其生产规模、质量管理要求相适应的试验检测能力，能满足原材料、生产过程和PC构件质量检测的需要。

试验检测部门应满足以下要求：

① 试验检验负责人具有工程序列中级及以上职称、5年以上相关质量检验工作经历。

② 专职检验人员不少于5人。

③ 试验检验能力要满足原材料、混凝土配合比出具以及生产中PC构件质量检验的需要。

④ 对于试验检测资质、资格或试验能力等有专门规定的，还应符合有关规定。

（4）检测仪器和设备的数量及其性能，应符合试验检测要求，并应维护良好、运行可靠。

（5）检测仪器和设备，应按有关标准规定进行检定或校准，标明其计量检定或校准状态。

（6）检测室的工作条件、采光、温度和湿度，应符合相应的标准规范要求。

（7）试验检测的取样、样品制作、养护、试验检测操作，应符合有关标准规范的规定。

6.1.8 纠正和预防

（1）当构件生产过程中，发生产品缺陷或质量问题时，应及时分析原因，并采取纠正措施。

（2）对潜在的缺陷或质量问题，采取适宜的预防措施，防止产生缺陷或质量问题。

6.1.9 统计分析和持续改进

（1）工厂应定期进行统计分析，正确评价生产过程的质量控制和产品质量以及工厂的质量管理水平。

（2）工厂应在统计分析的基础上，采取措施，持续改进提高质量管理水平和质量保证能力，不断提高产品质量。

（3）工厂宜建立物联网质量控制与追溯机制，运用信息化技术进行质量管理。

6.1.10 记录

PC 构件的原材料检验报告及生产过程中质量控制的记录应齐全，结果应满足有关标准、设计文件的要求。

记录应包括以下内容：

(1) 设计及变更文件（深化设计资料及各种构件生产加工图等）。

(2) 原材料质量证明文件和检验报告。

(3) 混凝土的质量证明文件。

(4) 钢接头的试验报告。

(5) 钢筋套筒与灌浆连接的匹配性工艺检验报告。

(6) 预应力筋用锚具、连接器质量证明文件和抽样检验报告。

(7) 预应力筋安装、张拉的检验记录。

(8) PC 构件质量处理的方案和验收记录。

(9) 隐蔽验收记录。

(10) 其他必要的文件和记录。

6.2 过程检查与验收

6.2.1 模板检查与验收

1. 模具组装前的检查

根据生产计划合理加工和选取模具，所有模具必须清理干净，不得存有铁锈、油污及混凝土残渣。对于模具变形量超过规定要求的模具一律不得使用，使用中的模板应当定期检查，并做好检查记录。

模具允许偏差及检验方法见表 6.2-1。

预制构件模具尺寸的允许偏差和检验方法 　　　　　　　　表 6.2-1

项次	检验项目、内容		允许偏差（mm）	检验方法
1	长度	≤6m	0，−2	用钢尺测量平行构件高度方向，取其中偏差绝对值较大处
		>6m，且≤12m	2，−4	
		>12m	3，−5	
2	宽度、高（厚）度	墙板	1，−2	用钢尺测量两端或中部，取其中偏差绝对值较大处
		其他构件	2，−4	
3	底模板表面平整度		0，−2	2m 铝合金靠尺和金属塞尺量测
4	对角线差		3	用钢尺量对角线
5	侧向弯曲		$L/1500$ 且≤3	拉线，用钢尺量测侧向弯曲最大处
6	翘曲		$L/1500$	对角拉线测量交点间距离值的两倍
7	组装缝隙		1	用塞片或塞尺量测，取最大值
8	端模与侧模高低差		1	用钢角尺量测

续表

项次	检验项目、内容			允许偏差（mm）	检验方法
9	门窗框	锚固角片	中心线位置	5	用钢角尺量测
			外露长度	+5,0	用钢角尺量测
		门窗框位置		2	用钢角尺量测
		门窗框高、宽		±2	用钢角尺量测
		门窗框对角线		±2	用钢角尺量测
		门窗框平整度		2	靠尺和金属塞尺量测

2. 刷隔离剂

隔离剂使用前确保隔离剂在有效使用期内，隔离剂必须涂刷均匀。

3. 模具组装、检查

组装模具前，应在模具拼接处，粘贴双面胶，或者在组装后打密封胶，防止在混凝土浇筑振捣过程中漏浆。侧模与底模、顶模与侧模组装后必须在同一平面内，不得出现错台。

组装后校对模具内的几何尺寸，并拉对角校核，然后使用磁力盒或螺丝进行紧固。使用磁力盒固定模具时，一定要将磁力盒底部杂物清除干净，且必须将螺丝有效地压到模具上。

模具组装允许误差及检验方法见表 6.2-2、图 6.2-1。

模具组装尺寸允许偏差及检验方法 表 6.2-2

测定部位	允许偏差（mm）		检验方法
边长	±2		钢尺四边测量
对角线误差	3		细线测量两根对角线尺寸,取差值
底模平整度	2		对角用细线固定,钢尺测量细线到底模各点距离的差值,取最大值
侧模高差	2		钢尺两边测量取平均值
表面凹凸	2		靠尺和塞尺检查
扭曲	2		对角线用细线固定,钢尺测量中心点高度差值
翘曲	2		四角固定细线,钢尺测量细线到钢模板边距离,取最大值
弯曲	2		四角固定细线,钢尺测量细线到钢模顶距离,取最大值
侧向扭曲	$H \leqslant 300$	1.0	侧模两对角用细线固定,钢尺测量中心点高度
	$H > 300$	2.0	侧模两对角用细线固定,钢尺测量中心点高度

6.2.2 钢筋及钢筋接头检查与验收

1. 钢筋加工前应检查

1）钢筋应无有害的表面缺陷，按盘卷交货的钢筋应将头尾有缺陷部分切除。

2）直条钢筋的弯曲度不得影响正常使用，每米弯曲度不应大于 4mm，总弯曲度不大于钢筋总长度的 0.4%。钢筋的端部应平齐，不影响连接器的通过。

3）钢筋表面应无横向裂纹、结疤和折痕，允许有不影响钢筋力学性能的其他缺陷。

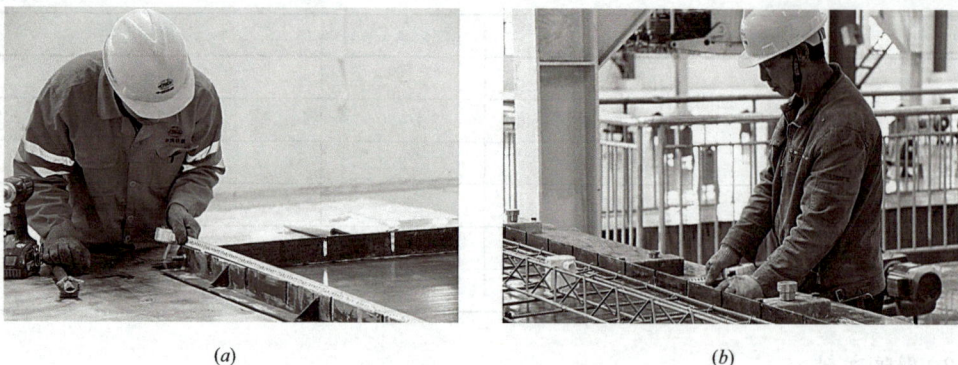

(a)　　　　　　　　　　　　　　　(b)

图 6.2-1　模板检查

（a）叠合板模板长度检查；（b）叠合板钢筋出筋长度检查

4）弯心直径弯曲 180°后，钢筋受弯曲部位表面不得产生裂纹。

5）钢筋原材质量具体要求见本书第 3.2.2 节中的内容。

2. 钢筋加工成型后检查

1）钢筋下料必须严格按照设计及下料单要求制作，制作过程中应当定期、定量检查。对于不符合设计要求及超过允许偏差的一律不得绑扎，按废料处理。

钢筋加工允许偏差见表 6.2-3 和图 6.2-4。

钢筋加工的允许偏差　　　　　　　　　　　　　　表 6.2-3

项　目	允许偏差（mm）
受力钢筋顺长度方向全长的净尺寸	±10
弯起钢筋的弯折位置	±20
箍筋内径净尺寸	±5

钢筋桁架的尺寸允许偏差　　　　　　　　　　　　表 6.2-4

项次	检验项目	允许偏差（mm）
1	长度	总长度的±0.3%，且不超过±10
2	宽度	+1，−3
3	高度	±5
4	扭翘	≤5

2）纵向钢筋（带灌浆套筒）及需要套丝的钢筋，不得使用切断机下料，必须保证钢筋两端平整，套丝长度、丝距及角度必须严格满足设计图纸要求，纵向钢筋及梁底部纵筋（直螺纹套筒连接）套丝应符合规范要求。

套丝机应当指定专人且有经验的工人操作，质检人员不定期进行抽检。

3. 钢筋丝头加工质量检查

钢筋丝头加工质量检查的内容包括：

1）钢筋端平头：平头的目的是让钢筋端面与母材轴线方向垂直，采用砂轮切割机或其他专用切断设备，严禁气焊切割。

2）钢筋螺纹加工：使用钢筋滚压直螺纹机将待连接钢筋的端头加工成螺纹。

加工丝头时，应采用水溶性切削液，当气温低于 0℃时，应掺入 15％～20％亚硝酸钠。严禁用机油作切削液或不加切削液加工丝头。

3）丝头加工长度为标准型套筒长度的 1/2，其公差为＋2P（P 为螺距）。

4）丝头质量检验：操作工人应按要求检查丝头的加工质量，每加工 10 个丝头用通环规、止环规检查一次。

5）经自检合格的丝头，应通知质检员随机抽样进行检验，以一个工作班内生产的丝头为一个验收批，随机抽检 10％，且不得少于 10 个，并填写钢筋丝头检验记录表。

当合格率小于 95％时，应加倍抽检，复检总合格率仍小于 95％时，应对全部钢筋丝头逐个进行检验，切去不合格丝头，查明原因并解决后重新加工螺纹。

4. 钢筋绑扎质量检查

1）尺寸、弯折角度不符合设计要求的钢筋不得绑扎。

2）钢筋安装绑扎的允许偏差及检验方法见表 6.2-5。

钢筋安装位置的允许偏差及检验方法　　　　　　　　　　　　表 6.2-5

项目		允许偏差（mm）	检验方法
钢筋网片	长、宽	±5	钢尺检查
	网眼尺寸	±10	钢尺量连续三档，取最大值
	对角线	5	钢尺检查
	端头不齐	5	钢尺检查
钢筋骨架	长	0，−5	钢尺检查
	宽	±5	钢尺检查
	高（厚）	±5	钢尺检查
	主筋间距	±10	钢尺量两端、中间各一点，取最大值
	主筋排距	±5	钢尺量两端、中间各一点，取最大值
	箍筋间距	±10	钢尺量连续三档，取最大值
	弯起点距离	15	钢尺检查
	端头不齐	5	钢尺检查
	保护层 柱、梁	±5	钢尺检查
	板、墙	±3	钢尺检查

5. 焊接接头机械性能试验取样

1）取样相关规定

（1）试件的截取方位应符合相关规范或标准的规定。

（2）试件材料、焊接材料、焊接条件以及焊前预热和焊后热处理规范，均应与相关标准规范相符，或者符合有关试验条件的规定。

（3）试件尺寸应根据样坯尺寸、数量、切口宽度、加工余量以及不能利用的区段（如电弧焊的引弧和收弧）予以综合考虑。不能利用区段的长度与试件的厚度和焊接工艺有关，但不得小于 25mm（如用引弧板、收弧板及管件焊接例外）。

229

（4）从试件上截取样坯时，如相关标准或产品制造规范无另外注明时，允许矫直样坯。

（5）试件的角度偏差或错边，应符合相关标准或规范要求。

（6）试件标记，必须清晰，其标记部位应在受试部分之外。

2）钢筋焊接接头的力学性能试验的取样

钢筋焊接骨架和焊接网力学性能检验，按下列规定抽取试件：

（1）凡钢筋牌号、直径及尺寸相同的焊接骨架和焊接网，应视为同一类型制品且每300件作为一批，一周内不足300件的亦应按一批计算。

（2）力学性能检验的试件，应从每批成品中切取。切取过试件的制品，应补焊同牌号、同直径的钢筋，其每边搭接长度不应小于2个孔格的长度。

当焊接骨架所切取试件的尺寸小于规定的试件尺寸，或受力钢筋直径大于8mm时，可在生产过程中制作模拟焊接试验网片（图7.1-2），从中切取试件。

（3）由几种直径钢筋组合的焊接骨架或焊接网，应对每种组合的焊点做力学性能检验。

（4）热轧钢筋的焊点应做剪切试验，试件应为3件。冷轧带肋钢筋焊点除做剪切试验外，尚应对纵向和横向冷轧带肋钢筋做拉伸试验，试件应各为1件。剪切试件纵筋长度应大于或等于290mm，横筋长度应大于或等于50mm（图6.2-2）；拉伸试件纵筋长度应大于或等于300mm（图6.2-2）。

（5）焊接网剪切试件应沿同一横向钢筋随机切取。

（6）切取剪切试件时，应使制品中的纵向钢筋成为试件的受拉钢筋。

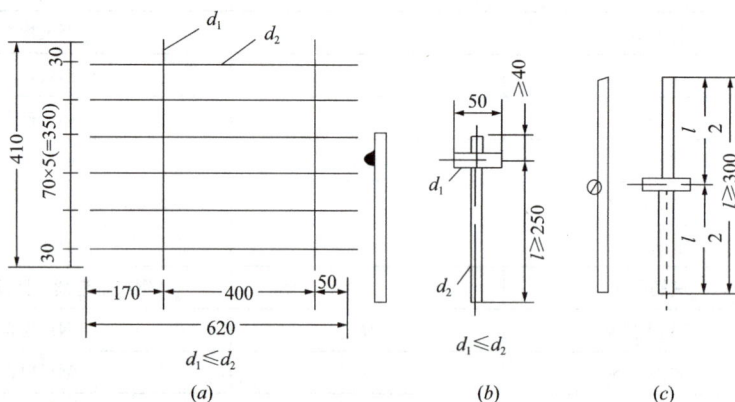

图 6.2-2　钢筋模拟焊接试验网片与试件

（a）模拟焊接试验网片简图；（b）钢筋焊点剪切试件；（c）钢筋焊点拉伸试件

3）钢筋闪光对焊接头

闪光对焊接头的力学性能检验，按下列规定作为一个检验批：

（1）在同一台班内，由同一焊工完成的300个同牌号、同直径钢筋焊接接头应作为一批。当同一台班内焊接的接头数量较少，可在一周之内累计计算。累计仍不足300个接头时，应按一批计算。

（2）力学性能检验时，应从每批接头中随机切取6个接头，其中3个做拉伸试验，3个做弯曲试验。

（3）焊接等长的预应力钢筋（含螺丝端杆与钢筋）时，可按生产时同等条件制作模拟试件。

（4）螺丝端杆接头可只做拉伸试验。

（5）封闭环式箍筋闪光对焊接头，以 600 个同牌号、同规格的接头为一批，只做拉伸试验。

（6）当模拟试件试验结果不符合要求时，应进行复验。复验应从现场焊接接头中切取，其数量和要求与初始试验相同。

（7）根据住建部印发的《房屋建筑和市政基础设施工程危及生产安全施工工艺、设备和材料淘汰目录（第一批）》明确要求：在非固定的专业预制厂（场）或钢筋加工厂（场）内，对直径大于或等于 22mm 的钢筋进行连接作业时，不得使用钢筋闪光对焊工艺。

4）钢筋电弧焊接头

电弧焊接头力学性能检验，按下列规定作为一个检验批：

（1）在现浇混凝土结构中，应以 300 个同牌号钢筋、同型式接头作为一批。在不超过 300 个同牌号钢筋、同型式接头作为一批。每批随机切取 3 个接头，做拉伸试验。

（2）在装配式结构中，可按生产条件制作模拟试件，每批 3 个，做拉伸试验。

（3）钢筋与钢板电弧搭接焊接头可只进行外观检查。

在同一批中若有几种不同直径的钢筋焊接接头，应在最大直径钢筋接头中切取 3 个试件。以下电渣压力焊接头、气压焊接头取样均可。

当模拟试件试验结果不符合要求时，应进行复验。复验应从现场焊接接头中切取，其数量和要求与初始试验时相同。

5）钢筋电渣压力焊接头

电渣压力焊接头的力学性能检验，应按下列规定作为一个检验批：

在现浇钢筋混凝土结构中，应以 300 个同牌号钢筋接头作为一批。在不超过二楼层中 300 个同牌号钢筋接头作为一批。当不足 300 个接头时，仍应作为一批。每批随机切取 3 个接头做拉伸试验。

6.2.3　混凝土制备检测

1. 混凝土应符合下列要求

1）混凝土配合比设计应符合现行国家标准《普通混凝土配合比设计规程》JGJ 55—2011 的相关规定和要求。混凝土配合比宜有必要的技术说明，包括生产时的调整要求（表 6.2-6）。

混凝土原材料每盘称量的允许偏差　　　　　　　　　　　　表 6.2-6

项次	材料名称	允许偏差
1	胶凝材料	±2%
2	粗、细骨料	±3%
3	水、外加剂	±1%

2）混凝土中氯化物和碱总含量应符合现行国家标准《混凝土结构设计规范》（2015 版）GB 50010—2010 的相关规定和设计要求。

3）混凝土中不得掺加对钢材有锈蚀作用的外加剂。

4）预制构件混凝土强度等级不宜低于 C30，预应力混凝土构件的混凝土强度等级不宜低于 C40，且不应低于 C30。

2. 混凝土坍落度检测

坍落度的测试方法：用一个上口 100mm、下口 200mm、高 300mm 喇叭状的坍落度桶，使用前用水湿润，分两次灌入混凝土后捣实，然后垂直拔起桶，混凝土因自重产生坍落现象，用桶高（300mm）减去坍落后混凝土最高点的高度，称为坍落度。如图 6.2-3 所示。

从开始装料到提坍落度筒的整个过程，应不间断地进行，并应在 150s 内完成，且坍落度筒的提高过程应在 3~7s 内完成。

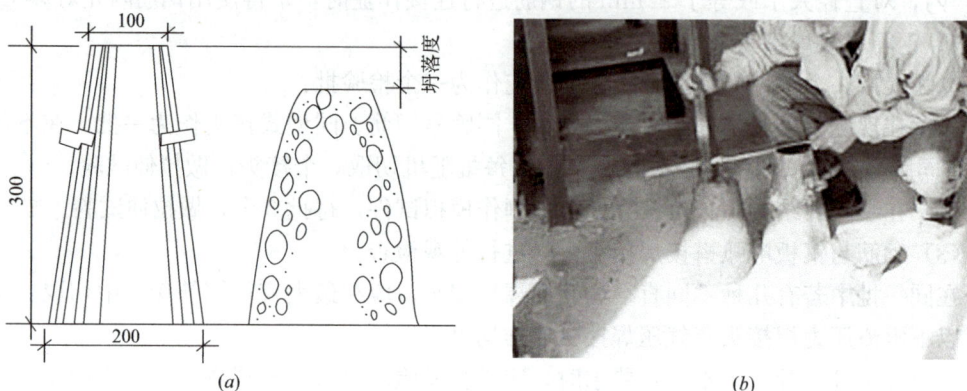

图 6.2-3　混凝土坍落度测试

（a）坍落度值测量示意图；（b）坍落度现场测量实景图

混凝土的坍落度，应根据预制构件的结构断面、钢筋含量、运输距离、浇筑方法、运输方式、振捣能力和气候等条件决定。

在选定配合比时应综合考虑，并宜采用较小的坍落度为宜。

3. 混凝土强度检验

混凝土强度检验时，每 100 盘，但不超过 $100m^3$ 的同配比混凝土，取样不少于一次，不足 100 盘和 $100m^3$ 的混凝土取样不少于一次。当同配比的混凝土超过 $1000m^3$ 时，每 $200m^3$ 取样不少于一次。每次取样应至少留置一组标准养护试件，同条件养护试件的留置组数应根据实际需要确定。

6.2.4　预埋件与预留洞口检查与验收

1. 预埋件加工与制作

预埋件的材料、品种应符合构件制作图中的要求。

各种预埋件进场前要求供应商出具合格证和质保单，并对产品外观、尺寸、强度、防火性能、耐高温性能等指标进行检验。预埋件加工允许偏差见表 6.2-7。

预埋件加工允许偏差　　　　　　　　　　　　　　　　　　　　表 6.2-7

项　次	检验项目及内容		允许偏差（mm）	检验方法
1	预埋钢板的边长		0，−5	用钢尺量
2	预埋钢板的平整度		1	用直尺和塞尺量
3	锚筋	长度	10，−5	用钢尺量
		间距偏差	±10	用钢尺量

2. 灌浆套筒、连（拉）接件、预埋件、预留孔洞的安装检验

1）灌浆套筒准确定位并固定后，需要对其安装位置进行检查和验收，并应符合表6.2-8中的要求。

模具上预埋件、预留孔洞安装允许偏差 表 6.2-8

项次	检验项目		允许偏差(mm)	检验方法
1	预埋钢板、建筑幕墙用槽式预埋组件	中心线位置	3	用钢尺量测纵横向两个方向的中心线位置,取其中较大值
		平面高差	±2	钢直尺和塞尺检查
2	预埋管、电线盒、电线管水平和垂直方向的中心线位置偏移、预留孔、浆锚搭接预留孔(或波纹管)		2	用钢尺量测纵横向两个方向的中心线位置,取其中较大值
3	插筋	中心线位置	3	用钢尺量测纵横向两个方向的中心线位置,取其中较大值
		外露长度	+10,0	用钢尺量测
4	吊环	中心线位置	3	用钢尺量测纵横向两个方向的中心线位置,取其中较大值
		外露长度	0,−5	用钢尺量测
5	预埋螺栓	中心线位置	2	用钢尺量测纵横向两个方向的中心线位置,取其中较大值
		外露长度	+5,0	用钢尺量测
6	预埋螺母	中心线位置	2	用钢尺量测纵横向两个方向的中心线位置,取其中较大值
		平面高差	±1	钢直尺和塞尺检查
7	预留洞	中心线位置	3	用钢尺量测纵横向两个方向的中心线位置,取其中较大值
		尺寸	+3,0	用钢尺量测纵横向两个方向的尺寸,取其中较大值
8	灌浆套筒及连接钢筋	灌浆套筒中心线位置	1	用钢尺量测纵横向两个方向的中心线位置,取其中较大值
		连接钢筋中心线位置	1	用钢尺量测纵横向两个方向的中心线位置,取其中较大值
		连接钢筋外露长度	±5,0	用钢尺量测

（1）构件钢筋插入灌浆套筒的锚固长度，应符合灌浆套筒参数要求。

（2）混凝土构件中灌浆套筒的净距不应小于25mm。

（3）混凝土构件的灌浆套筒长度范围内，预制混凝土柱箍筋的混凝土保护层厚度不应小于20mm，预制混凝土墙最外层钢筋的混凝土保护层厚度不应小于15mm。

2）纤维增强塑料连接件（FRP）安装质量检验。

（1）FRP连接件布置形式和间距，严格按FRP连接件设计图进行安装。

（2）FRP连接件插入混凝土的锚固长度 a_1、a_2，保护层厚度 b_1、b_2，要保证最小锚固长度，确保混凝土与连接件间的有效握裹力。

233

3）钢制拉接件安装质量检验。

（1）钢制拉结件安装质量检验应包括下列内容：

钢制拉结件的规格、数量、位置；钢制拉结件的安装方向、锚固及固定方式；钢制拉结件锚筋的规格、数量、位置、弯折角度、长度；钢制拉结件与保温板间缝隙的处理。

（2）钢制拉结件的规格和数量应符合设计要求。

检查数量：全数检查。检验方法：观察，尺量。

（3）钢制拉结件的安装方向、锚固及固定方式应符合设计及安装要求。

检查数量：全数检查。检验方法：观察。

（4）钢制拉结件锚筋的规格、数量、位置应符合设计及安装要求。

检查数量：全数检查。检验方法：观察，尺量。

（5）钢制拉结件与保温板间缝隙的处理方式及质量应符合设计及安装要求。

检查数量：全数检查。检验方法：观察。

（6）钢制拉结件安装的尺寸允许偏差应符合表 6.2-9 的规定。

检查数量：在每个夹心外墙板内，对支承拉结件，应全数检查；对限位拉结件，应抽查 10%，且不应少于 3 件。检验方法：均为尺量。

拉结件安装的尺寸允许偏差   表 6.2-9

项目			允许偏差（mm）
锚固深度	板式、夹式、针式拉结件	外叶墙板内	±2
		内叶墙板内	−2
	桁架式拉结件		+5，−2
保护层厚度			±2，且不应小于 5
中心线位置			20
针式拉结件开口端宽度			±10
拉结件垂直度			5°
锚筋	外伸长度		±10
	弯折角度		±5°

6.2.5　装饰装修材料检查与验收

墙板外装饰面砖检查，构件外装饰允许偏差见表 6.2-10。

构件外装饰允许偏差   表 6.2-10

外装饰种类	项目	允许偏差（mm）	检验方法
通用	表面平整度	2	2m 靠尺或塞尺检查
石材和面砖	阳角方正	2	用托线板检查
	上口平直	2	拉通线用钢尺检查
	接缝平直	3	用钢尺或塞尺检查
	接缝深度	±5	
	接缝宽度	±2	用钢尺检查

注：当采用计数检验时，除有专门要求外，合格点率应达到 80% 及以上，且不得有严重缺陷，可以评定为合格。

6.2.6 门窗框安装检查与验收

门窗框安装允许偏差和检验方法见表6.2-11。

门窗框安装允许偏差和检验方法　　　　　　表6.2-11

项目		允许偏差（mm）	检验方法
锚固角片	中心线位置	5	用钢角尺量测
	外露长度	+5,0	用钢角尺量测
门窗框位置		2	用钢角尺量测
门窗框高、宽		±2	用钢角尺量测
门窗框对角线		±2	用钢角尺量测
门窗框平整度		2	靠尺和金属塞尺量测

6.3 构件成品检查验收与修补

PC构件生产完成后进行成品检查验收，对不能满足观感要求的部位可进行适当修补。

6.3.1 构件成品检查验收

PC构件拆模完成后，应及时对预制构件的外观质量、外观尺寸、预留钢筋、连接套筒、预埋件和预留孔洞的位置，进行检查验收（表6.3-1～表6.3-3）。

预制墙板类构件外形尺寸允许偏差及检验方法　　　　表6.3-1

项次	项目			允许偏差（mm）	检验方法
1	规格尺寸	高度		±4	钢尺量两端、中间部,取其中偏差绝对值较大值
2		宽度		±4	钢尺量两端、中间部,取其中偏差绝对值较大值
3		厚度		±3	用尺量板四角和四边中部位置共8处,取其中偏差绝对值较大值
4		对角线差		5	在构件表面,用钢尺量两对角线的长度,取其绝对值的差值
5	外形	表面平整度	内表面	4	用2m靠尺安放在构件表面上,用楔形塞尺测量尺与表面之间最大缝隙
			外表面	3	
6		侧向弯曲		$L/1000$ 且≤20	拉线、钢尺量最大弯曲处
7		翘曲		$L/1000$	四对角拉两条线,量测两线交点之间的距离,其值的2倍为扭翘值

235

项次	项目			允许偏差（mm）	检验方法
8	预埋件	预埋钢板	中心线位置偏差	5	用钢尺量测纵横两个方向的中心线位置，取其中较大值
			平面高差	0，−5	用尺紧靠在预埋件上，用楔形塞尺测量预埋件平面与混凝土面的最大缝隙
9	预埋件	预埋螺栓	中心线位置偏差	2	用钢尺量测纵横两个方向的中心线位置，取其中较大值
			外露长度	+10，−5	用尺量
10		预埋套筒、螺母	中心线位置偏差	2	用钢尺量测纵横两个方向的中心线位置，取其中较大值
			平面高差	0，−5	用尺紧靠在预埋件上，用楔形塞尺测量预埋件平面与混凝土面的最大缝隙
11	预留孔		中心线位置偏移	5	用钢尺量测纵横两个方向的中心线位置，取其绝对值的差值
			孔尺寸	±5	用钢尺量测纵横两个方向尺寸，取其最大值
12	预留洞		中心线位置偏移	5	用钢尺量测纵横两个方向的中心线位置，取其中较大值
			洞口尺寸、深度	±5	用钢尺量测纵横两个方向尺寸，取其最大值
13	预留插筋		中心线位置偏移	3	用钢尺量测纵横两个方向的中心线位置，取其中较大值
			外露长度	±5	用尺量
14	吊环、木砖		中心线位置偏移	10	用钢尺量测纵横两个方向的中心线位置，取其中较大值
			留出高度	0，−10	用尺量
15	键槽		中心线位置偏差	5	用钢尺量测纵横两个方向的中心线位置，取其中较大值
			长度、宽度	±5	用尺量
			深度	±5	用尺量
16	灌浆套筒及连接钢筋		灌浆套筒中心线位置	2	用钢尺量测纵横向两个方向的中心线位置，取其中较大值
			连接钢筋中心线位置	2	用钢尺量测纵横向两个方向的中心线位置，取其中较大值
			连接钢筋外露长度	+10，0	用钢尺量测

预制楼板类构件外形尺寸允许偏差及检验方法　　　　表 6.3-2

项次	项目			允许偏差（mm）	检验方法
1	规格尺寸	长度	＜12m	±5	钢尺量两端、中间部，取其中偏差绝对值较大值
			≥12m 且＜18m	±10	
			≥18m	±20	
2		宽度		±5	钢尺量两端、中间部，取其中偏差绝对值较大值
3		厚度		±5	用尺量板四角和四边中部位置共 8 处，取其中偏差绝对值较大值
4	外形	对角线差		6	在构件表面，用钢尺量两对角线的长度，取其绝对值的差值
5		表面平整度	内表面	4	2m 靠尺和塞尺检查
			外表面	3	
6		侧向弯曲		$L/750$ 且≤20mm	拉线、钢尺量最大侧向弯曲处
7		翘曲		$L/750$	四对角拉两直线，量测两线交点之间的距离，其值的 2 倍为扭翘值
8	预埋件	预埋钢板	中心线位置偏差	5	用钢尺量测纵横两个方向的中心线位置，取其中较大值
			平面高差	0，−5	用尺紧靠在预埋件上，用楔形塞尺测量预埋件平面与混凝土面的最大缝隙
9		预埋螺栓	中心线位置偏差	2	用钢尺量测纵横两个方向的中心线位置，取其中较大值
			外露长度	+10，−5	用尺量
10		预埋线盒、电盒	在构件平面的水平方向中心线位置偏差	10	用钢尺量测纵横两个方向的中心线位置，取其中较大值
			在构件表面混凝土高差	0，−5	用尺量
11	预留孔	中心线位置偏移		5	用钢尺量测纵横两个方向的中心线位置，取其绝对值的差值
		孔尺寸		±5	用钢尺量测纵横两个方向尺寸，取其最大值
12	预留洞	中心线位置偏移		10	用钢尺量测纵横两个方向的中心线位置，取其绝对值的差值
		洞口尺寸、深度		±10	用钢尺量测纵横两个方向尺寸，取其最大值
13	预留插筋	中心线位置偏移		3	用钢尺量测纵横两个方向的中心线位置，取其绝对值的差值
		外露长度		±5	用尺量

续表

项次	项目		允许偏差 （mm）	检验方法
14	吊环、 木砖	中心线位置偏移	10	用钢尺量测纵横两个方向的中心线位置，取其中较大值
		留出高度	0，−10	用尺量
15	桁架钢筋高度		±5，0	用尺量

注：L 为构件长度（mm）。

预制梁柱桁架类构件外形尺寸允许偏差及检验方法　　　　表 6.3-3

项次	项目			允许偏差 （mm）	检验方法
1	规格 尺寸	长度	<12m	±5	钢尺量两端、中间部，取其中偏差绝对值较大值
			≥12m 且<18m	±10	
			≥18m	±20	
2		宽度		±5	钢尺量两端、中间部，取其中偏差绝对值较大值
3		厚度		±5	用尺量板四角和四边中部位置共 8 处，取其中偏差绝对值较大值
4	表面平整度			4	用 2m 靠尺安放在构件表面上，用楔形塞尺测量尺与表面之间最大缝隙
5	侧向弯曲	梁柱		$L/750$ 且≤20	拉线、钢尺量最大弯曲处
		桁架		$L/1000$ 且≤20	
6	预埋件	预埋 钢板	中心线位置偏差	5	用钢尺量测纵横两个方向的中心线位置，取其中较大值
			平面高差	0，−5	用尺紧靠在预埋件上，用楔形塞尺测量预埋件平面与混凝土面的最大缝隙
7		预埋 螺栓	中心线位置偏差	2	用钢尺量测纵横两个方向的中心线位置，取其中较大值
			外露长度	+10，−5	用尺量
11	预留孔	中心线位置偏移		5	用钢尺量测纵横两个方向的中心线位置，取其最大值
		孔尺寸		±5	用钢尺量测纵横两个方向尺寸，取其最大值
12	预留洞	中心线位置偏移		5	用钢尺量测纵横两个方向的中心线位置，取其中较大值
		洞口尺寸、深度		±5	用钢尺量测纵横两个方向尺寸，取其最大值

项次	项目		允许偏差（mm）	检验方法
13	预留插筋	中心线位置偏移	3	用钢尺量测纵横两个方向的中心线位置，取其中较大值
		外露长度	±5	用尺量
14	吊环、木砖	中心线位置偏移	10	用钢尺量测纵横两个方向的中心线位置，取其中较大值
		留出高度	0，−10	用尺量
15	键槽	中心线位置偏差	5	用钢尺量测纵横两个方向的中心线位置，取其中较大值
		长度、宽度	±5	用尺量
		深度	±5	用尺量
16	灌浆套筒及连接钢筋	灌浆套筒中心线位置	2	用钢尺量测纵横向两个方向的中心线位置，取其中较大值
		连接钢筋中心线位置	2	用钢尺量测纵横向两个方向的中心线位置，取其中较大值
		连接钢筋外露长度	+10,0	用钢尺量测

6.3.2　构件成品缺陷修补

1. 当检查构件，发现构件表面有破损、气泡和裂缝，但并不影响构件的结构性能和使用时，要及时进行修复并做好记录。

根据构件缺陷程度的不同，分别采用不低于混凝土设计强度的专用浆料、环氧树脂、专用防水浆料等进行修补。构件成品缺陷修补方案及检测方法见表 6.3-4。

成品缺陷修补表　　　　　　　　　　　　　　　表 6.3-4

项　　目	缺陷描述	处理方案	检验方法
破损	1. 影响结构性能且不能恢复的破损	废弃	目测
	2. 影响钢筋、连接件、预埋件锚固的破损	废弃	目测
	3. 上述1、2以外的，破损长度超过20mm	修补	目测、卡尺测量
	4. 上述1、2以外，破损长度超过20mm以下	现场修补	—
裂缝	1. 影响结构性能且不可恢复的裂缝	废弃	目测
	2. 影响钢筋、连接件、预埋件锚固的裂缝	废弃	目测
	3. 裂缝宽度大于0.3mm且裂缝长度超过300mm	废弃	目测、卡尺测量
	4. 上述1、2、3以外的，裂缝宽度不超过0.2mm	修补	目测、卡尺测量

2. 构件成品缺陷原因分析、修补方法

以裂缝、气泡和缺角掉边三种常见的质量缺陷为例，分析缺陷产生的原因，制定防治措施和修补方法。

1) 缺陷形成原因分析

（1）裂缝

水泥、碎石、砂子等原材料不合格，如对碎石或机制砂进行亚甲蓝值检测时，检测值超标，表示石粉或土含量过高；混凝土施工配合比不当，水灰比过大；混凝土浇筑后，浮浆过多，混凝土表层收缩过大，产生裂缝；过早抹面，混凝土初凝产生收缩裂缝；PC构件强度未达到规定值或脱模进行吊运时，构件受力不均衡或应力集中；养护过程中，构件内外温差过大，养护温度升降过快或养护过程中，失水过快，造成干裂。

（2）气泡

外加剂不合格，掺加外加剂过量；粗细骨料及水在拌合时的计量不准，造成砂浆少、石子多；混凝土的搅拌时间不足，未充分均匀拌合，混凝土和易性差；混凝土振捣时间不足，振捣方式和部位有误，有漏振现象。

（3）缺角掉边

水泥中混合材料的掺量大于检测标准；混凝土强度未达到要求，提前拆模；脱模或吊运中，收到碰撞或挤压。

2) 缺陷预防措施

（1）裂缝

严格对砂石料、水泥、外加剂等原材料，进行检验检测，发现亚甲蓝值超标等问题及时报告，采取冲洗砂石料或直接弃用旧料，采用合格新料等措施。严格按照混凝土施工配合比和技术交底书拌制混凝土，严控混凝土水灰比；在构件脱模及吊运过程中，采用合适的吊具和辅助工装，避免U形和悬挑PC构件受力不均和应力集中。如图6.3-1、6.3-2所示。在PC构件设计阶段，改善构件外形，尽量避免悬挑等结构形式；加强孔洞拐角处钢筋布置、选择合适孔洞位置和方向；抹平后，初凝时再二次抹面，消除混凝土凝固时，产生收缩裂缝；楼梯和墙板外露面二次抹面，叠合楼板完成抹面和拉毛后，覆盖塑料薄膜养护；PC构件养护过程中，养护温度、湿度、升降温速度符合标准规范要求。

图 6.3-1　U 形构件加固　　　　图 6.3-2　悬挑构件加固

240

（2）气泡

严格对水泥、外加剂等原材料，进行检验检测，发现问题及时报告解决；混凝土拌合计量准确，配料机称量误差满足规范要求；严格确保混凝土搅拌时间，确保混凝土搅拌均匀；保证混凝土的振捣时间，对振动台操作工严格要求；定期检查振捣台下部振动器的状况，防止振捣不均；严格要求振捣工，严格要求振捣时间和点位，不得出现漏振；振捣棒要沿模板与构件接触处的内测，进行振捣，直至混凝土停止下沉、不冒气泡、表面泛浆。

（3）缺角掉边

加强对水泥、外加剂等原材料的检测，发现问题及时报告解决；在 PC 构件强度，达到规范要求后，进行拆模吊装；拆模时，严格按照安装模具时的逆顺序进行；吊运 PC 构件，要避免碰撞。

3）缺陷的修补流程、工具和材料、方法

（1）修补流程

① 首先，由车间质检员现场检查 PC 构件，研判缺陷类型，制定修补方案，对需修补构件进行标识。裂缝不得为非贯穿性裂缝，且裂缝宽度不得超过 0.2mm。缺陷未经处理不得出场。对于裂缝、孔洞等缺陷量测值超标等严重缺陷，要对 PC 构件进行报废处理。填写不合格报告并存档。

② 清理构件基部，剔除残渣，露出强度合格混凝土，并冲洗润湿。拌制修补材料（强度等级与构件混凝土相同），利用专用工具，逐层进行修补。

③ 待修补料凝固后，对修补部位进行定期养护，至满足强度要求。

在车间内进行修补，防止温差过大。

④ 质检人员全程跟踪监督，并按评定标准对修补质量进行记录评定。

（2）修补工具和修补材料

修补工具主要有凿子、锤子、抹刀、刷子、空压机、注浆机、冲击钻、水钻、角磨机、海绵、细砂纸、覆盖薄膜等。

对于裂缝和气泡，修补材料采用丁二烯和苯乙烯共聚物乳液与水泥混合组成粘结水泥浆。粘结水泥浆的粘结强度高，凝结时间快，耐久性好，无毒，对钢筋无锈蚀。

对于缺棱掉角，修补材料采用同强度细石混凝土或高强度砂浆。

（3）修补方法

① 裂缝

对构件裂缝附近混凝土表面进行预处理，铲除表面浮浆、浮灰、油渍等。用尼龙刷子修补砂浆，采用圆形涂刷法，均匀地涂刷修补表面，控制涂层的厚度。涂刷后 2～4h 后养护不少于 2d，并覆盖保湿。

② 气泡

先铲除气泡附近混凝土表面的浮浆、浮灰、油渍等，用空压机吹干净。用刷子蘸水充分浸透孔隙，再用水泥砂浆逐层填补，并略凸出基层。干燥后，用细砂纸打磨掉修补面凸出部分，使修补部位与基层面平齐。

③ 缺棱掉角

凿除疏松部位松动的石子，用水冲洗干净。必要时，将修补部位凿毛，再用水浸润基层。用水泥砂浆涂刷修补表层，支模修补。修补后，保湿养护不少于 7d。修补部位达到一定强度并干燥后，用细砂纸打磨修补面，使修补面与基层面平齐，棱角保持一致。

3. 构件缺陷修补注意事项

1）构件修补材料应和基材相匹配，主要考虑颜色、强度、粘结力等因素。

2）修补的表观效果应和基材不要有大的差异，可进行适当的打磨。

3）修补应在构件脱模检查，确定修复方案后立即进行，周围环境温度不要过高，最好在30℃以下时进行。

6.4 构件生产及交付资料

6.4.1 构件生产资料

PC构件的资料应与构件生产同步形成、收集、汇总和整理。

归档资料，包括但不限于以下内容：

（1）预制混凝土构件加工合同。

（2）预制混凝土构件设计文件、设计洽商、加工图纸、变更或交底文件。

（3）生产方案和质量计划等文件。

（4）原材料质量证明文件、复试试验记录和试验报告。

（5）混凝土试配资料。

（6）混凝土配合比通知单。

（7）混凝土开盘鉴定。

（8）混凝土强度报告。

（9）钢筋检验资料、钢筋接头的试验报告。

（10）模具检验资料。

（11）预应力施工记录。

（12）混凝土浇筑记录。

（13）混凝土养护记录。

（14）构件检验记录。

（15）构件性能检测报告。

（16）构件出厂合格证。

（17）质量事故分析和处理资料。

（18）其他与预制混凝土构件生产和质量有关的重要文件资料。

6.4.2 构件交付资料

PC构件交付的产品质量证明文件，包括但不限于以下内容：

（1）出厂合格证。

（2）混凝土强度检验报告。

（3）钢筋套筒等其他构件钢筋连接类型的工艺检验报告。

（4）合同要求的其他质量证明文件。

6.5　思考与练习

一、填空题

1. PC 工厂应建立_____和_____，取得第三方的认证，并应确保质量保证体系有效运行。

2. 预制构件混凝土强度等级不宜低于_____；预应力混凝土构件的混凝土强度等级不宜低于_____，且不应低于_____。

3. 预制混凝土构件中，灌浆套筒的净距不应小于_____。

4. 预制混凝土构件缺棱掉角、棱角不直、翘曲不平、飞边凸肋等现象，统称为_____。

二、单选题

1. 预制构件模具的对角线尺寸偏差应使用钢尺丈量，其尺寸偏差限值为（　　）。

A. 2mm
B. 3mm
C. 4mm
D. 5mm

2. 预制构件模具组装侧模高差应使用钢尺两边测量取平均值，侧模高差限值为（　　）。

A. 2mm
B. 3mm
C. 4mm
D. 5mm

3. 预制构件钢筋桁架的扭翘允许偏差限值为（　　）。

A. 2mm
B. 3mm
C. 4mm
D. 5mm

4. 预制墙板类构件预留孔洞的中心线位置偏移允许偏差限值为（　　）。

A. 2mm
B. 3mm
C. 4mm
D. 5mm

三、简答题

预制混凝土构件交付的产品质量证明文件应包括哪些内容？

6.5 思考与练习答案

Chapter 07

教学单元7
安全生产与管理

教学目标

1. 了解 PC 工厂安全生产组织架构。
2. 理解 PC 工厂各岗位安全生产岗位职责。
3. 掌握安全生产管理规定。
4. 掌握安全生产培训内容与形式。
5. 了解安全生产检查形式和内容。
6. 掌握生产设备安全操作技术要求。

育人目标

1. 树立学生安全生产意识，培养学生对生产安全的敬畏之心。
2. 培养学生勤学善学的积极态度，以及遵章守纪的工作作风。
3. 培养学生对 PC 工厂工作岗位的向往和认可。

思维导图

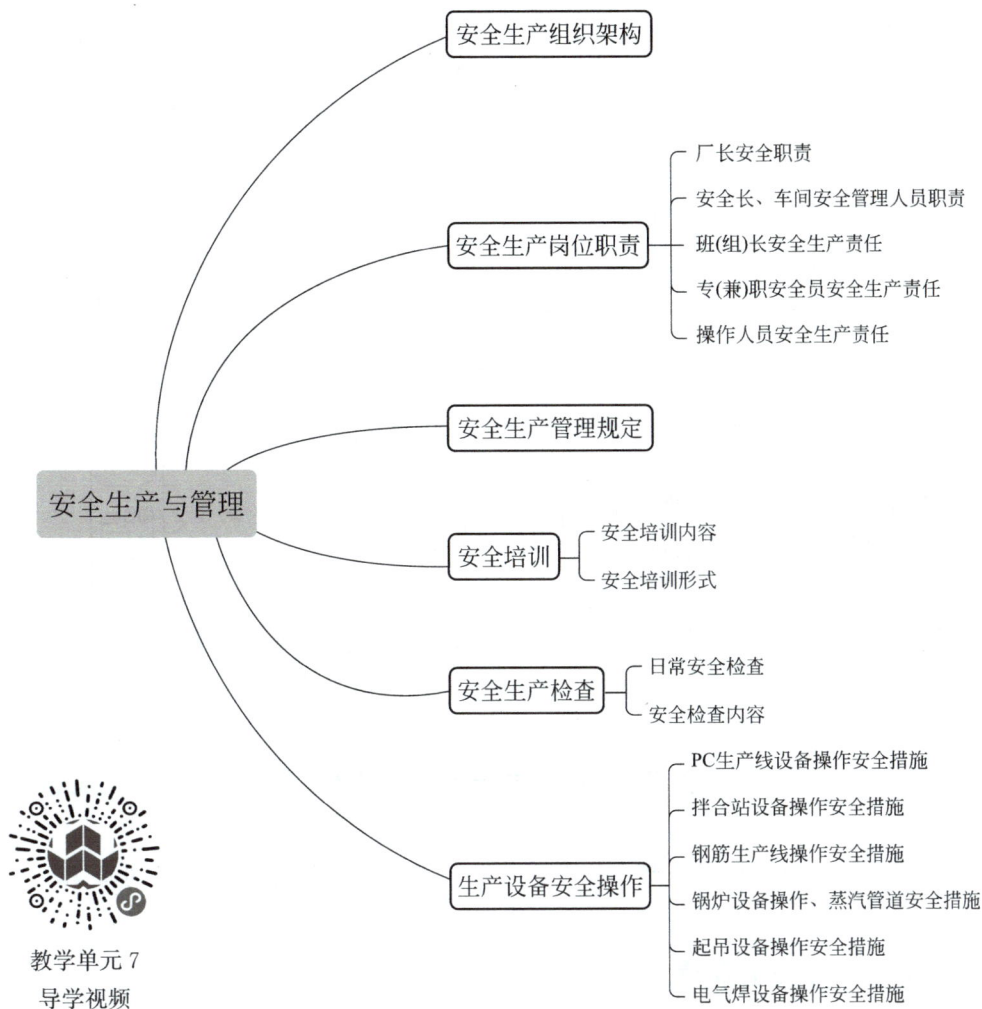

教学单元 7
导学视频

7.1　安全生产组织架构

PC 工厂管理层设立安全生产委员会（简称安委会），由工厂第一负责人担任安委会主任，其成员由企业管理人员及有关职能部门组成，安委会全面负责工厂的安全管理工作。车间设立安全生产领导小组，车间主任担任安全生产领导小组组长。具体组织架构如图 7.1-1 所示。

PC 工厂的安全管理人员的配备数量应符合《建筑施工企业安全生产管理机构设置及专职安全生产管理人员配备办法》（建质〔2008〕91 号）以及各地方主管部门相关要求。

安全生产管理人员要具备胜任 PC 构件安全生产工作的能力，并经有关主管部门的安全生产知识和管理能力考核合格，持有上岗证。

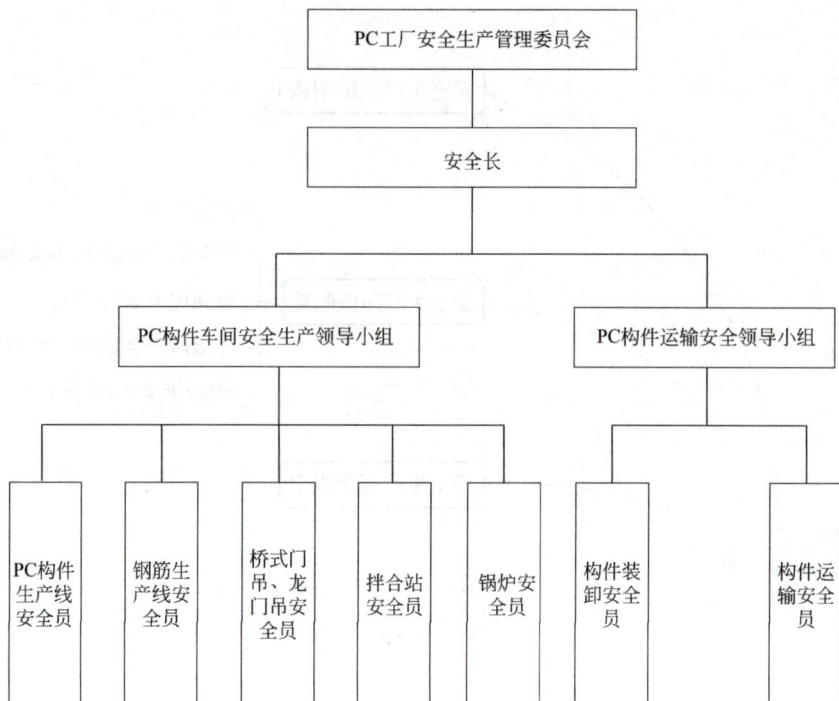

图 7.1-1　PC 工厂安全生产组织架构

7.2　安全生产岗位职责

PC 工厂实行安全生产责任制，各级管理层、各部门及作业人员应各司其职，各负其责。

7.2.1　厂长安全职责

厂长是 PC 工厂安全生产的主要责任人，对本单位的安全生产，依法负有下列职责：

（1）建立、健全工厂安全生产责任制，组织制定并督促工厂安全生产管理制度和安全操作规程的落实。

（2）依法设置工厂安全生产管理机构，确定符合条件的分管安全生产负责人和技术负责人，并配备安全生产管理员。

（3）定期研究布置工厂安全生产工作，接受上级对构件安全生产工作的监督。

（4）督促、检查工厂中 PC 生产线、钢筋生产线、拌合站的安全生产工作，及时消除生产安全事故隐患。

（5）组织开展与构件生产预制有关的一系列安全生产教育培训、安全文化建设和班组安全建设工作。

（6）依法开展工厂安全生产标准化建设、检查、整改、取证工作。

（7）组织实施防治电焊工尘肺病、电光性皮炎、电光性眼炎、锰中毒和金属烟热，预防噪声性耳聋等职业病防治工作，保障车间内从业人员的职业健康安全。

（8）组织制定并实施用电、用气、锅炉蒸汽、机械设备使用等安全事故应急救援预案。

（9）及时、如实报告事故，组织事故抢救。

7.2.2　安全长、车间安全管理人员职责

工厂安全长、车间安全管理人员按照分工抓好主管范围内的安全生产工作，对主管范围内的安全生产工作负领导责任。

（1）认真学习贯彻《安全生产法》《建设工程安全生产管理条例》和《劳动合同法》及相关安全法规、标准和规章制度，熟悉 PC 生产线、钢筋加工生产线的生产安全操作规程等强制性条款，负责拟订相关安全规章制度、安全防护措施、应急预案等。

（2）掌握 PC 构件预制生产工艺中相关专业知识和安全生产技术，监督相关安全规章制度的实施，参与相关应急预案的制订和审核。

（3）组织 PC 工厂内构件生产、运输、储藏，钢筋加工，混凝土拌合运输，锅炉管理、蒸汽使用人员的安全教育培训、安全技术交底等工作。

根据生产进展情况，对 PC 生产线和钢筋加工生产设备，起重工具、运输机械、混凝土拌合设备、锅炉蒸汽管道的安全装置、车间内的作业环境等进行安全大检查。

（4）负责厂区内 PC 生产线、钢筋加工生产线、锅炉房、拌合站、堆场龙门吊、配电房等危险部位和危险源安全警示标志的设置，参与文明车间达标创建的实施管理。

（5）建立构件安全生产台账并管理各类安全文件、资料档案。

（6）保持工厂安全管理体系和安全信息系统的有效运行，制定工厂施工生产安全事故应急预案并组织演练。

7.2.3　班（组）长安全生产责任

PC 工厂内的 PC 构件生产预制、构件运输、钢筋加工、混凝土拌合班组长，承担各自工作范围内的安全生产职责。

（1）带领本班（组）作业人员认真落实上级的各项安全生产规章制度，严格执行安全生产规范和操作规程，遵守劳动纪律，制止"三违"（即违章指挥、违章作业、违反操作规程）行为。

（2）服从车间和工厂管理层的领导和安全管理人员的监督检查，确保安全生产。

（3）认真坚持"三工"（即工前交代、工中检查、工后讲评）制度，积极开展班（组）安全生产活动，做好班（组）安全活动记录和交接班记录。

（4）配备兼职安全员，组织在岗员工的安全教育和操作规程学习，做好新工人的岗位教育，检查班组人员正确使用个人劳动防护用品，不断提高个人自我保护能力。

（5）经常检查班组作业现场安全生产状况，维护安全防护设施，发现问题及时解决并上报有关车间主任和相关负责人。

（6）发生人身伤亡事故要立即组织抢救，保护好现场，并立即向上级报告事故情况。

（7）对因违章作业、盲目蛮干而造成的人身伤亡事故和经济损失负直接责任。

7.2.4　专（兼）职安全员安全生产责任

（1）专（兼）职安全员在班组长的领导下进行具体的安全管理工作。

（2）协助班组长落实安全生产规章制度与防护措施，并经常监督检查，抓好落实工作。

（3）及时发现和制止"三违"行为，纠正和消除人、机、物及环境方面存在的不安全因素。

（4）及时排除危及人员和设备的险情，突遇重大险情时有权停止施工，并及时向上级管理者报告。

（5）专（兼）职安全员必须持有有关部门颁发的安全员证，上岗时必须佩带标识。

（6）对因工作失职而造成的伤亡事故承担责任。

7.2.5　操作人员安全生产责任

（1）在班（组）长的领导下学习所从事工作的安全技术知识，不断提高安全操作技能。

（2）自觉遵守 PC 生产线、钢筋加工线、锅炉、拌合站、配电房的安全生产规章制度和操作规程，按规定佩戴劳动防护用品。在工作中做到"不伤害他人，不伤害自己，不被他人伤害"，同时有劝阻止他人违章作业。

（3）从事特种作业的人员要参加专业培训，掌握本岗位操作技能，取得特种作业资格后持证上岗。

（4）对生产现场不具备安全生产条件的，操作人员有义务、有责任建议改进。对违章指挥、强令冒险行为，有权拒绝执行。对危害人身生命安全和身体健康的生产行为，有权越级检举和报告。

（5）参与识别和控制与工作岗位相关的危险源，严守操作规程，做好各项记录，交接班时必须交接安全生产情况。

（6）对因违章操作、盲目蛮干或不听指挥而造成他人人身伤害事故和经济损失的，承担直接责任。

（7）正确分析、判断和处理各种事故隐患，把事故消灭在萌芽状态。如发生事故，要正确处理，及时、如实报告，并保护现场，作好详细记录。

7.3　安全生产管理规定

为了加强 PC 工厂的安全生产工作，保障员工的人身安全，确保构件正常生产。依据国家和地方有关部门文件的规定，制订构件安全生产的相关规定。

（1）工厂各部门必须建立健全各自的安全生产的各项制度和操作规程。

（2）对工厂员工必须进行生产安全教育，并填写教育记录存档。车间员工上岗前，必须对员工进行安全操作培训，经考试合格后才可独立操作。

（3）工厂为从事预制生产作业的人员提供必要的安全条件和防护用品，并购买人身保险。

（4）操作人员有权拒绝执行管理人员的违章指挥和强令冒险作业的工作指令。

（5）生产人员必须严格遵守操作规程进行作业生产。

（6）设备安全防护装置必须始终处于正常工作状况，任何人不得拆除设备安全防护装置。设备安全防护装置不能正常工作时，不准开机运行。

（7）禁止在生产车间内、办公楼和宿舍楼内乱拉电线、乱接电器设备。非专业人员严禁从事排拉电线、安装和检修电器设备工作。发生用电故障时，必须由电工进行修理，并认真执行设备检修期间的停送电规定。

（8）严禁无证人员从事电、气焊接，锅炉，生产线压力容器以及厂内车辆的驾驶等工作。

（9）生产车辆严格按照划定的车辆行驶路线和指示标识，在厂区和车间内行驶和停放。不得超速和越界行驶，严禁酒后驾驶。

非生产车辆进入厂区后，严格按照厂区内划定的车辆行驶路线和指示标识行驶和停放。不得进入生产车间，不得超速和越界行驶。

（10）在工厂指定的地点吸烟。严禁在车间工作区域吸烟，特别是有易燃易爆品的区域。

7.4　安全培训

安全知识教育主要从 PC 工厂基本生产概况、生产预制工艺方法、危险区、危险源及各类不安全因素和有关安全生产防护的基本知识着手，进行安全技能教育。

结合工厂内和车间中各专业的特点，实施安全操作、规范操作技能培训，使受培训的人员能够熟悉掌握本工种安全操作技术。

在开展安全教育活动中，结合典型的事故案例进行教育。事故案例教育可以使员工从所从事的具体事故中吸取教训，预防类似事故的发生。

案例教育可以激发工厂员工自觉遵纪守法，杜绝各类违章指挥、违章作业的行为。

7.4.1　安全培训内容

1. 进工厂的新员工必须经过工厂、车间、班组的三级安全教育，考试合格后上岗。

2. 员工变换工种，必须进行新工种的安全技术培训教育后方可上岗。

3. 根据工人技术水平和所从事生产活动的危险程度、工作难易程度，确定安全教育的方式和时间。

4. 特殊工种必须经过当地安监局、技术监督局的安全教育培训，考试合格后持证上岗。

5. 每年至少安排二次安全轮训，目的是不断提高 PC 工厂安全管理人员的安全意识和技术素质。

6. PC 工厂具体安全培训内容

1）PC 构件生产线生产安全（模台运行、清扫机、画线机、振动台、赶平机、抹光机等设备安全）、钢筋加工线安全、拌合站生产安全、桥式门吊和龙门吊吊运安全、地面车辆运行安全、用电安全、构件养护和冬季取暖锅炉管道安全等。

其中 PC 构件生产线生产安全包含模台运行安全；清扫机、画线机、布料机、混凝土输送罐、振动台、赶平机、拉毛机、抹光机等设备的使用安全；码垛机的装卸安全；翻板机的负载工作安全；各类辅助件安全（扁担梁、接驳器、钢丝绳、吊带、构件支架等）。

堆场龙门吊安全管理中除了吊运安全以外，还要防止龙门吊溜跑事故。在每日下班前，一定实施龙门吊的手动制动锁定，并穿上铁鞋进行制动双保险后，方可离开。

2）PC 构件安全：就是要按照技术规范要求起运、堆放 PC 构件。要进行构件吊点位置和扁担梁的受力计算、构件强度达到要求后方可起吊。正确选择堆放构件时垫木的位置，多层构件叠放时不得超过规范要求的层数与件数等。

3）生产车间、办公楼与宿舍楼消防安全管理：主要是指用电安全、防火安全。依据《中华人民共和国消防法》《建设工程质量管理条例》《建设工程消防监督管理规定》（公安部第 106 号令）中的消防标准进行土建施工，合法合理地布置安装室外消防供水、室内消防供水系统、自动喷淋系统、消防报警控制系统、消防供电、应急照明及安全疏散指示标志灯、防排烟系统，满足公安机关消防验收机构的验收要求。

7. 厂区交通安全规定

1）允许进出厂区的机动车辆

（1）砂石料、水泥、钢筋等物资原材料的送货车辆。

（2）PC 构件提货、送货车辆。

（3）生产设备检修维修车辆。

（4）生活与生产垃圾清运车辆。

（5）消防、救护车辆。

（6）其他经工厂办公室批准可以进入厂区的车辆。

凡要进入厂区的机动车辆，必须有行驶证、车牌号。驾驶员必须随身携带驾驶证，经工厂办公室登记备案，签订安全协议并进行安全交底后方可准许进入厂区。

2）车辆的行驶

（1）进入工厂的送货、提货的运输车辆必须走物流门进出厂区，其他车辆走厂区大门进出。

（2）进入厂区的机动车辆凭《机动车辆入厂通行证》，在厂区内划定的路线内行驶，在规定的区域内停靠（图 7.4-1）。

（3）机动车辆靠右行驶，不争道、不抢行。厂区内行驶的机动车辆调头、转弯、通过交叉路口及大门口时应减速慢行，做到"一慢、二看、三通过"。

（4）让车与会车：载货运输车让小车和电车先行；大型车让小型车先行；空车让重车先行；消防、救护车等车辆进厂在执行任务时，其他车辆应迅速避让。

（5）工厂区内机动车的行驶速度：

机动车辆在厂区行驶速度不得超过 15km/h（图 7.4-2），冰雪雨水天气时行车速度不得超过 10km/h，进出厂区门、车间、砂石堆料仓、电子衡、构件堆场时的时速不得超过 5km/h。

3）车辆的停放

（1）厂区的内机动车辆必须停在车库或划定的停车位内。

（2）路口转弯处、路中央、车间门口、生产区域、堆场内不准停车，消防设备和消防栓前 2m 内不准停车。不得占用消防通道。

4）车辆的承载

（1）厂区内行驶的机动车辆，严禁人货混载，严禁超载。

（2）厂区所有机动车辆必须进行定期检查和日常维护保养，并建立台账。

5）驾驶人员管理

厂区内的各种机动车辆驾驶员都必须持有驾驶证，无驾驶证者不得驾驶车辆。

图 7.4-1　厂区交通标线

图 7.4-2　限速标志

（1）驾驶员要自觉遵守工厂交通规则和管理制度，按厂区交通标志行驶，服从工厂相关部门管理、监督和检查（图 7.4-3）。

（2）驾驶员应按照工厂规定参加安全学习，积极参加各种安全教育活动。

（3）不准驾驶机件失灵车辆和违章装载的车辆。

（4）驾驶中严禁吸烟、饮食、闲谈，不得私自将机动车交给其他人员驾驶。

（5）严禁酒后驾驶，驾驶员有权拒绝违章行车的指令。

7.4.2　安全培训形式

（1）安全教育、培训可以采取多种形式进行。如举办安全教育培训班，上安全课，举办安全知识讲座。既可以在车间内的实地讲解，也可走出去观摩学习其他安全生产模范单位的 PC 生产线的安全生产过程。

还可以请安全生产管理的专家、学者进行 PC 构件安全生产方面的授课，也可以请公安消防部门具体讲解消防安全的案例。

（2）在工厂内采取举办图片展、放映电视科教片、办黑板报、办墙报、张贴简报和通报、广播等各种形式，使安全教育活动更加形象生动，通俗易懂，使员工更容易理解和接受。

（3）采取闭卷书面考试、现场提问、现场操作等多种形式，对安全培训的效果进行考核。不及格者再次学习补考，合格者持证上岗。

7.5　安全生产检查

通过定期和不定期的安全检查，督促工厂各项安全规章制度的落实，及时发现并消除安全生产中存在的安全隐患，保障 PC 构件的安全生产。

为了加强安全生产管理，安全检查应覆盖 PC 工厂所有部门、生产车间、生产线。

7.5.1　日常安全检查

（1）PC 生产线和钢筋生产线的每个作业工班，是否严格执行班中的巡回检查和交接班检查，是否进行生产设备和工器具的检查。

生产线中设备的高压气泵、液压油位是否正常；操控室和设备上的各种仪表显示是否正常；翻板机液压系统是否漏油；码垛机的钢丝绳是否顺直，有无扭结现象，钢丝绳的断丝根数是否超限；配电柜的使用是否规范等。

（2）拌合站拌制混凝土过程中，是否有作业班次之间的交接班记录；拌合前有无对拌合锅、配料机、输送带的安全检查；拌合后清理拌合锅时，是否有人现场安全值班，并关闭主电源和锁闭操控室；夜间拌制混凝土时，封闭料仓内的照明是否满足装载机安全行驶要求。混凝土输送料斗的放料门闭合是否严密等。

（3）如在日常安全检查中发现事故隐患，要及时下发整改通知单，督促被检查车间和班组及时整改，消除安全隐患，确保工厂的安全生产。

（4）车间内各班组在生产前要进行安全隐患自查。

7.5.2 安全检查内容

（1）日常安全检查主要是检查工厂内用电、设备仪表、生产线运行、起重机吊运构件、车间内与室外的构件运输、设备操作规程等情况。

其次，还有人员持证上岗情况、各种安全设施和设备是否完善、安全标志标识的悬挂位置和是否齐全、劳动纪律、防火器具的摆放位置与有效期限、个人防护用品（具）的保管和使用等（图7.5-1）。

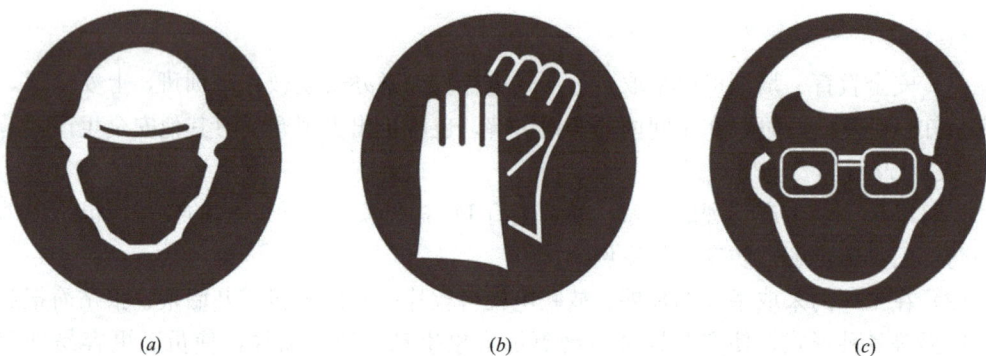

(a)   (b)   (c)

图7.5-1 个人防护用品
(a) 戴安全帽；(b) 戴防护手套；(c) 戴防护眼镜

（2）要根据季节特点，进行各有侧重的安全检查。例如春季多大风天气，要防火、防龙门吊溜跑脱轨。夏季酷热多雨，要防暑、防食物中毒、防汛、防雷击。秋季干燥多风，要防火、防静电、防龙门吊溜跑脱轨。冬季寒冷雨雪天气，要防蒸汽管道爆裂、防冻、防滑。

（3）专项安全检查：一般要进行安全用电、防火、防雷的安全检查。还要进行安全防护装置的安全检查。

（4）节假日的安全检查主要是对节日安全、保卫、消防、生产装置等进行安全检查。
要开展好工厂各项安全生产活动，抓好"安全月""安全周"等竞赛活动，使安全生产警钟长鸣，防患于未然。

（5）对在日常检查、季节检查、专项检查、节假日检查中发现的隐患，要立即开具

《事故隐患整改通知书》，并在规定的整改期限内整改，并对整改情况进行复查。

危及安全生产的严重隐患，要立即停工整改。安全隐患整改不彻底的，不得恢复生产。

7.6　生产设备安全操作

7.6.1　PC生产线设备操作安全措施

PC生产线翻板、清扫、喷涂、振捣等工位的作业和操作人员，必须经过设备安全操作规程的严格培训，考核合格后上岗。

电工、电焊、起重等操控人员需要取得特种作业证，方可上岗。

PC生产线翻板、清扫、喷涂、振捣等设备作业前，应检查设备各部件功能是否正常，线路连接是否可靠。

在距离设备安全距离外设隔离带，工作区与参观通道隔离，非工作人员不得进入工作区。

机器作业时不允许移除、打开或者松动任何保险丝、三角带和螺栓。

PC生产线的各设备在每天工作结束后要及时关闭电源，并定期维护和保养设备。

1. 翻板机

翻板机工作前，检查翻板机的操作指示灯、夹紧机构、限位传感器等安全装置工作是否正常。侧翻前务必保证夹紧机构和顶紧油缸将模台固定可靠。

翻板机工作过程中，侧翻区域严禁站人，严禁超载运行。

2. 清扫机

第一次操作前调节好辊刷与模台的相对位置，后续不能轻易改动。

作业时，注意不得将辊刷降至与模台的抱死状态，否则会使电机烧坏。

清扫机工作过程中，禁止触摸任何运动装置，如辊刷、链轮等传动件；禁止拆开覆盖件，或在覆盖件打开时，禁止启动清理机。

清理模台时，任何人不得站立于被清理的模台上。除操作人员外，工作时禁止闲人进入清扫机作业范围。

工作结束后关闭电源，定期清理料斗中的灰尘。

3. 隔离剂喷涂机

隔离剂喷涂机工作过程中，检查喷涂是否均匀。不均匀需及时调整喷头高度、喷射压力。调试设置好之后不得再更改触摸屏上的参数。

注意定期回收油槽中隔离剂，避免污染周边环境。

定期添加隔离剂，添加隔离剂前先释放油箱压力。

4. 混凝土输送机

作业人员进入作业现场，须穿戴好劳动保护。运转中遇有异常情况时，按急停按钮，先停机检查，排除故障后方可继续使用。

混凝土输送机工作过程中，严禁用手或工具伸入旋转筒中扒料、出料。禁止料斗超载。

人员在高空对设备进行维修或其他作业时，必须停止高空其他设备工作，谨防被其他设备撞伤。每班工作结束后关闭电源，清洗筒体。

5. 布料机

在布料机工作时，禁止打开筛网。作业时，严禁用手或工具伸入料斗中扒料、出料。禁止料斗违规超载；每班工作结束后关闭电源，清洗料斗。

6. 振动台

模台振动时，禁止人站在模台上工作，与振动体保持距离。

禁止在模台停稳之前启动振动电机，禁止在振动启动时进行除振动量调节之外的其他动作。

振动台工作时，作业人员和附近工人要佩戴耳塞等防护用品。做好听力安全防护，防止振动噪声，造成听力损伤。

必须严格按规定的先后顺序进行振动台操作。

7. 模台横移车

模台横移车负载运行时，前后严禁站人。运行轨道上有混凝土或其他杂物时，禁止横移车运行。除操作人员外，工作时禁止他人进入横移车作业范围。

两台横移车不同步时，需停机调整，禁止两台横移车在不同步情况下运行。

必须严格按规定的先后顺序进行操作。

8. 振动赶平机

振动板在下降的过程中，任何人员不得再在振动板下部作业。振动赶平机在升降过程中，操作人员不得将手放入连杆和固定杆之间的夹角中，避免夹伤。作业时，注意不得将振动赶平机作业杆降至与模台抱死的状态。

除操作人员外，工作时禁止闲人进入振动赶平机作业范围。

9. 预养护窑

检查预养窑的汽路和水路是否正常，连接是否可靠。

预养窑开关门动作与模台行进的动作是否实现互锁保护。预养护时，禁止闲杂人员进入设备作业范围，特别是前后进出口的位置。

10. 抹光机

开机前，检查升降焊接体与电动葫芦连接是否可靠。

作业前，检查抹盘连接是否牢固，避免旋转时圆盘飞出。

抹光作业时，禁止闲杂人员进入设备作业范围。

11. 立体养护窑

检查立体养护窑的汽路和水路是否正常。养护窑开关门动作与模台行进的动作是否实现互锁保护。检修时，请做好照明及安全防护，防止跌落。通过爬梯进入养护窑顶部检修堆垛机时要做好安全保护措施。

养护作业时，禁止闲杂人员靠近养护窑。

12. 堆垛机

堆垛机工作时，地面围栏范围内严禁站人，防止被撞和被压而发生人身安全事故。

操作机器前务必确保操作指示灯、限位传感器等安全装置工作正常。重点检查钢丝绳有无断丝、扭结、变形等安全隐患。在堆垛机顶部检修时，需做好安全防护，防止跌落。

严禁超载运行。

13. 中央控制系统

检查中央控制系统各部件功能、网络是否正常，连接是否可靠。

模台流转时，禁止闲杂人员进入作业范围内。

14. 拉毛机

严格按操作流程规定的先后顺序进行操作。拉毛机作业时，严禁用手或工具接触拉刀。工作前，先行调试拉刀下降装置。根据 PC 构件的厚度不同，设置不同的下降量，保证拉刀与混凝土面的合理角度。

禁止闲杂人员进入作业范围内。

15. 成品转运车

启动前，检查成品转运车各部件功能是否正常，连接是否可靠。

成品转运车工作时，严禁将工具伸入转运车轮子下面，禁止闲杂人员进入转运车作业范围内。

16. 模台运行

流水线工作时，操作人员禁止站在感应防撞导向轮导向方向进行操作；模台上和两个模台中间严禁站人。模台运行前，要先检验自动安全防护切断系统和感应防撞装置是否正常。

17. 导向轮、驱动轮

在流水线工作时，操作人员禁止站在导向轮、驱动轮导向方向进行操作。

勿让导向轮承受非操作范围内的应力，单个导向轮承受到的重量不能超过其承载能力。

驱动模台前检查驱动轮减速箱内是否有润滑油，模台行走时不得有其他外力助推。

每班次收工后，需清扫干净驱动轮上的污物。

18. 车间构件转运车

作业时，严禁将手或工具伸入转运车轮子下面。构件转运车的轨道或行进道路上不得有障碍物。除操作人员外，禁止他人在工作时间进入转运车作业范围内。

注意装载构件后的车辆高度，不得超出车间进出门的限高。

运输时应遵循不超载、不超速行驶等安全输运的要求。

7.6.2　拌合站设备操作安全措施

1. 作业前的检查

1）搅拌站的操作人员能看到拌合站所属各部位的工作情况，仪表、指示信号准确可靠，电动搅拌机的操纵台应垫上橡胶或干燥木板。

2）检查传动机构、工作装置、制动器是否牢固可靠。大齿圈、皮带轮等部位，设防护罩。

3）骨料规格应与搅拌机的拌合性能相符，超出许可范围的不得作业。

4）应定期向大齿圈、跑道等转动磨损部位加注润滑油（脂）。

5）正式作业前，先进行空车运转，检查搅拌筒或搅拌叶的转动方向，待各工作装置的操作制动正常后，方可作业。

2. 作业中注意事项

1）进料时，严禁将头或手伸入料斗与机架之间察看或探摸进料情况。运转中不得将手或工具伸入搅拌筒内扒料或出料。

2）输送料斗运行时，严禁在其下方工作或穿行。

3）向搅拌筒内加料应在运转中进行。添加新料必须先将搅拌机内原有的混凝土全部卸出后进行。不得中途停机或在满载荷时启动搅拌机，反转出料者除外。

4）作业中，如发现故障不能继续运转时，应立即切断电源，将搅拌筒内的混凝土清除干净，然后进行检修。

3. 作业后注意事项

1）作业结束，应对搅拌机进行全面清洗。操作人员如需进入筒内清洗时，必须切断电源，设专人在外监护，或卸下熔断器并锁好电闸箱，然后方可进入作业（图 7.6-1）。

2）搅拌机长期停放时，轮轴端部应做好清洁和防锈工作。

3）冬季作业后应将水泵和水管道内的存水放尽，防止设备冻裂。

（a）   （b）

图 7.6-1　禁止标识、标志

（a）非电工，不允许操作电闸箱；（b）禁止合闸，有人工作

7.6.3　钢筋生产线操作安全措施

1. 钢筋生产线安全操作措施

1）钢筋生产线的操作人员必须由经过严格培训后上岗。

2）在使用设备之前必须确认地线已经根据电路图进行可靠连接。

3）按照钢筋生产加工要求，进行放线架的接气和接电。如果有两个或两个以上的放线架，必须把它们连接在一起。

4）设备处于自动工作的状态时，必须由一人现场监管。

5）当设备工作或与设备连接的部分工作时，不得用手触摸正在加工的钢筋和其他运动部件。

6）因盘条原料的尾部会产生飞溅，在生产期间，当盘条原料即将用完时要非常小心，要将工作速度降到最小值，确认放线架附近没有人。

7）严禁在设备工作时穿越生产线，更不得在机器附近跑动。

2. 钢筋生产线检修、维护安全措施

1）定期检查液压和气路系统全部管道和接口有无泄漏及损伤，如有应立即修复。维修之前，整个系统必须减压。

2）如果检查设备的内部，要进行长时间设备冷却后方可进行。在冷却之前，不要触摸电机和其相连接的部件，以免烫伤。

3）一旦设备功能受到损害，应马上中断工作，冷却设备后进行检修。

4）当进行设备维护、更换零件、维修、清洁、润滑或调整等操作时，都必须切断主电源。

3. 职业健康安全保护措施

1）在工作过程中使用护耳塞。

2）工作过程中，为防止被钢筋砸伤，工作人员要穿上钢制护趾安全鞋。

3）使用压缩空气时，佩戴专用保护眼镜。维修时绝不能将喷射口对准人，特别是脸部。

4）为防止飞溅及灼热的金属颗粒伤害眼睛和皮肤，操作者应穿戴合适的劳保防护用品。焊机操作者要戴好手套，穿好工作服，同时佩戴防护眼镜。

5）焊接时所产生的火花喷射及熔接后高温的母材会引发火灾发生。熔接后的高温母材，不得放在可燃物附近。焊接场所请配置灭火器，以备不时之需。

6）为防止衣物和头发被卷进机器，工作人员不准穿宽松衣服，女员工不得披散头发，应将头发束进工作帽内（图 7.6-2）。不得穿戴手镯、耳环、项链等饰品。

7）钢筋网片、桁架筋焊接时的大电流会产生强磁场，可能会影响电子设备的功能。严禁带心脏起搏器的人员靠近钢筋生产线。

8）在焊接过程中，会有粉尘和空气污染，为避免工作场所空气混浊和污染，工作场地要通风或加抽风装置。

图 7.6-2　安全警示标识

（a）宽松衣服易被卷入机器，造成人身伤害；（b）长头发易被卷入机器，造成人身伤害

7.6.4　锅炉设备操作、蒸汽管道安全措施

1. 锅炉开机

1）经常检查锅炉燃气压力是否正常，管道阀门有无泄漏，阀门开关是否到位。

2）试验燃气报警系统工作是否正常可靠。按下试验按钮，观察风机能否启动。

3）检查软化水系统是否正常，保证软水器处于工作状态，水箱水位正常。

4）检查锅炉、除污器阀门开关是否正常。

5）接通电控柜的电源总开关，检查各部位是否正常。发生故障时是否有信号，如果无信号应采取相应措施或检查修理，排除故障。

6）在升至一定压力时，应进行定期排污一次，并检查炉内水位。

2. 运行巡查

1）开启锅炉电源，监视锅炉是否正常点火运行。检查火焰状态，检查各部件运转的声响有无异常。

2）巡视锅炉升温状况，大小火转换控制状况是否正常。

3）巡视天然气压力是否正常稳定，天然气流量是否在正常范围内，判断过滤器是否堵塞。

4）巡视水泵压力是否正常，有无异响。

3. 事故停炉

1）当发现锅炉本体产生异常现象，安全控制装置失灵时，应立即按动紧急断开钮，停止锅炉运行。

2）锅炉给水泵损坏，调解装置失灵时，应按动紧急断开按钮，停止锅炉运行。

3）当电力燃料方面出现问题时应按动紧急断开按钮。

4）当有危害锅炉或者人身安全现象时均应采取紧急停炉措施。

5）临时停电时的安全措施：迅速关闭主蒸汽阀，防止锅筒失水。关闭电源总开关和天然气阀门，关闭锅炉连续排污阀门，关闭供气阀门。按正常停炉顺序，检查锅炉燃料、气、水阀门是否符合停炉要求。

4. 蒸汽管道安全措施

1）在蒸汽使用中，防止由于热膨胀引发超压，蒸汽冷凝导致真空，设备热应力造成设备破裂、损坏等常见的蒸汽安全事故。

2）蒸汽输送系统也容易受到类似水锤的伤害，称为蒸汽锤。蒸汽系统里的水平蒸汽管段的蒸汽冷凝水常会引起水锤。严禁突然关闭管路系统末端的阀门，防止引起水锤。

3）为防止高压蒸汽的高温烫伤、切削伤害，检查蒸汽管道时，用红外点温枪、挂上布条的木棍或用装有水的塑料瓶进行检查。

4）操作蒸汽阀门时，应按要求穿戴好个人防护用品，站在蒸汽阀门的侧面进行操作。作业前必须确保已经正确佩戴足够的个人防护用品。

7.6.5 起吊设备操作安全措施

1. 起吊前安全检查

1）上岗前，查看"交接班记录"，按规定进行检查。

2）检查设备控制器、制动器、限位器、传动部位、防护装置等是否良好可靠，并按规定加油。

2. 起吊安全措施

1）操作控制器手柄时，必须先从"0"位转到第一档，然后逐级增减速度。换向时，必须先转回"0"位。当接近卷扬限位器、大小车临近终端或与邻近行车相遇时，速度要缓慢，不准用倒车代替制动、限位代替停车、紧急开关代替普通开关。

2）重吨位物件起吊时，应先稍离地面进行试吊。确认吊挂平稳，制动良好后开车。不准同时操作三只控制手柄。如运行中发生突然停电，必须将开关手柄放置到"0"位。

工作停车时，不得将构件悬在空中停留，运行中发现地面有人或落下吊物时应鸣笛警告。严禁吊物从人头上越过，吊运物件离地面不得过高。

3）两台起重机运行时要保持安全车距，严禁撞车。

门式起重机遇有大雨、雷击或 6 级以上大风时，应立即停止工作，切断电源，拧下车轮制动，并在车轮前后用铁垫块（铁鞋）垫牢。

4）桁吊工必须做到"10 不吊"：①超过额定负荷不吊；②指挥信号不明、重量不明、光线暗淡不吊；③吊绳和附件捆缚不牢，不符合安全要求不吊；④桁车吊挂重物直接进行加工不吊；⑤歪拉斜挂不吊；⑥吊件上站人或工件上放有活动物品不吊；⑦氧气瓶、乙炔等爆炸性物件不吊；⑧带棱角，未垫好的物品不吊；⑨埋在地下的物件不吊；⑩未打固定卡子不吊。

3. 停工后事项

1）桁车应停在规定位置，升起吊钩，小车开到轨道两端，并将各控制手柄置于"0"位，切断电源。

2）按"清洁制度"保养维护设备。

3）按"交接班制度"交接工作，并填好"桁车运行记录表"。

7.6.6　电气焊设备操作安全措施

1. 工作前安全须知

1）电焊作业人员必须持有《中华人民共和国特种作业操作证》，方可作业。

2）电焊作业人员必须佩带符合国家或行业标准的劳动防护用品，方可焊割作业。

3）实施作业前，认真检查焊机和线路的安全技术状况，发现问题应立即整改，必须作好焊接前的所有工作后方可作业。

4）严禁在带电和带压力的容器上或管道上施焊，焊接带电的设备必须先切断电源。

5）二氧化碳预热器的外壳应绝缘，端电压不大于 36V。

6）雷雨时应停止露天焊接作业。

7）施焊场地周围应清除易燃易爆物品，或进行覆盖、隔离。

8）在易燃易爆气体或液体扩散区施焊时，必须经有关部门检验许可后，方可施焊。

9）不准酒后上班、疲劳上班，不打闹、嬉戏，不违章作业。

10）焊接贮存过易燃、易爆、有毒物品的容器或管道时，必须清洗干净原容器和管道，并将所有孔口打开后施焊。

2. 焊接时安全要点

1）电焊机外壳，必须接地良好，由电工进行电源的装拆。

2）电焊机要设单独的开关，开关应放在防雨的闸箱内，拉合时应戴手套侧向操作。

3）焊钳与把线必须绝缘良好，连接牢固。更换焊条应戴手套，在潮湿地点工作，应站在绝缘胶板或木板上。

4）在密闭金属容器内施焊时，容器必须可靠接地，通风良好，并应有人监护，严禁向容器内输入氧气。

5）焊接预热工件时，应有石棉布或挡板等隔热措施。

6）把线、地线禁止与钢丝绳接触，更不得用钢丝绳索或机电设备代替零线。所有地线接头，必须连接牢固。

7）更换场地移动把线时，应切断电源并不得手持把线，爬梯登高。

8）清除焊渣或采用电弧气刨清根时，应戴好防护眼镜或面罩，防止铁渣飞溅伤人。

9）多台焊机在一起集中施焊时，焊接平台或焊件必须接地，并应有隔光板。

10）工作结束应切断焊机电源，并检查工作地点，确认无起火危险后，方可离开。

7.7 思考与练习

一、填空题

1. PC 工厂管理层应设立安全生产委员会，由＿＿＿＿担任安全生产委员会主任。

2. 进工厂的新员工必须经过＿＿＿＿、＿＿＿＿、＿＿＿＿的三级安全教育，考试合格后上岗。

3. 机动车辆在厂区行驶速度不得超过＿＿＿＿，冰雪雨水天气时，行车速度不得超过＿＿＿＿。

二、单选题

1.（　　）是 PC 工厂安全生产的主要负责人，依法负有建立健全工厂安全生产责任制、依法设置工厂安全生产管理机构等职责。

A. 厂长 　　　　　　　　　　B. 安全长

C. 专职安全员 　　　　　　　D. 班组长

2. 操作人员（　　）拒绝执行管理人员的违章指挥和强令冒险作业的工作指令。

A. 不得 　　　　　　　　　　B. 无权

C. 必须 　　　　　　　　　　D. 有权

3. PC 构件厂每年至少安排（　　）次安全轮训，不断提高 PC 工厂安全管理人员的安全意识和技术素质。

A. 一 　　　　　　　　　　　B. 二

C. 三 　　　　　　　　　　　D. 四

三、简答题

简述 PC 生产线上混凝土振动台的安全操作技术要点。

7.7 思考与练习答案

Chapter 08

教学单元 8
信息化管理

教学目标

1. 理解智慧 PC 工厂的建设实施和管理要点。
2. 理解 BIM 技术以及其在 PC 构件生产中的应用和前景。
3. 了解物联网技术的应用。

育人目标

1. 培养学生关注行业发展，积极学习和了解行业前沿技术的工作作风。
2. 树立学生的信息化、数字化思维理念，提升学生的行业思维方式。
3. 强化学生对行业发展的信心以及投身行业的热情。

● 思维导图

```
                                    ┌── 管理目标
                                    │
                                    ├── 智慧PC工厂生产管理实施途径
                                    │
                      ┌─ 智慧PC工厂 ─┼── 智慧PC工厂管理系统
                      │             │
                      │             ├── 智慧PC工厂系统组成
                      │             │
                      │             └── 智慧PC工厂硬件管理
                      │
                      │             ┌── 企业级BIM标准
                      │             │
                      │             ├── 平台概述
                      │             │
                      │             ├── 模型集成
          信息化管理 ──┼─ BIM技术应用 ─┼── 轻量化运用
                      │             │
                      │             ├── 基于BIM的模型应用
                      │             │
                      │             ├── 基于BIM的技术管理
                      │             │
                      │             └── BIM与PC构件生产的应用和前景分析
                      │
                      │                 ┌── 物联网在构件生产、运输中的应用
                      └─ 物联网技术应用 ─┤
                                        └── 物料跟踪管理
```

教学单元 8
导学视频

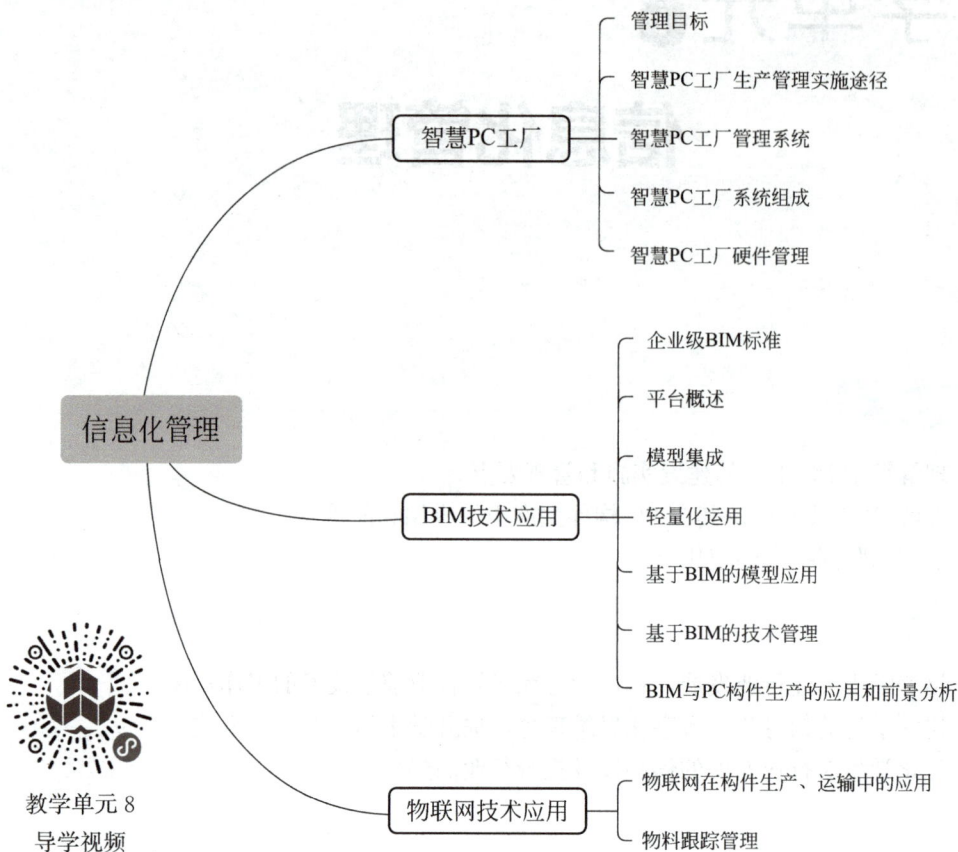

    BIM 技术与地理信息系统搭建起城市信息模型（CIM），构建起了三维数字空间的新型智慧城市信息有机综合体。

    如果说 PC 工厂能生产出信息化的构件，是奠定未来智慧城市的基石，也必定是先建设智慧工厂，再逐步搭建起 CIM，最终实现智慧城市的有效运行。

    装配式建筑 PC 构件生产与管理的信息化，即智慧 PC 工厂，就是要将 BIM 技术、物联网技术、实时监测系统与大数据、云技术结合起来。其中 BIM 技术是基础，物联网是纽带，监测系统是沟通，大数据是核心，云技术是平台。

    具体而言，装配式建筑 PC 构件生产与管理的信息化就是将 PC 工厂的规划、设计与建设，装配式建筑的设计与深化设计，钢筋加工，混凝土拌合与运输、构件生产与运输等信息，建立起来并保存数据库中，供相关各方查询、使用。为施工方、生产方、运输企业、施工安装单位、业主及主管部门的决策提供信息支持，使施工管理、生产质量、安全控制、进度计划等目标可控，提高管理工作效率。

    智慧工厂是通过"数字指挥调度平台"的建设，利用 BIM 技术、物联传感器、移动处理技术、人工智能算法等技术，实现工程设备的智能化，实现过程业务数据的自动化获取，实现数据的关联分析和智能化预测。

通过"数字指挥调度平台"的应用，进一步推进施工环境管控、设备定位、生产线等大型设备和系统的安全监测、工厂智慧生产管理、数字拌合站、BIM 深化深度应用。

本节着重介绍智慧工厂以及 BIM 技术、物联网技术、实时监测系统在 PC 工厂中的应用。

8.1　智慧 PC 工厂

8.1.1　管理目标

（1）通过项目智能化硬件应用和信息化平台的管理，控制工序衔接、优化资源配置和施工组织安排，减少材料损耗、提高人员工作效率、提升项目管理水平，从而达到降本增效的目的。

（2）利用可视化模型展示技术协助完成现场施工进度管理工作，明确了解施工进度问题，合理安排现有资源，确保工程按时竣工，达到节约成本的目的。

（3）以智能硬件为抓手，管控项目重要施工环，确保工程安全生产全过程管控，做到及时响应。

8.1.2　智慧 PC 工厂生产管理实施途径

为了更好地进行现场生产管理，以生产计划管理、厂区管理、作业工序管理为主线，依托物联网、BIM 等先进信息化技术，围绕 PC 工厂预制生产过程，实现 PC 工厂生产信息化智慧管理。

1. 实现生产全过程信息化管理

通过对 PC 工厂的原材料检测、混凝土拌合与运输、模具组装、钢筋加工安装、预制生产、养护、运输、堆场管理等各方面实现信息化管理，辅助实现 PC 工厂工业化精益管理，提高生产信息的准确性以及信息的流转速度，从而提高 PC 工厂生产的信息化管理水平，提高生产效率。

2. 实现信息的汇总、展示及输出

对各类生产信息、数据、文档等进行集成化管理，实现对 PC 构件所有生产信息的集成管理，同时通过对数据自动化的汇总分析，实现各类生产指标的实时查看，快速掌握 PC 工厂生产现状。

实现一键生成各类台账及统计报表，减少手工方式造成的记录错误以及信息传递错误。

3. 实现信息化辅助智能决策

通过智能算法进行智能排产，协助用户生成最优生产计划，并根据现场生产进展随时对计划进行更新调整，压缩工期减少延误风险，降低生产成本。

4. 实现智慧制造

基于大数据平台，支持对现场智能生产设备的对接，对 PC 工厂生产过程进行监测并对数据进行大数据分析。数据汇总分析结果可以通过指挥大屏进行形象化展示，协助管理者快捷查看各类现场生产指标，提高管理者对现场的把控能力，辅助管理者快速进行科学决策。

8.1.3　智慧 PC 工厂管理系统

智慧 PC 工厂生产管理系统和指挥调度中心构成如图 8.1-1 和图 8.1-2 所示。

系统综合应用 BIM 技术和物联网技术，对 PC 工厂生产全过程进行信息化管理。

系统提供 CS 端、BS 端、MS 端操作终端。其中 CS 端主要做复杂业务操作，BS 端可以便捷查询各种信息及统计报表，MS 端用于现场填报数据及实时查询信息。

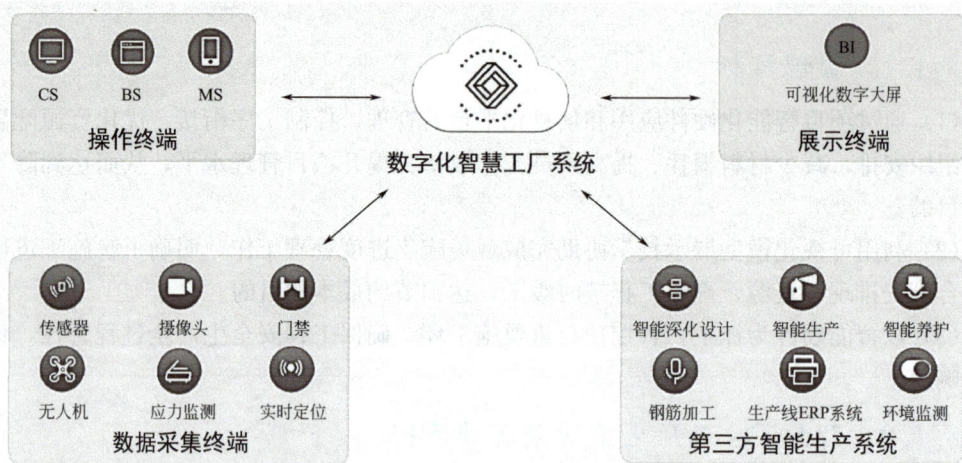

图 8.1-1　智慧 PC 工厂生产管理系统构成

图 8.1-2　数字指挥调度中心构成

8.1.4　智慧 PC 工厂系统组成

建立智慧工厂中心，将相关应用的数据进行集成、分析、处理、存储。通过中心的数据分析平台，协助项目进行科学化的管理，提高项目管理水平，形成办公楼和研发中心、PC 车间、拌合站、钢筋加工车间、试验室的统一管理，实现对劳务人员、机械设备、物料、环境等主要生产要素动态管理。

车间终端信息实现自动采集、移动 APP 数据录入、现场实现各工作面远程监控。

1. 形象进度

1）参数化建模

平台内置符合 PC 工厂常见的标准构件库，构件模型以满足形象进度展示和表达为主。例如 PC 构件库包括外墙板、内墙板、叠合板、楼梯、梁、柱等模型。构件库支持根据生产需要进行构件类型的添加，不断丰富标准构件库，形成企业自有构件库。

2）移动进度填报

通过移动端 APP 或微信小程序，及时填报进度完成情况，只需在 EBS 结构中选择（可进行模糊搜索和定位）已完成的分项工程，点击"完成"按钮，形象进度图则实时显示构件进度完成状态，如图 8.1-3 所示。同时也可以通过在模型上拾取构件，点击"完成"即进行进度确认。

图 8.1-3　移动端信息查看与填报

3）形象进度展示及偏差预警分析

通过"数字指挥调度平台"中的"形象进度"菜单，对所有单位工程的形象进度进行综合预览或详细进度信息查看。在"形象进度"首页皆可以识别各个单位工程的进度状态，包括哪些单位工程存在进度滞后，以红灯闪烁进行提示。也可以切换到具体某个单位工程的形象进度图，进行详细的构件生产或运输进度信息查看。

进入某个具体的单位工程形象进度后，既可以按照构件查看具体的进度信息，也可以查看具体某一个构件滞后的原因。

2. 实况在线

实现的场景主要包括无人机巡航、视频监控、现场播报等主要功能。

1）无人机巡航

无人机巡航主要利用无人机，实现厂区大范围全景式的影像信息采集。根据工厂管理需求设置飞行线路、飞行频率和具体的起飞时间。通过无人机完成自动巡航和数据采集，巡航影像数据实时传输回"数字指挥调度平台"，工厂管理人员可以通过大屏、电脑或移动设备随时随地观看巡航影像。

2）视频监控

视频监控主要是利用现有的摄像头，通过与 GIS 和 BIM 技术结合，实现基于地图或模型为主要入口的视频监控查看。工厂管理人员可以通过地图，通过厂区、车间现场布置的摄像头进行全局查看。同时可通过在地图上选择区域或者摄像头直接定位和进入某一个部位的摄像头查看视频监控。

另外也可以通过平台主页面的视频画面，选择进行相关部位视频监控画面的查看。

3）现场播报

现场播报主要是利用带有摄像头的移动可穿戴设备、单兵或手机，实时采集现场影像，通过连线或者分享的方式，将施工现场的实时影像信息，传输给不在施工现场的其他管理人员。

（1）带有摄像头的可穿戴设备或单兵，由现场人员将车间内各生产线或各道工序的各种检查、作业、参观等画面，实时传输到数字指挥调度平台，包括工厂管理人员、车间管理人员、上级单位管理人员，均可以通过画面与现场进行实时互动。

（2）针对车间、堆场、拌合站等场所，进行质量检验、事故处理等情况。不在施工现场的管理人员或者专家，可通过带有摄像头的可穿戴设备或单兵，实时了解现场的实际情况，也可以和现场的人员进行互动，并给出专业的指导意见。

（3）现场人员以图片的形式，实时记录工地每一刻发生的事情，形成以时间轴为主线的照片墙。

3. 智慧车间和堆场

PC 工厂作为工厂化管理、机械化施工的典型场景，涉及工序多而复杂，不但包括钢筋加工安装，也包括模具安装、混凝土生产和浇筑、构件提取存放等工序。

在"数字指挥调度平台"中进行可视化展示模具安拆、钢筋加工、混凝土生产浇筑的实时动态信息。

1）PC 工厂综合信息展示

通过"数字指挥调度平台"，实现针对工厂如下几方面管理：

（1）PC 工厂平面布置的展示，可以通过 BIM 模型或二维布置图，对 PC 工厂的场区设置、设备配置、生产工序进行综合展示。

（2）直接接入 PC 工厂专属的摄像头等影像画面，对 PC 工厂车间里的各个工序、各种设备、各区域进行远程视频监控，实时了解 PC 工厂的生产动态。

（3）对 PC 工厂的生产数据进行总体统计分析，为项目领导提供基于制、存、运构件的不同维度施工进展分析模型。

2）生产动态

通过提取生产信息，以生产线和台座为展示维度，为 PC 工厂管理人员实时、动态、直观地展示生产区的工序进展信息，同时可以根据各工序的进展状态科学合理安排钢筋、模具、混凝土生产的作业计划。

3）存取构件动态

通过堆场的存放构件和提取构件信息，了解生产进度和订单完成情况，便于进行合理科学的管理。

4. 数字拌合站

"数字拌合站"是基于拌合站的生产自动化管理，通过提取混凝土生产管理系统数据，在"数字指挥调度平台"形成关于混凝土调度管理的实时画面监控和生产监控展示，为 PC 工厂生产管理人员提供可视化的调度工具。

（1）拌合站综合管理

通过"数字指挥调度平台"，辅助工厂管理者通过视频监控和数据分析，实时了解拌合站的整体运作情况，并进行全面、可视化的了解，助力拌合站整体调度管理。

（2）拌合站生产调度管理

通过提取拌合机生产的实时数据，为管理者实时呈现每一盘混凝土的生产动态。管理者可非常直观地看到生产线、固定台座等生产区需求的混凝土生产状况，包括总需求量、目前已经完成拌制的混凝土数量。

通过"数字指挥调度平台"大屏或手机移动端实时了解，辅助拌合站和 PC 车间进行科学调度，杜绝由于混凝土生产问题，影响车间内混凝土浇筑进度和质量。

5. 功能架构

智慧工厂生产管理系统提供了面向生产和运输阶段的全部功能，包括模型管理、文档管理、权限管理等基础业务管理；进度管理、质量管理、安全管理等项目管理业务；以及人员管理、材料管理、机械管理等现场管理业务，如图 8.1-4 所示。也包括生产计划、运输计划、线路部署等计划管理功能；工序管理、生产线管理、构件管理等现场管理功能；以及进度管理、生产现状、生产台账、生产报表等生产管理功能。

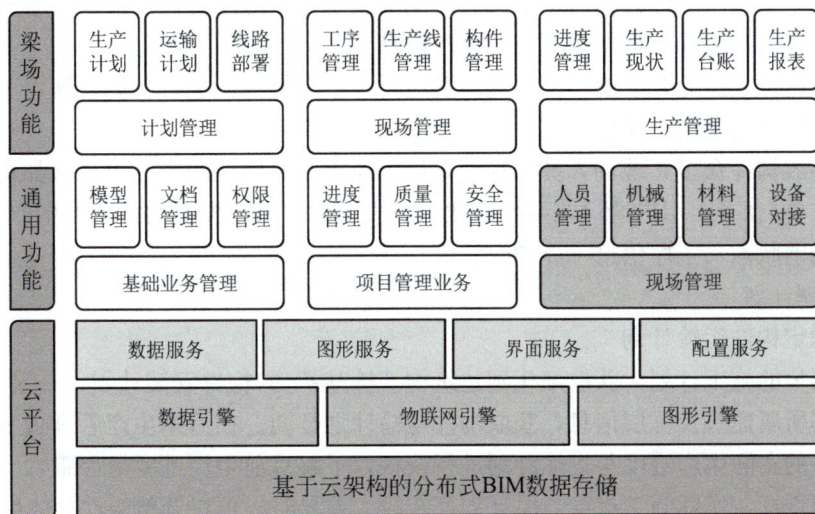

图 8.1-4 智慧 PC 工厂生产管理系统功能架构

1）查看厂区和车间现状

PC 工厂管理人员需要实时了解厂区台座使用现状。系统支持用户通过多种方式查看厂区生产线、固定台座使用现状，包括通过 BIM 模型直接查看、通过厂区平面简图查看、通过手机端查看等方式。这三种方式都可以方便地查看生产线上的模台是否空闲、模台上构件的具体信息（构件编号及生产工序）、固定台座使用情况统计等。

2）预制生产

（1）构件基础信息

预制生产是生产管理的核心，要系统建立构件本身基础信息以及生产过程中的生产信息：

基础信息包括构件编号、构件类型、所属建筑物、工程部位（栋/层编号）、构件工程量信息（构件长、宽、高、重量、体积等）、资源清单（生产计划、消耗人、材、机数量等）、属性信息等。

生产信息包括计划构件外运日期；计划开始生产日期、计划完成生产日期、各生产工序的信息（生产工序、生产线、工序时间、施工人员、工序质检信息、工序质检人员等）、生产状态（未生产、生产中、成品构件、堆场停放）、生产线或固定台座编号；实际开始生产日期、实际生产完成日期、实际运输日期等。

同时，通过与混凝土搅拌站生产系统、混凝土施工智能控制系统的对接，构件信息可以包括混凝土浇筑信息等。

生产编号是构件的唯一标识，PC工厂需要提前确定生产编号的规则。在编号中要体现基础信息，编号规则要与现场要求相匹配。

根据PC工厂所承担的生产任务，通过列表导入，将构件录入到系统中进行管理。

（2）管理与查询构件信息

当开始生产构件时，生成并制作二维码标签，方便构件生产过程的管理与追踪。

当主要大型PC构件（如剪力墙板、大型预应力构件板等）预制生产完毕，需对构件制作信息牌，可将二维码打印进信息牌。后期对主要PC构件进行维护或维修时，通过扫码的方式，即可了解构件详细信息以及生产信息。

当现场施工人员需要了解构件的具体进展时，只需对构件进行扫码，即可查看构件的具体信息，以及当前的工序信息。

堆场存放构件众多，现场人员与管理人员需经常查询构件的当前位置（如构件进入安装状态，需要出厂）。用户通过在系统中搜索对应构件，即可查看构件所处生产线的信息，以及构件当前状态（工序信息、养护时长等）。

3）管理计划

（1）制定构件运输计划

按照用户的施工计划，获取细化到建筑物"栋/层"的构件安装计划，并录入系统中。构件通过其所属建筑及栋层信息，获取构件运输计划日期。在后期生产管理过程中，系统可以将构件的实际生产进度与运输计划进行校核，了解目前生产进度是否滞后。

当工程现场，实际施工进度与原计划存在较大差异时，可以调整构件总体生产计划。

（2）制定构件生产计划

根据构件总体安装计划，PC工厂管理人员排出每月计划总产量，系统自动细化生成构件生产计划，并可以根据用户需求输出月度、季度、年度的生产计划汇总值。生产计划即可智能自动生成，也可根据实际情况进行手工调整，从而保证计划符合实际需求。

在制定计划的过程中，通过系统的生产计划可行性分析功能，智能分析计划的可行性。当计划不合理时，及时进行调整。

4）生产工艺设计

通过系统对构件生产工艺全过程，进行信息化管理，填报工序生产信息、进行工序检查等。同时可以通过系统自动发送的生产通知，及时获取生产进展情况。

根据PC工厂实际生产工艺，定义标准工序模板。

工序将按照所设定工序模板中的顺序进行流转，系统将自动对填报信息进行汇总分析。

根据构件生产工艺流程，制定构件生产标准工艺（表8.1-1～表8.1-3）。

外墙板生产标准工艺   表8.1-1

序号	工序名称	时间(min)
1	拆模喷号	15
2	翻板装车	10
3	清理模台	10
4	喷油	5
5	画线	5
6	安装边模	20
7	吊装钢筋笼	10
8	安装预埋件	10
9	一次浇筑振捣	10
10	安装上层边模	20
11	挤塑板安装	5
12	安装连接件	5
13	安装钢筋网片	20
14	二次浇筑	5
15	赶平振捣	10
16	预养窑	60
17	磨光	15
18	养护窑	480
汇总		710

注：1. 不含各工序的准备时间，只算上流水线的工作时间；
2. 以正打法三明治外墙板在环形平模流水法上的工艺为例；
3. 本工艺以采用FRP连接件的三明治外墙板生产工艺为例。

内墙板生产标准工艺   表8.1-2

序号	工序名称	时间(min)
1	拆模喷号	15
2	翻板装车	10
3	清理模台	10
4	喷油	5
5	画线	5

续表

序号	工序名称	时间（min）
6	安装边模	20
7	吊装钢筋笼	10
8	安装预埋件	10
9	浇筑振捣	10
10	赶平振捣	10
11	预养窑	60
12	磨光	15
13	养护窑	480
汇总		660

注：1. 不含各工序的准备时间，只算上流水线的工作时间；
2. 以内墙板在环形平模流水法上的工艺为例。

楼梯生产标准工艺　　　　　　　　　　　表 8.1-3

序号	工序名称	时间（min）
1	拆模喷号	15
2	装车起运	10
3	清理模具	10
4	涂刷隔离剂	10
5	吊装钢筋笼	5
6	安装预埋件	5
7	合模加固	5
8	浇筑振捣	30
9	静置预养	60
10	压光收面	15
11	养护	480
汇总		645

注：1. 不含各工序的准备时间，只算上台位上的工作时间；
2. 以楼梯固定模位立模法生产工艺为例。

5）填报生产工序

现场人员通过手机进行构件生产任务的管理，对现场需要进行生产的构件，实现一键扫码，进行工序信息的填报，工序间自动流转。一键填报的信息包括生产线序号、工序开始时间、工序结束时间、混凝土浇筑量、施工备注、现场照片、质检员等信息。

现场施工技术员应当在工序的起始、结束阶段及时进行生产工序的填报，并根据需要进行施工备注、现场照片的填写，从而保证系统拥有准确可靠的实时生产信息。同时，通过现场填报的方式，现场人员避免了后续繁重的资料整理工作以及各种表单的更新。

填报的信息会同步更新构件的状态（如构件所处的工序、构件所在的生产线等）、生产线的状态以及构件的状态（成品构件数量、已运输构件数量等）。

系统还可以对填报信息进行汇总分析，提取 PC 工厂的实际生产进度、生产线占用情况、运输构件计划执行情况等关键生产指标，辅助进行生产管理和智慧决策。

6）进行生产工艺检查

系统对各工序定义检验标准，用户在工序结束后进行检验填报，对生成的质量检验验收记录进行数字化管理。

检查的流程为：

（1）施工班组自检，工序生产完成后，由班组长通过系统手机端，录入工序完工信息，并对工序质量控制点进行自检。自检合格后，通过系统手机端，提醒车间质检员进行检查。

（2）质检员检查，质检员收到提醒信息，进行检查，判定工序质量是否合格。确定合格后，使用手机端记录检查结果信息，并通过手机端提醒进行下一道工序生产，如图 8.1-5 所示。

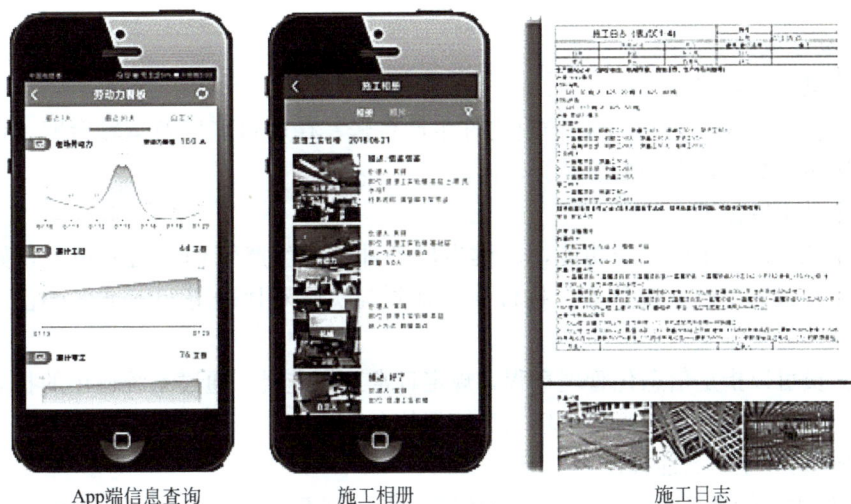

App端信息查询　　　　　施工相册　　　　　施工日志

图 8.1-5　手机端查询填报

7）生产通知

系统将各类进度信息，推送给管理人员，加强各施工班组、各部门之间的协调沟通。

（1）生产进展通知

当构件的工序状态发生变化时，系统会给构件管理人员以及施工班组长发送消息，提醒及时进行工序的交接。

（2）生产线状态变动通知

当生产线状态发生变化时，如模台进入空闲空转状态，如图 8.1-6 所示。系统会向负责模台的管理人员发送消息，提醒管理人员及时安排生产任务。

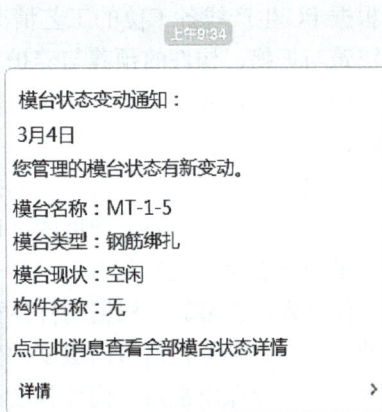

> 上午9:34
>
> 模台状态变动通知：
>
> 3月4日
>
> 您管理的模台状态有新变动。
>
> 模台名称：MT-1-5
>
> 模台类型：钢筋绑扎
>
> 模台现状：空闲
>
> 构件名称：无
>
> 点击此消息查看全部模台状态详情
>
> 详情　　　　　　　　　　　　　＞

图 8.1-6　模台状态变动通知

（3）生产晨报通知

系统根据用户设定的通知时间和人员名单，将昨日生产完成数、累计生产完成数；构件运输完成数、累计构件运输完成数；厂区堆场占用现状等信息，推送给管理人员。管理人员可以及时了解 PC 工厂生产和运输的进展状况。

8）管理生产进度

通过系统可对构件的生产进度、运输进度等进行分析和追踪。

管理人员查看构件生产完成情况，以避免因构件未及时生产造成的误工。管理人员也可以根据生产情况安排构件运输任务，降低堆场存放构件的压力。

可以在手机端实时查看构件的具体生产信息、构件运输的信息等。

通过构件出厂进度分析功能，查询构件生产运输计划的执行情况。可以查看总体进度，也可以查看本月进度，从而实时掌握整体进度。

通过构件生产进度分析功能，查看生产计划的执行情况。当生产延迟时，可以安排赶工或者调整后期计划。

9）自动生成台账与报表

（1）自动生成台账

PC 工厂管理人员根据需求，输出构件生产台账、存放台账以及运输台账。台账是根据现场实际生产数据，自动汇总计算得出。

（2）自动生成报表

通过系统提供的生产报表功能，一键生成各种日常生产管理所需的报表，如生产日报、周报、月报、生产量统计表、构件生产计划与实际对比表等，满足生产管理的各种需求。

管理人员可以指定信息化管理章程，规定日常工作进展，通过系统输出的报表以及系统数据进行进度管控，从而督促现场人员填报信息。

10）PC 构件生产智能控制

PC 工厂生产管理系统可以与混凝土施工智能控制系统对接，以构件为中心进行信息的集成，用户通过扫码即可查看所有混凝土智能生产数据，实现了多业务的协同管理。

（1）PC 生产线智能自动控制系统

根据 PC 生产线各工位的工艺情况，模台清理与喷涂、模具定位、钢筋网片安装、混凝土浇筑与振捣、构件的预养与养护等工序，均可实现数字化自动控制。

如模具定位，如图 8.1-7 所示。采用自动化机械手，根据机器人绘制的模板边线，进行磁性边模的安装。

自动化养护系统会对预养窑、养护窑进行全自动的构件养护控制。

根据构件温度和窑内干燥度的高低，系统自动调整预养窑中的温度，确保构件达到初凝并满足构件表面磨光的要求。

构件进入养护窑后，根据构件体积大小和养护要求，提前设定窑内的温控范围和养生时间的长短。系统会根据窑内湿度的变化，对自动喷淋系统进行量化控制，控制喷淋雾化水量的多少。确保出窑前，构件强度达到规范标准要求。

（2）预应力智能张拉数据监测

针对预应力叠合板、预应力梁和预应力柱等 PC 构件，现代化 PC 工厂中，可采用智

图 8.1-7　机械手安装边模

能张拉控制系统来辅助生产。

预应力构件智能张拉技术，配套远程监控，形成构件预应力施工质量远程监控管理体系，能够实现预应力张拉质量管理的"实时跟踪、过程控制、动态验收、及时补救"。利用该系统降低直至杜绝预应力构件的张拉施工过程中人为因素的影响，有效保证施工技术指标的实现。

采用移动网络，将张拉数据发送到服务器中的数据库。通过内置算法分析，为管理人员提供预警分析功能。

（3）堆场智能喷淋养护

PC 构件堆场智能养护系统，可通过感应构件体温和环境湿度，将数据无线传输至控制主机，根据阈值自动开启及停止喷淋系统的运行。还能通过手机 APP 远程发送指令，进行喷淋养护，真正做到智能控制。喷淋用水流经过滤系统可循环重复使用，可使用工厂生产中经处理后的中水。

喷出的水雾均匀，可达到全天候、全湿润的标准养护质量。具有成本低，安装、维修方便、节能环保等显著优点。

8.1.5　智慧 PC 工厂硬件管理

1. 环境监测系统

此系统由数据采集器、传感器、无线传输系统、后台数据处理系统及信息监控管理平台组成。监测子站集成大气 $PM_{2.5}$、PM_{10}、环境温湿度及风速风向监测、噪声监测等多种功能。

远程监管数据平台是一个互联网架构的网络化平台，具有对各子站的监控功能及对数据的报警处理、记录、查询、统计、报表输出等多种功能。该系统还可与各种污染治理装置联动，以达到自动控制的目的。环境监测系统构成及参数见表 8.1-4。

环境监测系统构成及参数　　　　　　　　　　　　表 8.1-4

类别	产品名称	参数说明
传感器类	空气温度传感器	量程：−30～70℃；分辨率：0.1℃；精度：±0.2℃
	空气湿度传感器	量程：0～100%；分辨率：0.1%；精度：±3%
	风速传感器	量程：0～60m/s；分辨率：0.1m/s；精度：±(0.3±0.23V)m/s
	风向传感器	量程：0～360°；分辨率：1°；精度：±3°
	噪声传感器	量程：30～130db；分辨率：1db；精度：±0.5%
	PM 传感器	量程：0～500ug；分辨率：1ug/m^3；精度：±10%
主机	数据采集器	多通道数据采集器、可自动记录、记录间隔可根据客户需求设置
供电方式	220V 供电系统	交流电
通讯方式	GPRS 无线传输	要求公网电脑、开通 GPRS 手机卡一张、可对接客户自己的服务器或者政府指定服务器
驱动	LED 显示屏卡	用于驱动 LED 显示屏
LED 显示屏	多行字屏	尺寸 105cm×57cm
配件	百叶箱	放置温湿度、PM 传感器
	设备支架	1.3m、1.5m 各一根（直径 8cm）
	仪器防护箱	用于安装采集仪和电源系统

2. 气象监测系统

整套设备具备风速、风向、风力、温度、湿度等环境参数的监测，为扬尘和噪声监测数据的后期分析提供气象参数保障。特别是通过风向，对扬尘运动趋势做科学预测和报警。在不同的气象条件下，对扬尘、噪声监测数据做科学的修正。

噪声监测系统：具有校准单元、全天候户外噪声采集传感单元，为监测数据的准确性提供可靠保障。

扬尘监测系统：通过 PM 传感器，对扬尘进行连续自动监测。每分钟采集一次扬尘数据，实时上传至服务器，供后台程序统计和分析。根据监测结果，适时启动喷淋装置，进行降尘。如图 8.1-8 和图 8.1-9 所示。

扬尘监测包括 PM$_{2.5}$ 和 PM$_{10}$，并同时上传到数据中心和监控平台。

图 8.1-8　显示效果图

3. 龙门吊监测系统

适用于门式起重机、龙门吊。

门式起重机监控系统由数据监控部分（包括无线主控模块、无线采集子模块、触摸屏

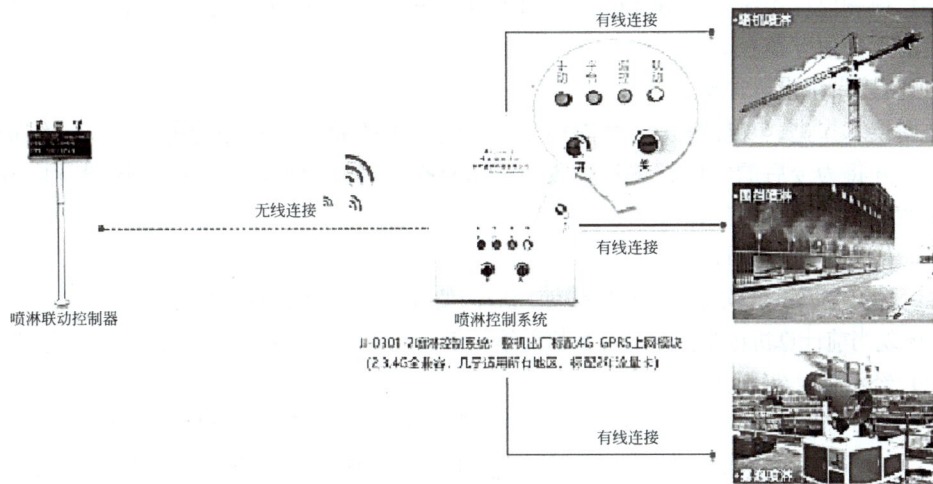

图 8.1-9　环境监测联动喷淋设备

和传感器等）和视频监控部分（包括显示器、录像机、摄像头等）、远程监控平台等组成。无线采集子模块将采集到的起重量、起升高度、大车行程等数据，传至无线主控模块。通过触摸屏进行数据显示、参数设置等。

数据监控部分负责监测并记录起重量、起升高度、大车行程、小车行程、设备动作和操作指令等参数。

视频监控部分负责对吊钩、大车行走、小车机房、电气房、司机室等工作区域进行实时视频监控。

实时状态：整车工作状态、操作指令状态、联锁保护状态、各机构超限报警等。

4. 构件运输车辆定位

构件运输车辆定位具有通用性强、定位准确、轨迹回放、电子围栏等功能。可通过对油耗的监测，实现监测车辆功率，识别车辆是否处于空转待机休息状态，有效地提升车辆整体利用率。

车辆实时定位可以反馈到系统当中，该系统基于 GIS 地图，可实时直观地看到车辆的具体位置，清晰了解现场情况，从而方便调度整个项目资源。

5. PC 工厂实时监控系统

1）监控信息系统目的

（1）首先，安装监控系统就是要保障厂区和公共活动区域内工作人员的人身安全，保障生产设备及其他重要设施的财产安全，预防人为破坏活动。在意外事件发生后，第一时间取得事件发生的过程录像，为及时处理和追究责任提供有力证据。

（2）保证生产现场的安全规范操作，在上下班时可以对大门口员工的到位情况进行监控，随时考察员工的实际生产劳动纪律。

（3）通过实时的视频监控，观测物流车辆出入的具体细节，实时监控物流门口的物资交接情况。

（4）实时了解员工工作情况，及时了解各车间内的工作，流水线的生产情况，各主要生产环节的实时生产状况。

（5）视频监控系统可以在 PC 工厂日常生产过程中，起到辅助生产的作用，实现 PC 生产线的无人值守监控。

2）监控系统设计原则

遵循技术先进、功能齐全、性能稳定、节约成本的原则。并综合考虑施工、维护及操作因素，并将为今后的发展、扩建、改造等留有扩展提升的余地。监控系统设计内容要具有科学性、合理性、可操作性。

（1）先进性、适用性

系统的安装调试、软件编程和操作使用应简便易行、容易掌握、适合 PC 工厂的特点。该系统应体现当前计算机控制技术与计算机网络技术的最新发展水平，适应时代发展的要求。

（2）经济性、实用性

考虑 PC 工厂实际需要和信息技术发展趋势，根据现场环境，设计选用功能要适合现场情况、符合公司要求的系统配置方案。通过严密、有机地组合，实现最佳的性能价格比，以便节约工程投资，同时保证系统功能实施的需求，经济实用。

（3）可靠性、安全性

系统的设计应具有较高的可靠性，在系统故障或其他事故造成中断后，能确保数据的准确性、完整性和一致性，并具备迅速恢复的功能。

（4）追求最优化的系统设备配置，兼顾可扩充性、扩容性

在满足用户对功能、质量、性能、价格和服务等各方面要求的前提下，追求最优化的系统设备配置，以降低监控系统造价。

考虑到今后技术的发展和使用的需要，具有更新、扩充和升级的可能。并根据今后 PC 工厂的实际要求扩展系统功能。同时，在设计中留有冗余，以满足今后的发展要求。

PC 工厂监控设备在容量上保留一定的余地，以便在系统中改造增加新的监控点。考虑未来科学发展和新技术应用，监控系统中同时保留与其他自动化系统连接的接口。

3）监控系统方案

PC 工厂视频监控管理系统，按功能分为三大部分：视频监控、网络传输和监控中心。

（1）视频监控

摄像部分是电视监控系统的前沿部分，是整个系统的"眼睛"。

PC 工厂监控重点部位为大门口、物流门口、研发大楼、宿舍楼、试验室、地磅房、拌合站、生产车间、锅炉房等处。

在这些位置安装百万像素高清摄像机、红外夜视球机、彩色半球摄像机等视频设备。摄像机具有双码流功能可以本地高清存储和显示，低码流上传到总监控中心。在本地配置客户端电脑，进行视频图像存储和视频浏览。

工厂主要管理者也可以安装智能手机客户端，在手机上进行实时查看。

（2）网络传输

监控系统视频信号在内部要通过局域网进行传输，监控中心录像机通过专线（每路视频带宽至少为 2M）网络上传。此系统全部通过网络传输，抗干扰性强，无损失。

（3）监控中心

监控中心是整个监控系统的"心脏"，所有视频流和相应的指令都由此处理。

监控中心由 CSV 平台目录管理服务器、专用存储设备、电视墙、客户端主机、解码

矩阵主机、矩阵控制中心主机及网络交换设备等组成。

此方案设计采用数字网络硬盘录像机和显示器来完成所有摄像机信号的显示，并通过硬盘进行录像，根据对录像资料保存时间的需求配备相应容量的硬盘。同时，它还支持视频的网络远传，方便工厂管理者通过网络随时随地访问本地的网络硬盘。

4）监控系统分布

监控系统的摄像机分别设计在工厂进出口、工厂内部的主要公用设施场所、工厂内人群密度较大的流动区域和集散地、工厂车间内等位置，实现对 PC 工厂厂区门口、车间厂房、办公研发楼、物资仓库、厂内主要通道、周界围墙等目标进行实时全天候视频监控（图 8.1-10）。

在工厂的出入口和周界区域安装摄像机，用于监视进出厂区的人员情况，可以有效地杜绝安全隐患的发生。

在办公楼、宿舍楼的出入口和楼道等安装摄像机，用于监视工厂员工的工作生活情况。

在工厂的生产、加工车间等安装摄像机，用于监视车间的生产加工环节和考察员工的实际生产情况和劳动纪律。

（1）工厂监控系统拓扑图（图 8.1-10）

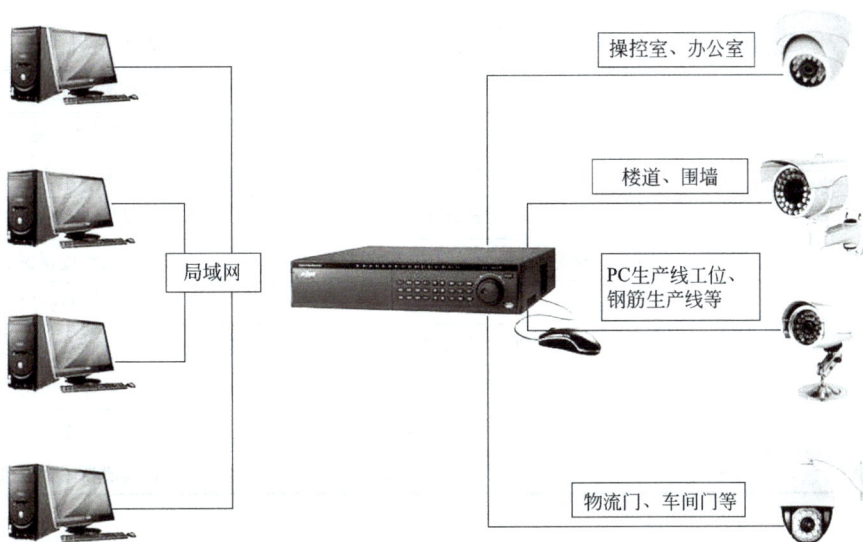

图 8.1-10 PC 工厂监控系统拓扑图

（2）PC 工厂监控系统信息点统计（表 8.1-5）

监控系统信息点表　　　　　　　　表 8.1-5

序号	监控部位	具体布设	视频设备
1	大门口	门口	高清红外夜视球机
		传达室	彩色半球摄像机
2	物流门口	门口	高清红外夜视球机
		传达室	彩色半球摄像机

序号	监控部位	具体布设	视频设备
3	研发大楼	楼前停车场	高清红外夜视球机
		进出门大厅	彩色半球摄像机
		每层楼道内	彩色半球摄像机
		大楼周边	红外高清夜视摄像机
4	宿舍楼	楼前停车场	高清红外夜视球机
		进出门口	彩色半球摄像机
		每层楼道内	彩色半球摄像机
		大楼周边	红外高清夜视摄像机
5	试验室	办公室、各功能室	彩色半球摄像机
		门前道路	高清红外夜视球机
6	地磅房	室外	高清红外夜视球机
		操控室	彩色半球摄像机
		磅秤周边	彩色高清晰度摄像机
7	锅炉房	室外	高清红外夜视球机
		值班室	彩色半球摄像机
		设备间	彩色高清晰度摄像机
8	拌合站	室外	高清红外夜视球机
		操控室	彩色半球摄像机
		砂石料封闭仓内	高清红外夜视球机
		配料机、拌合进料口、输送带等	彩色高清晰度摄像机
9	生产车间	车间进出口	高清红外夜视球机
		PC生产线各工位	彩色高清晰度摄像机
		PC生产线操控室	彩色半球摄像机
		钢筋生产线	彩色高清晰度摄像机
10	厂区周界	沿围墙布设安装	彩色高清晰度摄像机

6. 其他检测和识别系统

（1）反光衣穿着监测：通过视频监控，对项目现场未穿戴反光衣的工人进行抓拍，实时监控在岗的产业工人，是否按照要求做好个人安全防范措施。

（2）侵界监测：通过视频监控，对工厂内大型机械的被侵界行为进行识别、分析及预警。识别危险区域内（PC构件和钢筋生产线周边、门式起重机和提构件门机周边、构件运输车和叉车运行区域等），是否有人员以及是否有侵界行为。

对报警记录、报警截图及视频，进行实时查询处置。

（3）现场明火识别：通过视频监控，对监控区域内画面中的火焰进行识别，实时分析报警。

（4）现场烟雾识别：通过视频监控，对监控区域内的烟雾进行监测识别。基于图像分析算法，在摄像头监控视野内，设置警戒区域，检测烟雾的发生。如果发现该异常现象，系统能够自动标示出烟雾发生的区域，触发报警。

（5）人员聚集监测：当视频监控发现画面中的人数超过阈值，自动抓拍识别，作为事后评判处置的依据。

8.2　BIM 技术应用

BIM 是未来建筑行业发展的大趋势，是必要的手段和重要工具。运用 BIM 技术可以实现项目从设计、生产、施工，到运营、维护等全过程的信息化管理，为业主提供更好的售后服务，提高建筑的生命质量。

8.2.1　企业级 BIM 标准

建立企业级 BIM 标准，是实现 BIM 技术全过程应用的基础。没有统一的 BIM 标准，就不可能实现 BIM 的可传递性、连续性、可协调性。

1. BIM 标准定义

BIM（建筑信息模型）是一种用来进行建筑信息表达，描述产生、获取、加工和贮存信息，传输信息逻辑关系的一种工具。人们在建立信息模型、输入和输出信息的时候，为保证信息的可传递性、可共享性、可变换性，就必须依照一定的规则、方式进行信息模型输入、输出、转换，而这种规则就是 BIM 标准。

2. BIM 标准目的

BIM 标准的建立与应用将从根本上解决规划、设计、施工、运营各阶段的信息断层，实现建筑信息在全寿命周期内的有效利用与管理，是谋求根本改变传统设计施工方式、消除"信息孤岛"、降低成本的重要手段。

没有 BIM 标准，BIM 的完整性、连续性、可协调性就无法实现。

3. BIM 标准分类及国内外的发展

1）BIM 标准分为三类：国家标准、行业标准、企业标准。其中企业标准就是根据国家、行业 BIM 标准制定的，用以规范、约束本企业内 BIM 应用行为的规范。

2）国外 BIM 标准建立

美国 2004 年编制了基于 IFC 的《国家 BIM 标准》。2006 年美国总承包商协会发布《承包商 BIM 使用指南》。2009 年 8 月美国发布《BIM 项目实施计划指南》。

英国 2010 年发布了基于 Revit 平台的 BIM 实施标准《AEC（UK）BIM Standard for Autodesk Revit》，2011 年发布了基于 Bentley 平台的 BIM 实施标准《AEC（UK）BIM Standard for Bentley Building》。

韩国 2010 年 1 月发布《建筑领域 BIM 应用指南》。2010 年 12 月颁布了《韩国设施产业 BIM 应用基本指南书——建筑 BIM 指南》。日本制定了《Revit User Group Japan Modeling Guideline》。新加坡在 2012 年发布了《Singapore BIM Guide》。

3）国内 BIM 标准建立

香港房屋署制订了建筑信息模拟的内部标准，包括有关的使用指南、组件库设计指南和参考资料，2009 年发布《Building Information Modelling（BIM）User Guide》。

2010 年，清华大学 BIM 课题组提出了中国建筑信息模型标准框架 CBIMS（China

Building Information Model Standards）。2009～2010 年，清华大学、欧特克公司（Autodesk）联合开展了《中国 BIM 标准框架研究》。

2013 年 12 月，北京市发布《民用建筑信息模型设计标准》。

2014 年 11 月，中建股份编制的《建筑工程设计 BIM 应用指南》《建筑工程施工 BIM 应用指南》（企业标准）正式出版。

2015 年 3 月 4 日，广东省发布《广东省建筑信息模型应用统一标准》的制定计划。

2014 年 11 月 21 日，国家标准《建筑信息模型应用统一标准》通过审查。2016 年 12 月 2 日住建部批准发布《建筑信息模型应用统一标准》GB/T 51212—2016，2017 年 7 月 1 日起实施。

2020 年 8 月 10 日，深圳市住建局发布《建筑工程信息模型设计交付标准》SJG 76—2020，自 2020 年 9 月 1 日起实施。

4）国内 BIM 标准应用发展

北京柏慕进业研发了柏慕 1.0～2.0 标准化应用体系，实现了全专业施工图出图、国标清单工程量、建筑节能计算、设备冷热负荷计算、建立标准化族库和材质库、施工运维信息管理等应用。

广联达、鲁班通过研发、收购，形成了一系列 BIM 全过程应用软件，通过各自的接口，实现了 Revit 数据的导入，并对接算量软件。实现了与 MagiCAD、Tekla 的数据兼容。

4. 企业级 BIM 标准内容

制定完整的企业级 BIM 标准，从而使 BIM 模型满足多专业、多人员有条不紊地协同工作，并确保模型的精度满足项目应用要求。建立企业级 BIM 标准应包含且不局限于以下内容：

（1）建立 BIM 文档数据格式的标准，包括模型文件命名标准、文件存储标准等。

（2）建立 BIM 构件产品数据库标准。

确定构件命名原则，要综合考虑设计、生产、分配安装习惯，后期出图、算量及其他数据接口。以墙为例，如：实心砖墙—M10—粉煤灰实心砖—240 厚。

此外，还要有构件制作标准、产品构件入库标准、产品库管理标准。

（3）构件的物资编码标准，要结合 BIM 文档数据格式标准，RFID 编码要考虑各阶段的信息添加。

（4）BIM 模型搭建、细化标准

BIM 模型搭建要做到样板文件统一、命名规则统一、建模方式统一、出图标准统一、信息添加统一、算量标准统一。

（5）BIM 模型出图标准内容有项目信息；项目单位，线宽、线样式设置；对象样式设置；视图样板设置、导出 CAD 图层设置等内容。

（6）项目协同方式标准、信息添加、整理与分类标准、BIM 文档交付标准。

8.2.2 平台概述

BIM 管理平台就是一个全面的三维动态可视化集成平台，从各个角度全面诠释深化设计、生产、质量、进度、现场管理等工作内容，用直观的方式，快速表达工程建设的全过程。

　　BIM 管理平台是基于现场数据，融合 3D 模型、GIS、信息管理、手机 APP 而构建的应用管理平台。将管理过程从平面转向立体，将静态转向动态，将封闭转向协同共享，实现工程的可视化。

8.2.3　模型集成

1. 构件建模

　　利用建模软件平台，将设计图纸，进行深化设计转换为生产模型，主要有 PC 构件组成的结构、水电等安装系统，通过工程编码建立起工程单位、分部、分项工程结构树与模型的一一对应的关系。

　　BIM5D 平台能够兼容市面上主流的建模工具和数据交换标准。不同专业可以用不同的建模工具，比如行业内比较通用的 Revit、MagiCAD、ArchiCAD、Tekla，广联达 BIM5D 都能直接导入，如图 8.2-1 所示。

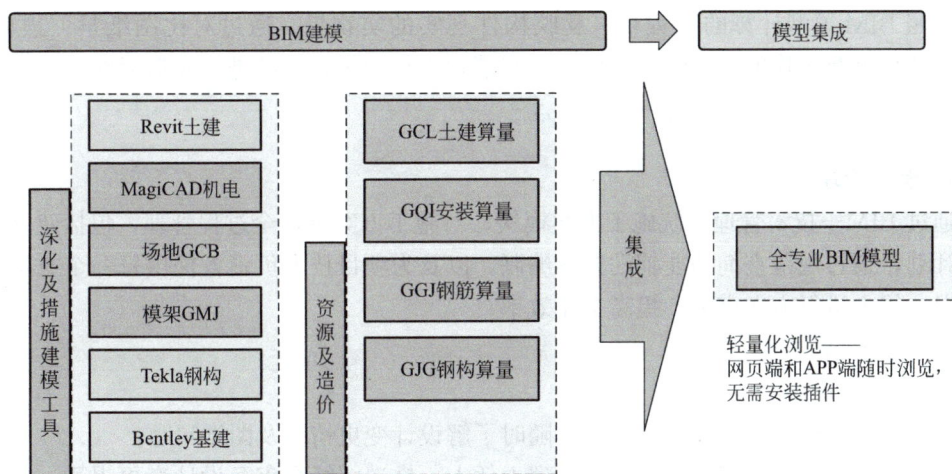

图 8.2-1　BIM 集成平台

2. 生产场景建模

　　采用无人机倾斜摄影或卫星影像数据，叠加地形数据生成立体的场景模型，真实还原现场实景。

8.2.4　轻量化运用

　　BIM5D 可对全专业模型进行轻量化，随时访问 BIM 模型。并可通过手机进行实时在线查询。

8.2.5　基于 BIM 的模型应用

1. 车间和堆场模拟

　　利用 Revit 建模，进行生产车间内的门式起重机与 PC 生产线中的养护窑、混凝土输送门架等生产设备之间的碰撞，测定安全距离，满足门式起重机全车间行走的净空要求。避免门式起重机无法通过养护窑顶部，影响设备效能的完全发挥而造成资金浪费。

根据已经建立的厂区模型，利用 Revit 对场区进行模拟。根据模拟结果，合理布置混凝土搅拌站和混凝土斗输送路线、构件堆场和厂区内道路位置和走向，满足混凝土斗输送路线与车间内生产线浇筑混凝土工位的协调、构件运输车辆通行拐弯、吊装作业面，车辆满载构件后的净空高度要求。

2. BIM 模型审图、碰撞检查、深化出图

详见教学单元"3 准备工作"中"3.1 深化设计"的内容。

3. 三维可视化交底

对相应的部位和重点工序，进行三维展示，避免对图纸及技术方案的错误理解，从而造成的错误生产。同时，节省看图时间，提高共同的认知度，提高沟通效率，确保预制生产的准确有序的开展。

4. 工程量提取

BIM 模型具备自动算量的特点，可按照构件、清单、WBS 编码快速统计出量，辅助现场进行计量工作。

依照 BIM 模型计算的工程量，反映构件真实的实物量。通过对比图纸量、预算量，可反映现场预算工作的准确性，还可对材料消耗进行分析，辅助进行成本管理。

8.2.6 基于 BIM 的技术管理

1. 方案管理

通过 BIM＋技术管理系统施工方案模块，对施工方案进行全过程管理，包括建立方案编制计划，通过规范查询功能辅助方案编制，以及为项目技术负责人提供每一个方案的进展情况，线上进行方案审批，提高工作效率。

2. 变更管理

1）管理层应用

技术负责人通过手机端或网页端，随时了解设计变更情况及图纸问题。

系统可以自动按生产进度及生产管理责任人，推送图纸会审及设计变更提醒，减少图纸问题遗漏导致的返工。

2）岗位层应用

资料员上传构件图纸，定期进行维护。车间管理人员可以随时查阅，并作出反应。

设计变更等文件流程审核完整后，由技术人员建立相关变更表单台账。

资料员根据变更文件上传相关变更签字单，并将对应的变更细则关联到相对应的图纸中，便于后期查看修正。

3. 交底应用

1）二维码交底

通过将各类资料文档与二维码进行挂接，使车间管理人员及工人可以随时查阅相关资料。

2）三维交底

通过将三维模型上传手机端或网页端并进行标注，快速给车间人员展示工艺做法。

3）工序动画应用

深度定制动画，管理层和工人可通过查看工序动画，更加快速学习掌握生产要点。

8.2.7　BIM 与 PC 构件生产的应用和前景分析

目前，国内的 PC 生产线通过 PMS、ERP 等系统管理软件，实现生产线的自动化生产，并且可以与 BIM 系统进行数据对接，实现高精度、高效率的自动化 PC 构件生产管理。

PMS 生产管理系统可实现全工位静态、动态模拟监视与控制，按节拍时间强制拉动式生产。

ERP 生产管理软件可实现销售管理、生产管理、构件成品管理、原材料管理、制造费用与制造成本管理、报表中心的数据传递。与 BIM 系统对接，自动读取 PC 构件设计数据。向下实现与预制件生产线控制系统 PMS、搅拌站工控系统的集成。依托智能匹配和工艺流程智能的设置，实现 PC 构件从合同签订到构件发货的全生命周期管理。

1. 运用 BIM 技术进行 PC 构件生产线、钢筋加工的自动化生产与管理

通过 BIM 系统与 PC 生产线实时数据共享，实现了 PC 构件的自动化生产。

画线机可根据 BIM 系统输入的 PC 构件加工图信息，准确画出构件尺寸，便于模板定位。布料机可根据 BIM 系统输入的信息，控制布料口的各个单元门的开启闭合，达到智能化、高精度的自动布料。

钢筋网片生产流水线可根据输入的 BIM 系统中构件钢筋的加工数据，实现自动钢筋下料和预留洞。桁架钢筋生产线也可以根据 BIM 系统中桁架筋的几何数据，实现自动焊接各种尺寸的桁架钢筋。

2. 将 BIM 技术和物联网技术相结合，实现实时监测和质量管控

在每一个 PC 构件预埋有一个无线射频卡片芯片（RFID），芯片存储有 PC 构件的设计信息、原材料信息、质检信息、试验信息、产品运输、产品安装、工序验收等信息。设计人员、生产人员、质检人员、库管人员、施工人员等管理者通过读取 RFID 上的信息，结合 BIM 平台，可以实时跟踪 PC 构件的状态和信息（图 8.2-2）。

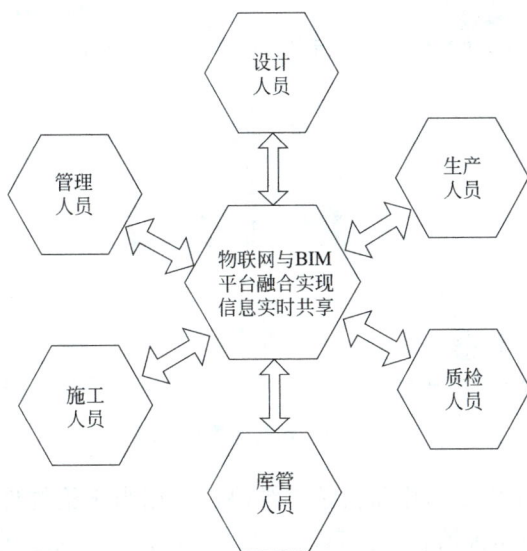

图 8.2-2　BIM 技术与物联网技术融合

其中 PC 构件生产人员能够实时了解构件的生产和库存情况，及时反馈到信息系统中，合理规划材料购置和预制生产，实现信息化管理。

3. 前景分析

PC 构件生产流水线的自动化智能管理是工业化生产发展的趋势，PMS 生产线管理系统、ERP 系统、物联网等将会更广泛地被应用于建筑工业化。BIM 技术作为不可缺少的辅助工具，也将被越来越多地应用到生产中去。

8.3 物联网技术应用

美国麻省理工学院（MIT）最早在 1999 年提出物联网"Internet of Things（IoT）"概念。

物联网指的是将各种信息传感设备，如射频识别装置（RFID）、红外感应器、全球定位系统（GPS）、激光扫描器等装置或系统，与互联网结合起来而形成的一个巨大网络系统。

目的是让所有的物品都通过网络连接在一起，系统可以自动地、实时地对物体进行识别、定位、追踪、监控并发出相应的工作指令。

8.3.1 物联网在构件生产、运输中的应用

在 PC 构件生产、运输中应用物联网系统就是以单个构件为基本管理单元，以无线射频芯片（RFID 及二维码）为跟踪手段，以工厂构件的生产和运输为中心；以工厂的原材料检验、生产过程检验、出入库、构件运输、监理验收为信息输入点；以单项工程为信息汇总单元的物联网系统（图 8.3-1）。

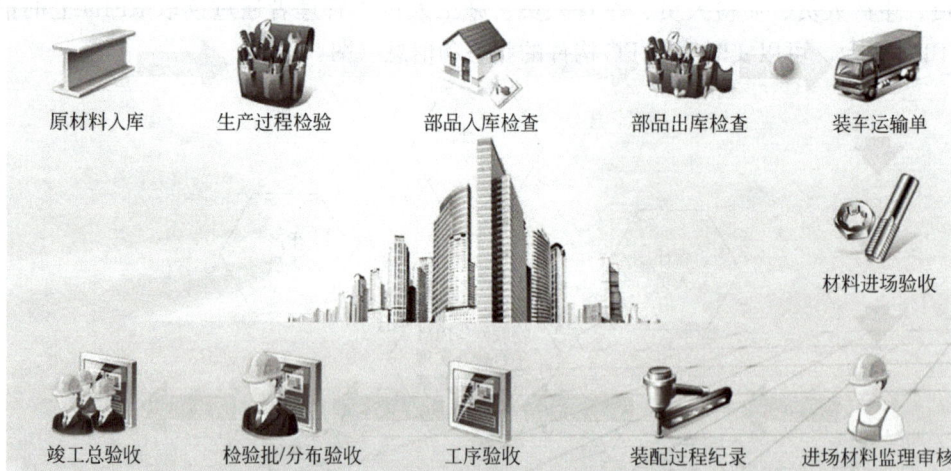

原材料入库　　生产过程检验　　部品入库检查　　部品出库检查　　装车运输单

材料进场验收

竣工总验收　　检验批/分布验收　　工序验收　　装配过程纪录　　进场材料监理审核

图 8.3-1　物联网管理界面

每个 PC 构件嵌入 RFID 芯片和粘贴二维码，就相当于给构件配上了唯一的"身份证"，可以通过读取该身份证所含的信息，了解清楚部品的来龙去脉，实现信息流与实物流的快速无缝对接。为预制构件生产、运输存放等环节的实施提供关键技术基础，保证各

类信息跨阶段无损传递、高效使用，实现精细化管理，实现可追溯性（图 8.3-2）。

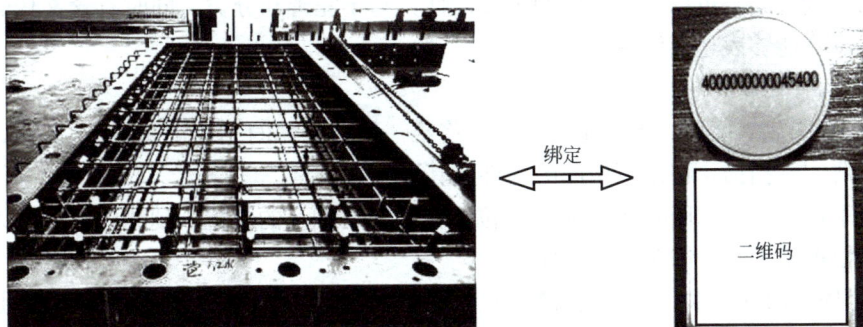

图 8.3-2 RFID 芯片预埋绑定

1. PC 构件生产

在构件生产时在同一类 PC 构件的同一固定位置置入 RFID 电子芯片（芯片编码必须唯一识别单一构件，且能从编码中直接读取构件各阶段信息）。构件编码信息要录入全面，应包括：原材料检测、模板安装检查、钢筋安装检查、混凝土配合比、混凝土浇筑、混凝土抗压报告、入库存放等信息录入系统，以便于在生产、存储、运输、施工吊装过程中对构件进行管理（图 8.3-3）。

认证管理	工厂生产	运输安装	竣工验收
· 认证申请 · 认证申请审批 · RFID卡及设备申请 · RFID卡及设备发放	· 部品赋码 · 原材料入库检验 · 生产过程控制 · 部品入库检验 · 部品出库检验	· 运输装车记录 · 进场材料验收 · 装配过程记录 · 工序检验	· 检验批报告生成 · 分部检验 · 竣工综合检验

图 8.3-3 物联网应用中各阶段工作内容

RFID 标签的编码原则：

1）唯一性

所谓唯一性是指在某一具体建筑模型中，每一个实体与其标识代码一一对应，即一个实体只有一个代码。在整个建筑实体模型中，各个实体间的差异，靠不同的代码识别。唯一性是实体编码最重要的一条原则。

2）可扩展性

编码要考虑各方面的属性，并预留扩展区域。而针对不同的项目，或者是针对不同的名称，相应的属性编码之间是独立的，不会互相影响。

285

3）可读性和简单性

使用有含义编码可以加深编码的可阅读性，易于完善和分类，同时有含义代码其代码本身及其位置能够表达实体特定的信息。

2. PC构件运输

1）构件码放入库后，根据施工顺序，将某一阶段所需的PC构件提出、装车，这时需要用读写器一一扫描，记录下出库的构件及其装车信息。

运输车辆上装有GPS，可以实时定位监控车辆所到达的位置。到达施工现场以后，扫码记录，根据施工顺序卸车码放入库。

2）运用RFID技术有助于实现精益建造中零库存、零缺陷的理想目标。根据现场的实际施工进度，迅速将信息反馈到构件生产工厂，调整构件的生产计划，减少待工待料的发生。

根据施工顺序编制构件生产运输计划。利用BIM和RFID相结合，能够准确地对构件的需求情况做出判断，减少因提前运输造成构件的现场闲置或信息滞后造成构件运输迟缓。同时，施工现场信息的及时反馈也可以对PC工厂的构件生产起指导作用，进而更好地促进精益建造的目标。

8.3.2 物料跟踪管理

在构件生产阶段为每一个预制构件加入RFID电子标签，将构件码放入库、出库，读写器一一扫描，记录下PC构件的各种信息。

由此过程可以看出，通过物流信息传输，施工方可以自动完成构件的清点，简化了接收与搬运的工作量；对于运输车辆的实时智能跟踪，能够实时掌握构件运输的情况，有助于降低运输过程中损坏、丢失，保证运输过程的安全性和及时性；同时，利用物联网技术，还可以在质量验收时及时记录反馈问题，快速定位，对不符合质量及参数要求的构件及时返厂。

8.4 思考与练习

一、填空题

1. BIM技术与地理信息系统搭建起_____，构建起了三维数字空间的新型智慧城市信息有机综合体。

2. 智慧PC工厂的实现场景主要包括_____、_____、_____等。

3. 建筑信息模型简称_____，是一种用来进行建筑信息表达，描述产生、获取、加工和贮存信息，传递信息逻辑关系的一种工具。

二、单选题

1. 以下关于BIM管理平台的表述，错误的是（   ）。

A. 从静态转向动态   B. 从平面转向立体

C. 从立体转向平面   D. 从封闭转向协同共享

2. 将各种信息传感设备，如射频识别装置（RFID）、红外感应器、全球定位系统（GPS）、激光扫描器等装置或系统，与互联网结合起来而形成的一个巨大网络系统，称为

（　　）。

A. BIM

B. 被动式建筑系统

C. 绿色建筑系统

D. 物联网

3. PC 工厂视频监控管理系统按功能可分为三大部分，不包括以下哪项（　　）。

A. 视频监控

B. 无人机

C. 网络传输

D. 监控中心

4. 以下 RFID 标签的编码原则的说法，不准确的是（　　）。

A. 密保性

B. 唯一性

C. 可扩展性

D. 可读性和简单性

三、简答题

简述企业级 BIM 标准应包含的内容。

8.4 思考与练习答案

Chapter 09

教学单元9

工厂管理措施

教学目标

1. 了解厂区人员、车辆出入管理制度，以及原材料车辆进场和成品半成品出厂管理制度。

2. 了解车间人员管理制度和作业管理制度。

3. 了解仓库管理的目标和内容。

育人目标

1. 培养学生企业管理、项目管理的责任意识，树立学生的管理意识和管理思维。

2. 强化学生的安全管理意识，培养学生时刻关注生产安全的工作作风。

3. 树立学生低碳环保、绿色文明生产的工作理念。

思维导图

工厂管理措施
- 工厂管理制度
  - 厂区人员出入管理制度
  - 厂区车辆出入管理制度
  - 原材料车辆进厂管理
  - 成品半成品出厂管理制度
- 车间管理制度
  - 人员管理
  - 作业管理
- 仓库管理制度
  - 管理目标
  - 管理内容

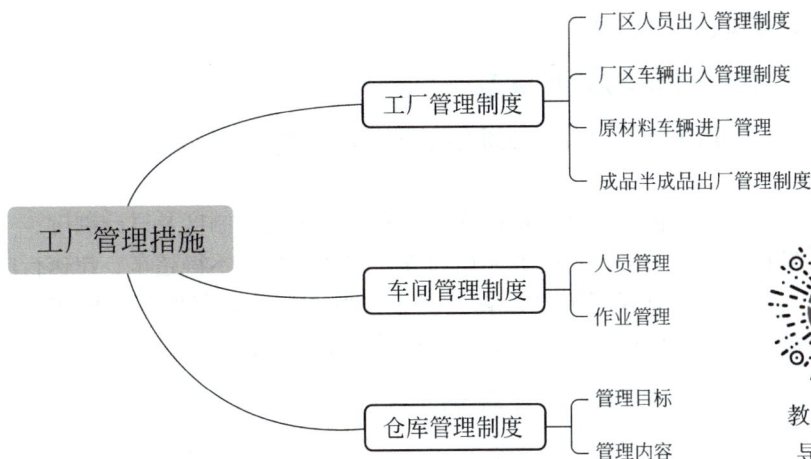

教学单元 9
导学视频

9.1　工厂管理制度

9.1.1　厂区人员出入管理制度

（1）员工出入厂区必须凭工作证或上岗证通行，违者门卫有权禁止出入。

（2）员工出入厂区需着装整齐，不得赤膊或穿拖鞋进入厂区。出入证必须戴在左胸口处，保安有权对员工不规范的佩戴行为进行纠正。

（3）国家机关工作人员：警务人员、消防人员、急救人员、抢险人员进入工厂，门卫简要问询后放行，并根据需要引领路线，同时应报告上级部门听取指示。其他国家机关工作人员来访或执行公务时，门卫凭其出示的有效证件登记与被访者联系后即可入厂。

（4）外来人员（如临时施工、送货、客户等）进入厂区，事先凭身份证或其他有效证件先进行登记，注明来访单位、来访人员姓名、电话、来访时间、被访人、事由，并征得被访者同意后，发给厂区临时通行证后方可进入工厂。离开现场时要及时交还临时通行证。

9.1.2　厂区车辆出入管理制度

（1）本厂车辆及长期在厂区停放通行的个人车辆，需持有办公室发放的车辆通行证。

（2）外来临时车辆进入厂区，司机需将车辆行驶证或其他有效证件登记后（登记内容包括车辆所属单位或个人、车辆型号、随车人数、车牌号、随车物品），由公司门卫工作人员发放厂区车辆临时通行证通行，并暂且留存车辆行驶证或其他有效证件，待出厂时归还。

（3）外来临时车辆离开厂区时需无条件配合公司门卫工作人员的检查与管理，车上装有外运物品的，需提供工厂相关部门签章、批准的放行单。

（4）拉废旧物资的车辆，装车时物资部需派相关人员监督检查。出门时需提供工厂主管领导、物资部签章、批准的废旧物资放行单、过磅单，经门卫检查无误后才允许离开。

（5）工厂员工、其他单位及个人摩托车或电动车需检查后备箱才允许离开。

（6）工厂内车辆及外来车辆必须按照厂区内的交通指示要求进行行驶。不得违反行驶路线的要求，超速、逆行行驶。

9.1.3　原材料车辆进厂管理

（1）原材料运输车辆进厂后，必须在物资部仓库保管人员指定的卸货地点卸货，不得私自卸货。

（2）原材料运输司机，必须严格遵守工厂有关安全规章制度及过磅制度。

（3）原材料车辆进场后，司机应谨慎驾驶，减速慢行，不得超车、超速行驶。

（4）出入车辆必须有保卫人员认真检查车辆所载货物，若发现工厂相关物资私藏车内，可视为偷窃行为，根据工厂规章制度和论质评价给予罚款处罚。

9.1.4　成品半成品出厂管理制度

（1）经营营销部现场跟单人员与客户沟通确认所需产品楼号及数量，确认后开具《出货通知单》，注明订单号、客户名称、产品名称、规格、发货时间及数量等，报财务部确认。

（2）营销人员负责每月与客户核对供货数量，对出货事项进行审核。并将核对数量报财务备案，并根据供货合同中的付款节点与客户沟通进行付款。

（3）经营营销部跟单人员将经厂长审批后的《出货通知单》提交到发货负责人。

（4）发货人员同经营营销部跟单人员清点、核实待出货成品的规格型号、批次、数量，确认无误后，填写《成品出货单》，并要求经营营销部跟单人员在"成品出货单"上签名确认。

（5）装车完毕后，仓库主管在即时开具《物品放行条》上签字后交运输车司机，司机将《物品放行条》交物流部门保安登记后放行。

（6）成品出货后，仓管员按《成品出货单》的明细与实际出货量的数据、信息，录入《成品出入库明细》。

9.2　车间管理制度

9.2.1　人员管理

（1）车间全体人员必须遵守上下班作息时间，按时上下班。

（2）工作人员进出车间必须逐人登记扫描。

（3）车间员工必须服从由上级指派的工作安排，尽职尽责做好本职工作，不得无故疏忽或拒绝管理人员命令或工作安排。

（4）全体车间人员在工作时间内必须按公司要求统一着装，佩戴安全帽等防护用品。

（5）对恶意破坏公司财产或有盗窃行为的员工，一经发现，一律交工厂办公室进行处理。

（6）车间人员如因特殊情况需要请假，应按工厂的请假程序申请，批准方可离开。

9.2.2　作业管理

（1）车间严格按下达的生产计划安排预制生产，根据车间设备、人员、物资准备情况组织生产。

（2）确认 PC 生产线生产节拍以后，任何人不得无故更改。

（3）车间工作人员每日上岗前，应清点检查车间内各类工器具的完整和物料准备情况，如有缺失，应立即报告车间负责人，并登记。

（4）车间工作人员每日生产完成后，要清理好自己的工作台面和工作区域，做好设备清理保养工作。归纳各类工具，将工具摆放至规定工具架上或工具箱内（图 9.2-1）。如有多余的物料应及时交由物料员退回仓库，并登记。

 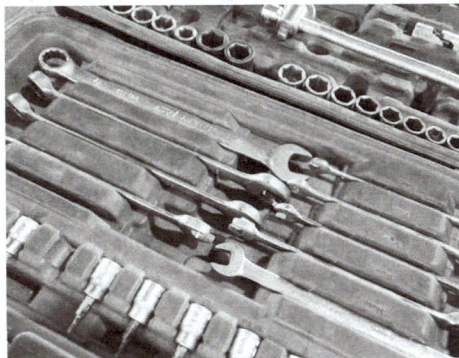

（*a*）　　　　　　　　　　　　　　　　　　　　（*b*）

图 9.2-1　车间工器具摆放

（*a*）工器具摆放架；（*b*）工具摆放箱

最后清理打扫车间内的环境卫生，保持工作环境的清洁。离开车间前关闭门窗和断电。

车间管理和技术人员应每周对车间内的工具、设备、夹具等工器具的维护保养工作进行检查，并根据每周的检查结果进行公开的奖罚通报。

（5）车间内每班次作业完毕后，应对 PC 生产线、钢筋加工生产线的废料进行清理。

混凝土运输罐、布料机等设备内的残留混凝土，清理干净后用水冲洗。钢筋生产线的废料要收集清运至指定位置。

（6）车间工作人员应严格按工艺规程及产品质量标准进行生产，不得擅自更改生产工艺。

9.3　仓库管理制度

9.3.1　管理目标

规范库房管理，创造干净、整洁、舒适、安全的工作环境，提高工作效率。

（1）两齐：库容整齐、堆放整齐。

（2）三清：数量、质量、规格清晰。

（3）三洁：货架、货物、地面整洁。

（4）三相符：账、卡、物一致。

（5）四定位：区、架、层、位，对号入座。

9.3.2 管理内容

1. 区域与标识

（1）仓库内各区域划分应清晰，明确标识区域名称和责任人。

（2）准确标识货架上的区域号码，标牌固定牢固。

（3）外包装箱、袋上的标识，必须清晰、牢固。名称、规格、数量与箱内实物一致。

2. 整理

（1）高库位的货物上，不许存在飘挂物，如缠绕膜、绷带等。

（2）货架上的货物放置，应遵从如下原则：

同一类型或同一项目的货物，要集中放置；按照其重量，由重到轻的次序；按照取用频次，由多到少的次序。

（3）同一种零部件，只有一个非整包装。包装破损应及时修补或者更换。

（4）托盘中除存储物品外，不得有任何杂物。区域内不得存放非本区域的货物。

（5）库房消防区域内，不得堆放杂物。

3. 整顿

（1）库房各区域的货物，必须同向码放整齐，不得歪斜排列。

（2）同一种货物，要码放在一起，确保有一箱的标识朝外。

（3）摆放一层（含）以上库位上的货物时，要确保货架受力均衡。

（4）所有包装，不得敞口放置。已经拆开使用的包装，必须封闭。

（5）暂存的物料，需要靠通道一头码放。

4. 清扫

（1）存储的货物，应干净无灰尘、水渍等。

（2）地面无散落的零件及废纸、包装、胶带等垃圾。

（3）消防器材，要保持整齐洁净。

5. 安全

（1）除正常工作人员外，严禁闲散人员，在仓库中走动和逗留。

（2）严禁吸烟和禁止明火。

（3）严格按照使用规范，进行电器操作。不准私接电线和违规使用电器。

（4）每日下班前，检查电器是否关闭，仓门是否上锁。

（5）每周检查消火栓、灭火器，发现问题立即整改。

6. 其他

（1）管理人员的工服、工帽，要穿戴整齐，符合工厂和车间着装要求。

（2）注意节电节水。

9.4 思考与练习

一、填空题

1. 员工出入厂区必须凭＿＿＿＿＿或＿＿＿＿＿通行，违者门卫有权禁止出入。

2. 原材料运输车辆进场后，必须在＿＿＿＿＿指定的卸货地点卸货，不得私自卸货。

3. 车间工作人员每日生产完成后，如有多余的物料，应及时交由_____退回仓库，并登记。

二、单选题

1. 厂区车辆及长期在厂区停放通行的个人车辆，需持有办公室发放的（　　）。

A. 车辆行驶证　　　　　　　　　　B. 车辆驾驶证

C. 车辆合格证　　　　　　　　　　D. 车辆通行证

2. 原材料车辆进场后，司机应（　　）。

A. 谨慎驾驶　　　　　　　　　　　B. 高速驾驶

C. 急转急停　　　　　　　　　　　D. 任意便道超车

3. 关于库房管理的以下说法中，错误的是（　　）。

A. 严禁闲散人员在仓库中走动和逗留

B. 严禁在仓库内吸烟或使用明火

C. 同种货物应码放在一起，标识朝内

D. 每日下班前，检查电器是否关闭，仓库是否上锁

三、简答题

简述仓库管理的管理目标。

9.4 思考与练习答案

参考文献

[1] 中华人民共和国住房和城乡建设部.装配式混凝土结构技术规程 JGJ 1—2014 [S].北京：中国建筑工业出版社.2014.

[2] 中华人民共和国住房和城乡建设部.钢筋机械连接技术规程 JGJ 107—2016 [S].北京：中国建筑工业出版社.2016.

[3] 中华人民共和国住房和城乡建设部.普通混凝土配合比设计规程 JGJ 55—2011 [S].北京：中国建筑工业出版社.2011.

[4] 中华人民共和国住房和城乡建设部.钢筋套筒灌浆连接应用技术规程 JGJ 355—2015 [S].北京：中国建筑工业出版社.2015.

[5] 中华人民共和国住房和城乡建设部.钢筋连接用灌浆套筒 JG/T 398—2019 [S].北京：中国标准出版社.2019.

[6] 中华人民共和国住房和城乡建设部.钢筋连接用套筒灌浆料 JG/T 408—2019 [S].北京：中国标准出版社.2019.

[7] 中华人民共和国住房和城乡建设部.混凝土设计规范 GB 50010—2012 [S].北京：中国建筑工业出版社.2012.

[8] 中华人民共和国住房和城乡建设部.钢筋焊接网混凝土结构技术规程 JGJ 114—2014 [S].北京：中国建筑工业出版社.2012.

[9] 中华人民共和国住房和城乡建设部.钢筋焊接及验收规程 JGJ 18—2012 [S].北京：中国建筑工业出版社.2012.

[10] 北京市建设工程物资协会 北京建筑节能与环境工程协会.预制混凝土夹心保温外墙用金属拉结件应用技术规程 T/BCMA 002—2021 [S].北京：团体标准.2021.

[11] 上海市建筑科学研究院（集团）有限公司，同济大学，中建八局.预制混凝土夹心保温外墙板应用技术规程 DG/TJ 08—2158—2017，J 13109—2018 [S].上海：同济大学出版社.2017.

[12] 中华人民共和国住房和城乡建设部.装配式混凝土结构建筑技术规范 GB/T 51231—2016 [S].北京：中国建筑工业出版社.2016.

[13] 中华人民共和国住房和城乡建设部.预制保温墙体用纤维增强塑料连接件 JG/T 561—2019 [S].北京：中国标准出版社.2019.

[14] 中华人民共和国住房和城乡建设部.建筑施工模板安全技术规范 JGJ 162—2008 [S].北京：中国建筑工业出版社.2008.

[15] 中华人民共和国住房和城乡建设部.预制混凝土外挂板应用技术标准 JGJ 458—2018 [S].北京：中国建筑工业出版社.2018.

[16] 中华人民共和国住房和城乡建设部.装配式混凝土建筑技术标准 GB/T 51231—2016 [S].北京：中国建筑工业出版社.2017.

[17] 中华人民共和国住房和城乡建设部.建筑工程大模板技术标准 JGJ/T 74—2017 [S].北京：中国建筑工业出版社.2017.

[18] 中华人民共和国住房和城乡建设部.工厂预制混凝土构件质量管理标准 JG/T 565—2018 [S].北京：中国标准出版社.2018.

[19] 中华人民共和国住房和城乡建设部.建筑施工安全检查标准 JGJ 59—2011 [S].北京：中国建筑工业出版社.2011.

[20] 中华人民共和国住房和城乡建设部.建筑信息模型设计交付标准 GB/T 51301—2018 [S].北京：中国建筑工业出版社.2018.

［21］中华人民共和国建设部．普通混凝土用砂、石质量及检验方法标准 JGJ 52—2006［S］．北京：中国建筑工业出版社．2007.

［22］中华人民共和国建设部．混凝土用水标准 JGJ 63—2006［S］．北京：中国建筑工业出版社．2006.

［23］中华人民共和国国家质量监督检验检疫总局 中国国家标准化管理委员会．通用硅酸盐水泥 GB 175—2007［S］．北京：中国标准出版社．2007.

［24］中华人民共和国国家质量监督检验检疫总局 中国国家标准化管理委员会．混凝土外加剂 GB 8076—2008［S］．北京：中国标准出版社．2008.

［25］中华人民共和国国家质量监督检验检疫总局 中国国家标准化管理委员会．用于水泥和混凝土中粉煤灰 GB/T 1596—2017［S］．北京：中国标准出版社．2017.

［26］中华人民共和国国家质量监督检验检疫总局 中国国家标准化管理委员会．钢筋混凝土用钢 第 2 部分：热轧带肋钢筋 GB 1499.2—2018［S］．北京：中国标准出版社．2018.

［27］中华人民共和国国家质量监督检验检疫总局 中国国家标准化管理委员会．预应力混凝土用钢绞线 GB/T 5224—2014［S］．北京：中国标准出版社．2015.

［28］中华人民共和国住房和城乡建设部．国家建筑标准设计图集 15G365—1［S］．北京：中国计划出版社．2015.

［29］中华人民共和国住房和城乡建设部．混凝土结构工程施工规范 GB 50666—2011［S］．北京：中国建筑工业出版社．2011.

［30］中华人民共和国住房和城乡建设部．混凝土结构工程施工质量验收规范 GB/T 50204—2015［S］．北京：中国建筑工业出版社．2015.

［31］山东省住房和城乡建设厅，山东省质量技术监督局．装配整体式混凝土结构工程预制构件制作与验收规程 DB37/T 5020—2014［S］．北京：中国建筑工业出版社．2014.